工业和信息化普通高等教育"十二五"规划教材立项项目
21世纪高等教育计算机规划教材

数据结构

Data Structure

周颜军 王玉茹 关伟洲 编著

人民邮电出版社
北　京

图书在版编目（ＣＩＰ）数据

数据结构 / 周颜军，王玉茹，关伟洲编著. -- 北京
：人民邮电出版社，2013.9（2024.7重印）
  21世纪高等教育计算机规划教材
  ISBN 978-7-115-32764-2

Ⅰ. ①数… Ⅱ. ①周… ②王… ③关… Ⅲ. ①数据结
构－高等学校－教材 Ⅳ. ①TP311.12

中国版本图书馆CIP数据核字(2013)第189069号

内 容 提 要

本书系统地介绍了各种常用的数据结构的逻辑特征、存储方式和基本运算。主要内容包括：顺序表、栈、队列、链表、串、树形结构、图、多维数组、广义表、排序、查找和文件等。本书结构清晰，内容充实，实例丰富，符号、图表规范。既适合于教师课堂讲授，也便于自学者学习参考。

本书可作为高等院校计算机专业或信息技术等相关专业的本科教材，也可作为参加研究生入学考试、自学考试的考生以及从事计算机工程和应用的科技人员的参考用书。

◆ 编　著　周颜军　王玉茹　关伟洲
　　责任编辑　许金霞
　　责任印制　彭志环　焦志炜

◆ 人民邮电出版社出版发行　　北京市丰台区成寿寺路 11 号
　　邮编　100164　电子邮件　315@ptpress.com.cn
　　网址　http://www.ptpress.com.cn
　北京九州迅驰传媒文化有限公司印刷

◆ 开本：787×1092　　1/16
　　印张：18.75　　　　　　2013 年 9 月第 1 版
　　字数：492 千字　　　　2024 年 7 月北京第 6 次印刷

定价：39.80 元

读者服务热线：(010) 81055256　印装质量热线：(010) 81055316
反盗版热线：(010) 81055315

前　言

　　数据结构是计算机学科的一门重要的专业基础课，也是一门核心课程。数据结构在计算机专业的诸门课程中起到相互衔接、承前启后的作用。它的先修课程有离散数学、程序设计语言（如 C/C++ 语言）等，同时它又是其后续课程，如操作系统、编译原理、数据库系统、人工智能等的重要基础。数据结构也是培养非计算机专业学生计算机素质和软件设计能力而重点选择的一门基础课。

　　数据结构课程的目的是介绍各种常用的数据结构，阐明各种数据结构之间的内在逻辑关系，讨论它们在计算机中的存储表示，以及对这些数据进行的操作和实际算法。不仅为读者学习后续软件课程提供必要的基础知识，而且更重要的是在软件设计和编程水平上得以进一步的提高。通过对不同存储结构和相应算法的分析对比及上机实践，增强读者根据实际问题特征选择合适的数据结构并掌握求解算法的时间、空间复杂性的能力。

　　本书是根据数据结构课程的教学大纲，在分析和借鉴国内外同类教材的基础上，结合作者多年讲授"数据结构"课程的教学经验和体会编写而成的。全书分为 10 章和 2 个附录：第 1 章是概论部分，主要介绍数据结构的基本概念和算法描述、算法分析等内容。第 2 章讨论线性表及线性表的顺序存储结构——顺序表，主要介绍向量、栈和队列三种数据结构及递归的实现机制。第 3 章讨论线性表的链接存储结构——链表，主要介绍单链表、双链表、循环链表、栈和队列等内容。第 4 章介绍串，主要介绍串的基本概念、串的存储结构、基本操作和模式匹配。第 5 章是树形结构，主要介绍树与二叉树两种数据结构。包括树（森林）和二叉树的概念、存储结构、树(森林)和二叉树的遍历、线索二叉树、堆、哈夫曼树和树形结构的应用问题。第 6 章介绍图结构，主要介绍图的基本概念、图的存储结构及图的遍历、最小（代价）生成树、最短路径、拓扑排序、关键路径等内容。第 7 章介绍多维数组和广义表，主要讨论多维数组、特殊矩阵的存储表示与寻址公式，稀疏矩阵的存储方式，以及广义表的概念、存储结构与运算。第 8 章介绍各种排序方法，包括排序的基本概念、直接插入排序、Shell 排序、折半插入排序、表插入排序、冒泡排序、快速排序、直接选择排序、堆排序、归并排序、基数排序和外排序等内容。第 9 章介绍各种查找方法，主要讨论线性表的顺序查找、折半查找和分块查找，树形表有二叉排序树、最佳二叉排序树、AVL 树、B-树与B+ 树，以及散列表的查找。第 10 章文件结构，主要介绍有关文件的基本概念、顺序文件、索引文件、索引顺序文件、散列文件、多重表文件和倒排文件。为方便读者的学习，本书还安排了 2 个附录。附录 A 是"Visual C++ 6.0 集成开发环境介绍"，书中有的算法给出了对应的 C/C++程序和机器执行结果，习题中也有不少算法题。安排这部分内容是方便读者将算法转换为程序并上机运行，以加深对问题的理解和实际能力的提高。附录 B 是"常用字符与 ASCII 码对照表"，这在讨论字符类型数据（如：第 4 章串）时会用到。

　　本书力求叙述通俗易懂，严谨流畅，内容充实，示例丰富，符号、图表规范，既适合于教学又便于自学。本书注意数据结构和算法的有机结合，注重算法的完整性，在给出算法之前，对其实现的基本思想和要点都做了详细的讨论，算法除了有对应 C/C++ 程序外，有的还给出了机器运行的结果，便于读者深入的理解和掌握。

　　本书的另一个特点是：对算法的描述采用多种方式，书中采用接近于自然语言的伪语言和 C 语言两种方式来同时描述算法。另外主要章节还给出了数据结构的 ADT 和 C++ 的类描述（可从人民邮电出版社教学服务与资源网 www.ptpedu.com.cn 免费下载）。这不仅可以使读者从中学到多种描述算法的方法，也便于各类读者的使用。

　　本书是可作为普通高等学校计算机专业数据结构课程的教材，也可作为信息技术与管理等专业的教材和教学参考书；同时也可供从事计算机软件开发和计算机应用相关的工程技术人员参考。书中全部内容可在 60 ~ 80 学时内完成。"*" 的章节可由教师根据授课时数进行取舍。

　　本书在编写过程中，得到了人民邮电出版社的大力支持，也得到了东北师范大学计算机科学与信息技术学院、东北师范大学人文学院领导和同事的鼓励和帮助，在此一并表示诚挚的谢意。

　　由于时间仓促和作者水平有限，书中难免存在疏漏和错误，敬请读者批评指正。

作　者
2013 年 6 月

目　录

第1章
概论

用计算机解决各种实际问题的实质就是数据表示和数据处理，这也可以归结为对数据结构和算法的探讨。数据结构和算法是计算机科学中的两个基本问题，本章主要围绕这两个问题做概括性的介绍。

1.1　数据结构的概念

数据（data）是信息的载体，是描述客观事物的数字、字符以及所有能够输入到计算机中并被计算机程序处理的符号的集合。计算机能够处理多种形式的数据。主要分为两大类：一类是数值型的数据，主要用于工程和科学计算等领域；另一类是非数值数据，如字符型数据，以及图形、图像、声音等多媒体数据。

数据元素（data element）是表示数据的基本单位，是数据这个集合中的一个个体。在数据结构中数据元素经常称之为结点（node）。一个数据元素又可以由若干个数据项（data item）组成。数据项有两种：一种是初等项，是具有独立含义的最小标识单位；另一种是组合项，是具有独立含义的标识单位，它通常由一个或多个初等项和组合项组成。

数据对象（data object）是具有相同性质的数据元素的集合，是数据这个集合的一个子集。例如，整数数据对象可以是集合 $I = \{ 0, \pm1, \pm2, \cdots \}$。英文字母的数据对象可以是集合 letter $= \{$ A, a, B, b, $\cdots$, Z, z $\}$。有些数据对象表现为复杂的形式，例如表 1.1 所示为一个单位职工工资情况的一个数据对象。

表 1.1　　　　　　　　　　　　　　　　职工工资表

编号	姓名	发　给　项			扣　除　项			实发工资
		基本工资	工龄工资	交通补助	房租费	水电费	托儿费	
001	丁　一	2200.00	10.00	150.00	100.00	80.00	60.00	2120.00
002	王　二	3000.00	25.00	150.00	120.00	150.00	0.00	2905.00
003	张　三	2400.00	12.00	130.00	100.00	100.00	60.00	2282.00
004	李　四	2800.00	20.00	20.00	120.00	130.00	0.00	2590.00
...	...	...	...	...	...	...	...	...

每个职工的工资情况占一行，每一行则是一个数据元素。每一个数据元素由编号、姓名、发给项（基本工资、工龄工资、交通补助）。扣除项（房租费、水电费、托儿费）、实发工资等数据项组成。其中发给项和扣除项为组合项，其他的数据项均为初等项。而这个工资表就是一个数据对象。

通常，数据对象中的数据元素不是孤立的，而是彼此相关的，它们彼此之间存在的相互关系称为结构。简单地说，数据结构就是要描述数据元素之间的相互关系，而一般并不着重于数据元素的具体内容。虽然数据结构至今还没有一个公认的标准定义，但一般数据结构都联系着：数据之间的逻辑关系、数据在计算机中的存储方式以及数据的运算（操作）三个方面。分别称为数据的逻辑结构（logical structure）、存储结构（storage structure）和运算（即对数据所施加的操作）集合，存储结构也称为物理结构（physical structure）。因此，数据结构可以定义为：按某种逻辑关系组织起来一批数据，以一定的存储方式把它存储于计算机的存储器之中，并在这些数据上定义了一个运算的集合，就叫作一个数据结构。

1.2　数据结构的组成与分类

1.2.1　数据的逻辑结构

数据的逻辑结构可以形式地描述为一个二元组

$$Data\_Structure\ =(D,R)$$

其中：D 是数据元素（结点）的有穷集合；R 是 D 上关系的有穷集合，每个关系都是 D 到 D 上的关系。在不发生混淆的情况下，通常把数据的逻辑结构直接称为数据结构。

例如，线性表的逻辑结构可以表示为

```
Linear _ List = （D,R）
D= { a₀, a₁, …, aₙ₋₁ }
R = { r }
r = { < a_{i-1}, a_i > | a_i ∈ D, 1 ≤ i ≤ n-1 }
```

即根据 r，D 中的结点可以排成一个线性序列：

$$a_0, a_1, \cdots, a_{n-1}$$

其中有序对 $<a_{i-1}, a_i>$ 表示 a_{i-1} 与 a_i 这两个结点之间存在（邻接）关系，并称 a_{i-1} 是 a_i 的前驱，a_i 是 a_{i-1} 的后继。a_0 为开始结点，它对于关系 r 来说没有前驱，a_{n-1} 为终端结点，它对于关系 r 来说没有后继，D 中的每个结点至多只有一个前驱和一个后继。

数据的逻辑结构可以分为两大类：一类是线性结构，另一类是非线性结构。

线性结构有且仅有一个开始结点和一个终端结点，并且每个结点至多只有一个前驱和一个后继。线性表是一种典型的线性结构。前面介绍的职工工资表就是一个线性表。

非线性结构中的一个结点可能有多个前驱和后继。如果一个结点至多只有一个前驱而可以有多个后继，这种结构就是树形结构。树形结构是一种非常重要的非线性结构。如果对结点的前驱和后继的个数都不作限制，即任何两个结点之间都可能有邻接关系，我们把这种结构就叫作图。图是更一般、更为复杂的一种数据结构。数据这几种逻辑结构如图 1-1 所示，图中的小圆圈表示结点，结点之间的连线代表逻辑关系，即相应数据元素之间有邻接关系。

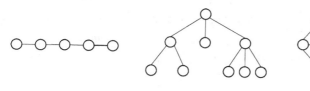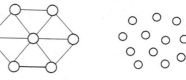

（a）线性结构　　　　（b）树形结构　　　（c）图形结构（网状结构）　　　（d）集合结构

图 1-1　基本的逻辑结构

1.2.2　数据的存储结构

数据的逻辑结构是从逻辑关系上来描述数据，它与数据的存储无关，是独立于计算机的。因此，数据的逻辑结构属于用户的视图，是面向实际问题的。可以看作是从具体问题中抽象出来的数学模型，它反映了数据组织的"本质"，是数据组织的主要方面。抓住了这种本质，就可以根据解题需要重新组织数据，即把数据中的所有数据元素按所需的逻辑结构重新进行安排。例如，对于表 1.1 表示职工工资情况的表格，既可以按照原样组织成线性表，也可以重新组织成树形结构，具体的选择应根据解题的需要来决定。数据的存储结构是数据的逻辑结构在计算机存储器中的实现，它是依赖于计算机的。也可以说，数据的存储结构是数据的逻辑结构用计算机语言的实现（或称为存储映象），它是依赖于计算机语言的。对机器语言而言，存储结构是具体的，但在数据结构中只在高级语言的层次上来讨论存储结构。

计算机的存储器（内存）是由有限多个存储单元组成的，每个存储单元都有一个唯一的地址，各存储单元的地址是连续编码的，每个存储单元 w 都有唯一的后继单元 w'= suc(w)。w 和 w' 称为相邻单元。一片连续的存储单元的整体称为存储区域（M），假设一个存储单元的长度为 c，则有 w' = suc(w) = w + c。

设有逻辑结构 B = (D, R)，要把 B 存储在计算机中，就应该建立一个从 D 的结点到 M 的单元的映象 f: D → M，即对于每一个 k ∈ D，都有唯一一个 w ∈ M，使得 f(k) = w，w 为结点 k 所占存储空间的首单元地址。这里使用 LOC(k) 表示结点 k 对应的存储单元的首地址。

数据的存储结构有以下四种基本的存储方式。

1. 顺序存储方式

顺序存储方式是把逻辑上相邻的结点存储在物理位置也相邻的存储单元里，结点之间的逻辑关系用存储单元的邻接关系来体现，即在所存储的区域中原来逻辑上相邻的结点其物理位置也相邻。由此得到的存储表示称为顺序存储结构（sequential storage structure）。顺序存储主要用于线性结构，非线性结构也可以通过某种线性化的方法来实现顺序存储。通常顺序存储是用高级语言的一维数组来描述的。

2. 链接存储方式

链接存储方式对逻辑上相邻的结点不要求在存储的物理位置上亦相邻，结点间的逻辑关系是由附加的指针字段来表示的。由此得到的存储表示称为链接存储结构（linked storage structure），通常要借助于程序设计语言的指针类型来描述它。非线性结构常用链接存储方式，线性结构也可以使用链接存储方式。

3. 索引存储方式

索引存储方式是在存储结点数据的同时，还需建立附加的索引表。索引表中的每一项称为索引项，一般由关键字和地址组成。关键字（key）是能够唯一标识一个结点的一个或多个字段。若每个结点在索引表中都有一个索引项，则该索引表称作为稠密索引（dense index）。若一组结点在索引表中只对应一个索引项，则把这样的索引表称作为稀疏索引（sparse index）。稠密索引中索引项的地址指示该结点的存储位置，而稀疏索引中索引项的地址则是指示一组结点的起始存储位置。

4. 散列存储方式

散列存储方法就是根据结点的关键字通过反映结点与存储地址之间对应关系的函数直接计算出该结点的存储地址（或位置）。

这 4 种基本的存储方法形成了四种不同的存储结构，如图 1-2 所示。

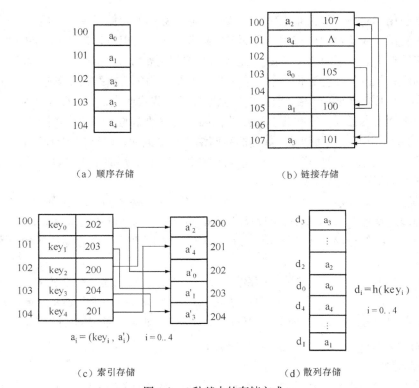

图 1-2　4 种基本的存储方式

如果结构所占用的存储区域都分配给了数据，则这样的存储结构称为紧凑结构，否则称为非紧凑结构。顺序存储方式是紧凑结构，而链接存储方式是非紧凑结构。

结构的存储密度（storage density）定义为数据本身所占的存储量与整个结构所占的存储量之比，即

$$d = \frac{\text{数据本身所占的存储量}}{\text{整个结构所占的存储量}}$$

显然，紧凑结构的存储密度为 1，非紧凑结构的存储密度小于 1。存储密度越大，则存储空间的利用率越高。但是，存储附加的信息也会带来运算上的方便。例如，在链表中，由于存储了指针，所以链表与顺序表相比，它进行插入和删除运算就会方便得多。这也体现了"牺牲空间来换取时间"的思想。

1.2.3 数据的运算（集合）

数据的运算是定义在数据的逻辑结构上的，每种逻辑结构都有一个运算的集合。这些运算实际上是定义在抽象的数据上所施加的一系列的操作，所谓抽象的操作，是指我们只知道这些操作是"做什么"，而无需考虑"如何做"的问题。但运算的实现要在存储结构上进行，只有确定了的存储结构之后，我们才考虑如何具体实现这些运算（即算法）。如何描述算法的问题在本章后面讲述。

常见的一些运算有如下几种。

（1）查找（检索）；

（2）插入；

（3）删除；

（4）修改（更新）；

（5）排序；

（6）合并；

（7）分拆等。

数据的逻辑结构、存储结构和运算（集合）是数据结构的三要素，三者之间既有区别、又有联系。严格地说，这三者共同构成了一个完整的数据结构。如果有两个数据结构被视为是相同的，则它们必须在逻辑结构、存储结构和运算集合三个方面均相同。只要有一个方面两者不相同，就把它们视为是不同的数据结构。例如，对于相同的逻辑结构 —— 线性表，由于采用了不同的存储结构：一个采用了顺序存储结构，而另一个采用了链接存储结构，因而把它们看作是两种不同的数据结构，一个叫作顺序表，而另一个叫作链表。又例如，在顺序表中，两个数据结构的逻辑结构和存储结构均相同，但是定义的运算集合及其运算的性质不同，也导致出完全不同的数据结构，这就是我们在第 2 章里要讲述的向量、顺序栈和顺序队列。

1.3 数据类型与抽象数据类型

1.3.1 数据类型

数据类型（data type）是一组性质相同的值的集合以及在这些值上定义一组操作（运算）的总称。每一种计算机高级语言都有自己的数据类型定义。在通用的计算机高级语言中，一般都具有整数、实数（浮点数）、枚举、字符、字符串、指针、数组、记录（结构）、联合和文件等数据类型。如整数类型在计算机系统中通常用两个字节和四个字节表示，如果采用两个字节，则整数的表示范围在 -32768 ~ 32767 之间；如果采用四个字节，则整数的表示范围在 -2 147 483 648 ~ 2 147 483 647 之间。这依赖于具体的机器实现系统。除了定义整数的取值范围之外，还规定了对整数可施加的加、减、乘、除和取模等运算。

按值是否可"分解"，数据类型可分为简单类型（也称为初等类型或基本类型）和结构类型（或组合类型）两种。

简单类型中的每个数据都是无法再分割的整体，例如：

FORTRAN 语言提供了整型、实型、复型和布尔型等简单数据类型；

PASCAL 语言提供了整型（integer）、实型（real）、字符型（char）、布尔型（boolean）和指针型（pointer）等简单数据类型；

C 语言提供了整型、实型（浮点型）、字符型、枚举类型、指针型和空类型等简单数据类型。

结构类型其值可分解为若干个成份（或称为分量），如 C 语言的数组、结构等数据类型。初等类型通常是由语言直接提供的，而组合类型则是由用户借助于语言提供的描述机制自己来定义的，它通常是由标准类型派生的，因此它也是一种导出类型。通常数据类型可以看作是程序设计语言中已实现的数据结构。

程序设计语言允许的数据类型越多，它的处理能力就越强、应用范围也越广。因此，程序设计语言所提供的数据类型的多寡，也是衡量程序设计语言功能强弱的一个重要指标。

1.3.2　抽象数据类型

抽象是对事物的简化描述，就是抽取反映问题本质的东西，而忽略非本质的一些细节。抽象可以分为不同的层次，低层次抽象可以作为高层次抽象的一种实现。抽象是人们理解复杂现象和求解复杂问题时经常使用的一种方法。

数据类型已经反映出对数据的抽象。例如，在计算机中使用二进制定点数和浮点数实现数据的存储和运算，而在汇编语言中使用者可以直接使用它们的自然表示，如 123，1.4E10，25.2 等，不必考虑它们实现的细节，它们是对二进制数据的抽象。在高级语言中，出现了整型、实型、字符型、指针等数据类型，给出了更高一级的数据抽象。随着抽象数据类型（abstract data type）和面向对象程序设计语言的出现，可以进一步定义出更高层次的数据抽象，各种表、树和图，其至窗口和管理器等。这种数据抽象的层次为软件设计者提供了有力的手段，使设计者可以从抽象的概念出发，从整体上进行考虑，然后自顶向下，逐步展开，最后得到所需要的结果。

抽象数据类型是指抽象数据的组织和与之相关的操作。抽象数据类型通常是由用户自己定义，用以表示应用问题的数据模型，它可以看作是数据的逻辑结构及逻辑结构上定义的操作。

一个 ADT 可形式描述为：

```
ADT 抽象数据类型名 {
    Data
        数据元素集合及数据元素之间的逻辑关系的描述
    Operations
        构造函数
        Initial value:      用来初始化对象的数据
        Process:            初始化对象
    操作 1
        Input:              用户输入的数据
        Preconditions:      系统执行本操作前数据所需的状态
        Process:            对数据进行的处理
        Output:             操作后返回的数据
        Postconditions:     系统操作后数据的状态
    操作 2
        … …
    操作 n
        … …
} //ADT  抽象数据类型名
```

例 1.1　圆的 ADT 描述。圆是平面上与圆心等距离的所有点的集合。从图形显示的角度看，圆的抽象数据类型应包括圆心和半径；但从计量的角度看，其抽象数据类型只需要半径。这里仅从计量的角度给出圆的 ADT，它包括求圆的周长和面积的操作。

```
ADT   Circle {
  Data
    非负实数，表示圆的半径
  Operations
    构造函数
      Initial value:   圆的半径
      Process:         给圆的半径赋初值
    Circumference
      Input:           无
      Preconditions:   无
      Process:         计算圆的周长
      Output:          返回圆的周长
      Postconditions: 无:
    Area
      Input:           无
      Preconditions:   无
      Process:         计算圆的面积
      Output:          返回圆的面积
      Postconditions: 无:
} //ADT  Circle
```

抽象数据类型可以看作是描述问题的模型，它独立于具体实现。它的优点是将数据和操作封装在一起，使得用户程序只能通过在 ADT 里定义的某些操作来访问其中的数据，从而实现了信息屏蔽与隐藏。在 C++ 中，可以用类的说明来表示 ADT，用类的实现来实现 ADT，因此 C++ 中实现的类相当于数据的存储结构及其在存储结构上实现对数据的操作。

ADT 和类的概念反映了软件设计的两层抽象：ADT 相当于在概念层（抽象层）上描述问题，而类相当于在是实现层上描述问题。

本书在正文中还仍然用自然语言的方式来描述数据的逻辑结构，它对应用于在概念层（抽象层）上描述的 ADT。用 C 语言的类型定义来描述数据的存储结构，并用接近于自然语言的一种伪语言与 C/C++ 语言两种方式来描述对数据的操作（即算法）。这样来处理，可以使读者从中了解和学习到描述算法的多种方式。

1.4　算法的概念与描述

1.4.1　算法的概念

要让计算机求解问题，除了要选择恰当的数据结构之外，还需要制定出解决问题的切实可行的方法和步骤，这就是所谓的计算机算法。由于数据结构包含着运算集合，这些运算的实现是通过算法来完成的，本书在讨论各种数据结构的同时，还介绍了很多相关的算法。早在 20 世纪 70

年代，D.E.Knuth 就指出，计算机科学就是研究算法的学问。因此，算法也是本课程的重点内容之一。下面先介绍算法的概念。

算法（algorithm）是规则的有穷集合，这些规则规定了解决某一特定类型问题的一个运算（操作）序列。此外一个算法应当具有以下特性。

（1）输入：一个算法必须有若干个输入（包括 0 个）。

（2）输出：一个算法应该有一个或多个输出。

（3）有穷性：一个算法必须总是在执行有穷步之后结束。

（4）确定性：算法的每一步都应确切地、无歧义地定义。即对于每一种情况，需要执行的动作都应当严格的、清晰的规定。

（5）可行性：算法中每一个运算都应是基本的、可行的，也就是说，它们原则上都是能够由人们仅用笔和纸做有穷次运算即可完成的。

需要指出的是，算法的含义与程序十分类似的，但也有明显的差别。一个程序并不一定需要满足上述的第 3 个特性（有穷性），例如操作系统，只要整个系统不受破坏，操作系统就无休止地为用户提供服务，永不结束。另外，程序应是用机器可执行的某种程序设计语言来书写的，而算法通常并没有这样的限制。

1.4.2　算法的描述

算法设计人员在构思和设计了一个算法之后，必须准确清楚地把这些所涉及的解题步骤记录下来，或提供交流，或编写成程序以供计算机来执行。

常用的描述算法的方式有自然语言、数学语言、流程图、伪语言和程序设计语言等。无论采用哪一种方式，都必须能够精确地描述计算过程。一般而言，描述算法最合适的语言是介于自然语言和程序设计语言之间的伪语言，它的控制结构往往非常类似于 Pascal、C 等程序语言，但其中可使用任何表达能力强的方法，使算法表达更加清晰和简捷，而不至于陷入具体的程序语言的某些细节。我们将采用这种接近于自然语言，并与 C 语言的控制结构又非常类似的伪语言（以下简称伪语言）来描述算法。同时考虑到读者易于上机验证算法和提高读者的编程能力，本书在给出算法的同时基本上也对应地给出了 C/C++ 语言的描述。由于上机环境设定在 Visual C++ 6.0 开发平台上，因此我们也使用了 C++ 的一些功能，如单行注释（//...）、引用（&）、存储空间的申请（new）与释放（delete），以及输入（cin）和输出（cout）等功能，这样可以避免 C 语言的繁琐和不便之处。

下面给出伪语言和要使用到的 C++ 对 C 语言的部分扩充功能的概要说明。

一、用伪语言描述算法

1. 算法的总体轮廓

一个算法应由算法标题、算法内容体、结束标记三部分组成。格式如下：

　　算法 <算法编号>　<中文书写的算法名>

　　　　<英文书写的算法名>（<参数表>）

1. ---

2. ---

3. ---

　　（1）---------------------------------

（2）-------------------------------------

　　　i ）-------------------------------

　　　　ⓐ -------------------------

　　　　ⓑ -------------------------

　　　　ⓒ -------------------------

　　　　　　　⋮

　　　ii ）----------------------------

　　　iii ）---------------------------

（3）-------------------------------------

　　　　　　　⋮

4.　-------------------------------------

5. ［算法结束］　▉

---

　　① 上面给出的算法总体轮廓描述中，头两行为算法标题，算法标题应写在一行的中间，算法名应反映出该算法所能完成的主要功能。如果它不被其他算法所调用，算法标题的第二行可以省略。

　　② 后面的各行共同组成了算法体，算法体的书写采用层次结构，并按上面的规定，分层的标明，书写时同一层按列对齐。

　　③ 算法右下角的黑方块记号"▉"为结束标志，表示整个算法的结束。

---

2. 算法使用的主要语句

（1）注释。

算法中的任何位置必要时可加入汉字书写的注释，说明其功能，注释的形式是用方括号括起来的作为解释说明用的汉字串，即

$$［汉字串］$$

（2）赋值语句。

格式：变量名 ← 表达式

例如：X ← 500

　　　A[i] ← i+3

（3）条件语句。

条件语句可以有如下两种格式：

格式 1：若　　条件

　　　　则　　语句 1

　　　　否则　语句 2

格式 2：若　　条件

　　　　则　　语句

（4）循环语句。

ⓐ for 语句

格式：循环 <循环变量>步长为<表达式 1>，从<表示式 2>到<表达式 3>，反复执行

　　　循环体

ⓑ while 语句

格式：循环　当<条件>时，反复执行

循环体

ⓒ do – while 语句

格式：循环　反复执行，当 <条件> 时

循环体

（5）跳出循环语句。

格式：跳出循环

一个跳出循环语句只能跳出一层循环。

（6）复合语句。

格式：语句 1；语句 2；…；语句 n

即多个语句之间用分号分隔。

（7）输出语句。

格式：PRINT（X）

其功能是将 X 的内容输出。

（8）转向语句。

格式：转向　标号

基本上不用转向语句。

（9）情况语句。

格式：分以下情况执行

情况 1：语句 1

情况 2：语句 2

……

情况 n：语句 n

其他情况：语句 n+1

（10）结束语句。

格式：算法结束

下面看一个用伪语言书写算法的例子。

例 1.2　求 n（<100）个整型元素中的最大元素。

设用 C 语言说明的存储结构如下：

```
#define m 100
int A[m];
int i, pos, n;
```

进入算法前，n 个元素已存入数组 A[0], A[1], ..., A[$n-1$]之中，这里 n 应该小于 m。

算法结束后，变量 pos 的值即为最大元素在数组 A 中的下标位置，并以变参的形式返回。

算法 1.1　寻找最大元素

findMax（A, n, pos）

1. [赋初值]　pos ← 0

2. 循环 i 步长为 1，从 1 到 n-1，执行

若 A[pos]<A[i]

则 pos ← i

3. ［算法结束］▍

二、用 C 语言描述算法

我们假定读者已具有 C 语言的基础，这里仅对少量使用的 C++ 的一些功能，如单行注释（ //... ）、引用（ & ）、存储空间的申请（new）与释放（delete）以及输入/输出（I/O 流）等功能，作概要性的介绍。从中可以看到 C++ 语言的优点和方便之处。

1. **注释（ // ）**

C++ 的注释也称单行注释，它为 "//" 之后的内容，直到换行。

例如：// 这是一个 C++的注释

另外，C++ 还兼容了 C 语言的注释，即一对符号 "/* " 与 "*/" 之间的内容。它可以占一行也可以占多行。

2. **引用（ & ）**

引用通常被认为是变量的别名。当建立引用时，程序用另一个变量或对象的名字将它初始化。对引用的改动，实际上是对目标的改动。

引用定义格式如下：

<类型>&<引用名> = <变量名>;

例如：int i;

   int& k = i;

   i = 5;

   k = k+3;

这里，k 是一个引用，它是变量 i 的别名。所有在引用上所进行的操作，实质上就是对被引用者的操作。如上面程序片段执行后，实际上是变量 i 加 3，使 i 值改变为 8。

引用的用途是：用来作为函数的参数和函数的返回值。下面我们举一个两个变量的值交换的例子说明这个问题。

例 1.3　交换变量 x 和 y 的值。假设 x=5; y=10; 调用 swap(x, y)后可实现两个变量 x 和 y 值的交换。

```
void swap(int& x1, int& y1)
{  int temp;
   temp = x1;
   x1 = y1;
   y1 = temp;
}
```

由于在 C 语言中，函数的参数是以传值的方式进行的，如果不是引用方式，调用 swap(x,y)后，变量 x 和 y 的值维持不变，没有实现交换。虽然，使用指针传递方式的 swap(int* , int*)函数调用，能够达到预定的目的，但使用起来比较麻烦。

3. **存储空间的申请（new）与释放（delete）**

new 和 **delete** 是 C++专有的操作符,任何使用 **malloc** 函数和 **free** 函数的地方都可以使用 **new** 和 **delete** 运算符。**malloc** 函数和 **free** 函数是 C/C++ 语言的标准库函数，而 **new** 和 **delete** 是 C++ 的运算符。它们都可用于申请动态内存和释放内存。**new** 类似于函数 **malloc( )**，但比 **malloc( )** 更简练。**new** 的操作数为数据类型，它可以带初始化值表或单元个数。**new** 返回一个具有操作数的数值类型的指针。

它的格式是：

      pointer = **new** type;

或   pointer = **new** type[n];

      例如：**int** *p1,*p2,*p3;

            int num＝85;

            // ……

            p1 = **new int**;   //p1 指向一个整型数

            p2 = **new int**[200];   //p2 指向存放 200 个整型数中的第一个数的空间位置

            p3 = **new int**[num];   //分配 85 个整型数的存储空间，

                                    //p3 指向 85 个整型数中的第一个数的空间位置

要释放由 new 分配的内存就要使用 delete 运算符，如果 new 是以数组形式使用的，就要在指针名前加上空的方括号"[]"。

它的格式是：

delete pointer;

delete[ ] pointer;

例如：**int** *p1 = **new int**;

       int *p2 = **new int**[100];

      // … …

      delete   p1;

      delete[ ]   p2;

使用 **new** 和 **delete** 具有以下优点：

- 使用 **new** 和 **delete** 不必包含头文件（C 语言中：**#include** <malloc.h>）。
- 在指针进行赋值之前无需显式转换类型，**new** 运算符将会自动返回正确的类型值。

（C 语言中：*ptr* = (*type**) **malloc**(*element***sizeof**(*type*)) ; ）。

- 更重要的是，**new** 和 **delete** 不仅仅分配内存块，当使用 **new** 和 **delete** 来分配对象时，它将自动调用该对象的构造函数；与之相对应，使用 **delete** 来释放内存时，将自动调用析构函数。

                  new 和 delete 必须配对使用，malloc 和 free 也是一样。

4. 输入/输出（I/O 流）

在 C++ 中，文件经常被看作流。当执行文件输入或输出时，可以一直发送或得到下一个字节。

在 C++ 的输入输出操作中，既可以使用流操作符（<< 和 >>），也可以使用 printf、scanf 或其他在 stdio.h 头文件中定义的函数。流操作符提供了两种方便：一是如果使用默认的输入/输出格式，就不必使用格式指定符；二是它能够扩展流操作符，这样它们就能使用在类中。

例 1.4   编写输入两个单精度实数并输出两者之和的简单程序。下面是完成这一相同功能的两个程序。左边为 C++ 程序；右边为 C 程序。

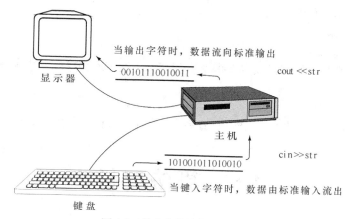

图 1-3　输入与输出流的示意图

```
#include <iostream.h>
void main() {
  float  x, y;
  cout << "Enter the first number:";
  cin >> x;
  cout<< "Enter the second number:";
  cin >> y;
  cout << "The total is "<< x+y << endl;
}
```

```
#include <stdio.h>
void main() {
    float  x, y;
    printf("Enter the first number:");
    scanf("%f", &x);
    printf("Enter the second number:");
    scanf("%f",&y);
    printf("The total is %f\n", x+y);
}
```

注意上面使用流操作符 cin 和 cout 的程序与使用 printf 函数和 scanf 函数的程序之间的不同之处。

- 头文件是 iostream.h 而不是 stdio.h。
- 不需要格式指定符，这比 printf 函数和 scanf 函数用起来要简单。
- 在流操作符 cin 之中没有对操作数（变量）使用地址操作符（&），但在 scanf 函数中却必须使用。
- 数据流向标准输出设备（cout），它通常是指显示屏幕。
- 数据来自于标准输入（cin），它通常是指键盘。
- C++ 的流对象使用 endl 输出一个回车，而 C 需要使用 \n（C++ 同样也支持这种方式）。

输入/输出格式如下。

输入：cin>>变量>>变量>>…>>变量;

例如：cin>>a;

　　　cin>>x>>y>>z;

输出：cout << 表达式 << 表达式<< … << 表达式;

或　　cout << 表达式 << 表达式<< … << 表达式 <<endl;

例如：cout << a;

　　　cout << "The total is" << x+y-2;

　　　cout << " s = " << s << endl;

5. 常量定义

通常的格式为：

const type id = <初始化值>;

例如：用 pi 来表示π。

```
const float pi = 3.14159;
```

在 C 中，定义常量是用编译预定义指令（#define）通过宏替换的方法实现的。

例如：

```
# define pi 3.14159
```

以上介绍了 C++ 的部分功能，当然使用 C 语言的对应功能也是可以实现的。

1.5　算法分析

1.5.1　算法性能的评价标准

数据结构的性能实际上是由实现它其中运算的算法来体现的。对于要解决的同一个问题，往往能编写出许多不同的算法。进行算法评价的目的，既在于从解决同一问题的不同算法中选择出较为合适的一种，又在于知道对现有的算法如何进行进一步的改进，从而设计出更好的算法。

判断一个算法的优劣，主要有以下几个标准。

1. 正确性

正确性（correctness）是设计和评价一个算法的首要条件，一个正确的算法是指在合理的数据输入下，能够在有限的运行时间内得出正确的结果。即要求算法能够正确地执行预定的功能和性能要求。这就要求算法的编写者对问题的要求有正确的、深入的理解，并能对问题进行正确的、无歧义的描述和利用算法描述语言（如程序设计语言）正确地实现算法。

2. 可读性

可读性（readability）是指一个算法供人们阅读的方便程度。这是理解、测试和修改算法的需要。一个可读性好的算法，应该是逻辑清晰、符合结构化和模块化的程序设计思想，所有的变量名和函数名的命名必须有实际含义，使人见名知意。在算法中应当适当添加注释，简要说明算法的功能、输入和输出参数的使用规则、重要数据的作用和算法中各程序段完成的主要功能等。必要时，还应当建立相应的文档。

3. 健壮性

健壮性（robustness）是指在异常情况下，算法能够正常运行的能力。正确性与健壮性的区别在于：前者描述算法是在需求范围之内的行为，而后者描述算法是在需求范围之外的行为。健壮性包括：一是容错能力；二是恢复能力。容错能力是指发生异常情况时，系统不出错误的能力；而恢复能力则是指软件发生错误后重新运行时，能否恢复到没有发生错误前的状态的能力。健壮性要求在算法中对输入参数、打开文件、读文件记录，以及子程序调用状态进行自动检错和报错并通过与用户对话的方式来纠错的功能。这也叫做容错性或例外（异常）处理。一个完整的算法应该具备健壮性，能够对不合理的数据进行检查。但在编制算法的开始阶段，可以暂时不管它，集中精力考虑如何实现主要的功能，待到算法成熟时再追加它。

4. 可用性

可用性（usability）是指用户使用软件的容易程度，亦称用户友好性。为便于用户使用，要求算法具有良好的界面，完备的用户文档。因此，算法的设计必须符合抽象数据类型和模块化的要求，最好所有的输入和输出都通过参数表显式地传递，尽量少用公共变量或全局变量，每个算法只完成一个功能。

5. 效率

效率（efficiency）主要是指算法执行时计算机资源的消耗，包括运行时间和存储空间的开销，前者称为算法的时间代价，后者称为算法的空间代价。算法的效率与多种因素有关。例如，所用的计算机系统、可用的存储容量和算法的复杂性等。

算法的性能标准还有很多，如通用性、可移植性等，这些问题的详细讨论已超出了本课程的内容。在数据结构的课程中，我们在兼顾其他性能的基础上，主要考虑算法的效率，即主要讨论算法的时间代价和空间代价。

1.5.2　算法的复杂度

算法效率的度量通常采用算法的事前估计和事后测试两种方法。

一、算法的事后测试

因为计算机内部一般都有计时功能（如：时间函数 time()），不同算法的程序可以通过一组和若干组相同的统计数据以分辨优劣。但这种方法有两个缺陷：一是必须先运行依据算法编制的程序；二是所得时间的统计量依赖于计算机运行的速度、程序语言的级别、编译程序的优劣等环境因素，有时容易掩盖其算法本身的优劣。因此，通常采用另一种方法———事前估计。

二、算法的事前估计

算法的事前估计是通过算法的复杂性来评价算法的优劣，算法的复杂性与具体机器的运行环境和编译程序版本无关。它的大小只依赖于问题的规模，或者说是问题规模的函数。

一般将求解问题的输入量作为问题的规模，并用一个整数 n 来表示。问题的规模可以从问题的描述中找到。例如，在具有 n 个职工的工资表中进行查找操作，这个问题的规模就是 n。矩阵乘积问题的规模是矩阵的阶数。而对于图结构问题的规模则是图中的顶点数和/或边数。

1. 算法的时间复杂度

我们把计算机的一次执行，如一次赋值、一次判断、一次输入、一次输出等均看作是一个时间单位，而忽略它们之间在执行时间上的差异，即每条语句执行一次的时间均是单位时间。一个算法的耗费时间，应该是该算法中各个语句执行时间之和，而每个语句的执行时间就是该语句的执行次数。这样就可以独立于机器的软、硬件系统来分析算法的优劣。

算法的时间复杂度通常采用 $O(g(n))$ 表示法。其定义为：

当且仅当 存在正常数 c 和 n_0，对所有的 n，当 $n \geq n_0$ 时，使得 $T(n) \leq c.g(n)$ 成立，则称 $T(n) = O(g(n))$。

换句话说，$O(g(n))$ 给出了函数 $T(n)$ 的上界（有多个上界时取上确界）。

$T(n) = O(g(n))$ 表示：随着问题规模 n 的增大，算法执行时间的增长率和 $g(n)$ 的增长率相同，或者说，两者具有相同的数量级。称作算法的时间复杂度增长的数量级为 $g(n)$，算法的渐进时间复杂度（asymptotic time complexity）为 $O(g(n))$，渐进时间复杂度通常简称为时间复杂度（性）。

下面看两个例子。

例 1.5　n 个整型元素求和的算法。

```
const int m=100;
```

```
int A[m], S;
int i, n;     // n 小于 m
```

进入算法时，n 个元素已存入数组 A 之中。

伪语言描述：　　　　　　　　　　　　　　　　C/C++ 语言描述：

算法 1.2　元素求和

　　　sum (A, n)

1. S ← 0
2. 循环 i 步长为 1，从 0 到 n-1，执行

　　　S ← S + A[i]

3. PRINT(S)
4. ［算法结束］ ∎

```cpp
void sum( int A[], int n ) {
    int i, S=0;
    for ( i=0; i<n; i++ )
        S = S + A[i];
    cout<<"S = "<< S <<endl;
}
```

上面的算法的时间复杂度为：

$T(n) = 1 + (n+1) + n + 1 = 2n + 3 = O(n)$。

从上式可以得出：

此算法执行次数是 $2n + 3$ 次，算法的时间复杂度是 $O(n)$，也可以说是线性级（型）的。

例 1.6　求两个 n 阶矩阵相乘的算法。

```
const int m=100;
int A[m][m], B[m][m], C[m][m], S;
int i, j, k, n;        // n 小于 m
```

进入算法时，数据已存入矩阵 A、B 之中。

伪语言描述：　　　　　　　　　　　　　　　　C/C++ 语言描述：

算法 1.3　矩阵相乘

　　MatrixMultiply (A, B, C, n)

1. 循环 i 步长为 1，从 0 到 n-1，执行

　　循环 j 步长为 1，从 0 到 n-1，执行

　　（1）S ← 0

　　（2）循环 k 步长为 1，从 0 到 n-1，执行

　　　　　S ← S + A[i][k]*B[k][j]

　　（3）C[i][j] ← S

2. ［算法结束］ ∎

```cpp
void MatrixMultiply ( int &A[ ][ ],
    int&B[][],int &C[ ][ ],int n ) {
    int i, j, k;
    for ( i=0; i<n; i++)
        for ( j=0; j<n; j++) {
            S = 0;
            for ( k=0; k<n; k++)
                S=S+A[i][k]*B[k][j];
            C[i][j] = S;
        }
}
```

上面的算法的时间复杂度为

$T(n) = (n+1) + n(n+1) + n^2 + n^2(n+1) + n^3 + n^2 = 2n^3 + 4n^2 + 2n + 1 = O(n^3)$。

从上式可以得出：

此算法的执行次数是 $2n^3 + 4n^2 + 2n + 1$ 次。

算法的时间复杂度是 $O(n^3)$，也可以说是立方阶（型）的。

使用 O 表示法时，需要考虑关键操作的执行次数。如果最后给出的是渐进值，可直接考虑关键操作的执行次数，找出其与 n 的函数关系 $T(n) = f(n)$，从而得到渐进时间复杂度。

假设 $f(n) = 4n^3 + 3n^2 + 2n + 7$，当 n 充分大时，$T(n) = O(n^3)$。这是因为当 n 很大时，与 n^3 相比，n^2 与 n 的值往往不起决定作用，可以忽略不计。因此，只需保留最高次幂的项，常数系数

与低次幂的项均可以忽略不计。

一般情况下，对于步长型循环语句只需考虑循环体中语句的执行次数，而忽略该语句中步长加 1、终值判断和控制转移等成份。当有若干个循环语句嵌套时，算法的时间复杂度是由最内层循环语句的循环体中的语句的执行次数（频度）来决定的。

有时，算法的时间复杂度不仅仅依赖于问题的规模，还与输入实例的初始状态有关。例如，在一个一维数组从前向后顺序查找给定值 K 的算法中，它的主要工作是进行比较，如果数组中的第一个元素之就与给定值 K 相等，则执行比较的次数最少；如果数组中没有值为 K 的元素，则执行比较的次数最多。后一种情况耗费时间最多，是一种最坏的情况，在这种情况下耗费的时间是算法对于任何输入实例所用时间的上界。所以，如果不特殊说明，所讨论的时间复杂度均指最坏情况下的时间复杂度。有时，还需要讨论算法的平均（或期望）时间复杂度。所谓的平均时间复杂度是指所有可能的输入实例均以等概率出现的情况下，算法的平均运行时间。

将常见的时间复杂度，按照数量级递增排列，依次为：

$O(1)$、$O(\log_2 n)$、$O(n)$、$O(n \log_2 n)$、$O(n^2)$、$O(n^3)$、…、$O(2^n)$ 等。

不同数量级的时间复杂度的取值和性状曲线分别如表 1.2 和图 1-4 所示。

表 1.2 　　　　　　　　　　　各函数随 n 的增长函数值的变化情况

$\log_2 n$	n	$n \log_2 n$	n^2	n^3	2^n
0	1	0	1	1	2
1	2	2	4	8	4
2	4	8	16	64	16
3	8	24	64	512	256
4	16	64	256	4096	65 536
5	32	160	1 024	32 768	2 147 483 648
…	…	…	…	…	…

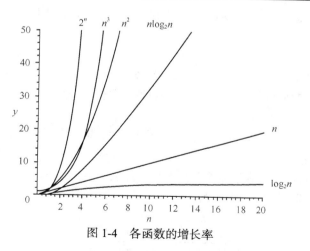

图 1-4　各函数的增长率

从表 1.2 和图 1-4 可见，我们应该尽可能选用小于或等于多项式阶 $O(n^k)$ 的算法，而不希望选用指数阶的算法。

2. 算法的空间复杂度

类似于算法的时间复杂度，可以用空间复杂度（space complexity）作为算法所需存储空间的

量度，记作

$$S(n) = O(g(n))$$

其中，n 为问题的规模，$g(n)$ 为算法所处理的数据所需的存储空间与算法所需的辅助空间之和。

上式同样地表示出：随着问题规模 n 的增大，算法执行时所需存储空间的增长率与 $g(n)$ 的增长率相同，称为算法的渐进空间复杂度（asymptotic space complexity），简称空间复杂度（性）。

在进行算法分析时，一般是重点讨论算法的时间代价，需要时也会讨论算法的空间代价。主要考虑的也只是算法运行时辅助空间的使用量，即除了算法所处理的数据之外所需的附加存储空间的大小，用以比较完成同一功能的几个算法之间的差异和它们的优劣。

一般地说，时间与空间是一个矛盾的统一体，往往可以用牺牲空间方法来换取时间，反之亦然。

1.6　本章小结

本章围绕两个计算机学科中的两个基本问题 —— 数据结构与算法展开讨论。

【本章的知识点】

一、数据结构方面

1. 概念与术语。主要有数据、数据元素、数据项、数据类型、抽象数据类型、数据结构以及存储密度等。

2. 数据结构的逻辑结构、存储结构及数据的运算三方面的概念及相互关系。概括如下。

• 逻辑结构包含线性结构（主要讨论线性表）与非线性结构（主要有树形、图、多维数组及广义表等）。

• 存储结构主要包含四种常用的存储表示方式，即：顺序存储、链式存储、索引存储和散列存储。

• 运算（操作）集合。常见的运算有：查找（检索）、插入、删除、修改（更新）、排序、合并与分拆等。

二、算法方面

1. 概念部分。主要有算法、算法的时空复杂度、最好、最坏和平均时空复杂度等。

2. 算法描述。主要使用伪语言和 C 语言两种书写方式，视其情况，可选择其中一种来书写（编制）算法。

3. 算法分析。主要有事前分析与事后测试两种方法，重点掌握事前分析的方法，也就是对算法进行时间/空间复杂度分析。

以上两个方面的诸要素存在于整个数据结构的体系之中，在学习的过程中，应注意它们之间的联系与层次上的区别。如图 1-5 所示。

层次	数据表示	数据处理
抽象层	逻辑结构	运算
实现层	存储结构	算法
评价与分析	结构评价	算法分析

图 1-5　数据结构体系的层次关系

本章对全书内容进行了高度概括，读者应反复学习和经常回顾，因为它不仅是学习后续各章的重要基础，也能使读者从较高的认识视角对本课程有一个整体的把握。

习　　题

1. 简述下列概念：

数据，数据元素，数据对象，数据结构，数据类型和抽象数据类型。

2. 简述数据与信息的关系。

3. 什么是数据的逻辑结构？什么是数据的存储结构（物理结构）？试述两者之间有何区别与联系。

4. 试举一个数据结构的例子，叙述其逻辑结构、存储结构、运算（集合）这三方面的内容。

5. 线性结构与非线性结构的区别是什么？

6. 什么是算法？算法的特性是什么？试述算法与程序的区别。

7. 算法的时间复杂度除与问题的规模相关外，还与哪些因素有关？

8. 设有两个算法在相同的系统环境上运行，其执行时间分别为 $100n^2$ 和 2^n，要使前者快于后者，n 至少为多少？

9. 按增长率由小至大的顺序排列下列各函数：

$$(3/2)^n, \quad (2/3)^n, \quad n^n, \quad n!, \quad 2^n, \quad 3^n, \quad \log_2 n, \quad n^{\log_2 n}, \quad n^{3/2}, \quad n^{1/2}$$

10. 请编写一个在 100 个元素的实数数组中，求最小元素的值及其下标的算法。

第2章
顺序表

线性结构是一种既简单又常用的数据结构，在线性结构中的任意一个结点至多只能有一个前驱与一个后继。线性表是一种典型的线性结构。

线性表（inear list）的逻辑结构可以描述为

$$L = (D, R)$$
$$D= \{ k_0, k_1, \cdots, k_{n-1} \}$$
$$R = \{ r \}$$
$$r = \{ <k_{i-1}, k_i> | k_i \in D, 1 \leqslant i \leqslant n-1 \}$$

按照 r，线性表可以排成一个线性序列：k_0，k_1，...，k_{n-1}

因此，一个线性表是 n（$n \geqslant 0$）个数据元素（也称为结点）组成的有限序列。记为

$$L=(k_0, k_1, ..., k_{n-1})$$

其中，L 是表名；k_0 为起始结点，它没有前驱（predecessor），仅有一个后继（successor）；k_{n-1} 为终端结点，没有后继，仅有一个前驱；其余的每个结点 k_i($i = 1, 2, ..., n-2$)都有且仅有一个前驱和一个后继。i 称为表的序号。n 是线性表中的结点个数，也称为表的长度。将 $n=0$ 的线性表称作空表。

下面是几个线性表的例子。

```
Digit =(0, 1, 2, 3, 4, 5, 6, 7, 8 ,9 )
Letter =( A, B, C, ···, Z, a, b, ···, z )
Months =( January, February, March, April, May, June, July, August,
          September, October, November, December)
Color =(red, yellow, orange, green, black, blue, purple )
Dept =(数学, 计算机, 物理, 化学, 生物, 教育科学, 中文, 历史, 外语 )
```

在较为复杂的线性表中，一个结点可能由若干个数据项组成。例如，在表 1.1 给出的"职工工资表"中，每个职工的信息就是一个结点，它是由编号、姓名、……、实发工资等数据项组成的。

结点是数据结构讨论的基本单位，在不同的结构中，常常有它不同的习惯叫法。在向量、数组中，习惯叫作元素；在图中，常叫作顶点；在文件中，叫作记录。在讨论线性表时，还经常把结点和表目当作同义词来混用，如第 i 个结点可以说成是第 i 个表目。

表目 k_i 在线性表中的位置是通过下标 i 来反映的，我们说第 i 个表目，即指 k_i，i 称为该表目的索引（index）。

将一个线性表存放到计算机中，可以采用各种方法，最常用的存储方式有两种：顺序存储方式和链接存储方式。本章主要介绍线性表的顺序存储方式，线性表的的链接存储方式将在下一章

讲述。

线性表的基本运算（操作）主要有如下几种。

（1）初始化：即生成一个空的线性表。

（2）创建一个线性表。

（3）判断线性表是否为空。

（4）求线性表中的结点个数，即求表长。

（5）取线性表中的第 i 个结点。

（6）查找线性表中值为 x 的结点。

（7）在线性表的第 i 个位置上插入一个新结点。

（8）删除线性表中的第 i 个结点。

线性表的抽象数据类型描述

```
ADT  LinearList  {
   数据
      0 个或多个元素的有序集合及表长
   操作
      Create ():        创建一个线性表
      Destroy ():       撤销一个线性表
      IsEmpty ():       判断线性表是否为空
      Length () :       求表长
      Find (i, x):      取线性表中的第 i 个结点
      Search (x):       查找线性表中值为 x 的结点
      Insert (i, x):    在线性表的第 i 个位置上插入一个新结点
      Delete (i, x):    删除线性表中的第 i 个结点
      Output (cout):    输出线性表
   } // ADT LinearList
```

将一个线性表存储到计算机中，可以采用不同的方法，其中一种简单的方法就是顺序存储，即将结点按其索引值从小到大逐个地存放在一片地址连续的存储单元里。用这种方法存储的线性表称为顺序表（sequential list）。顺序表的特点是：原来逻辑上相邻的数据元素在其物理位置上也相邻。顺序表是一种紧凑结构，它的存储密度等于（或接近）1。

本章讨论几种最简单而又最常用的顺序表——向量、栈和队列。但顺序存储的方法并非是存储它们的唯一方法，在下一章将会看到它们的另一种存储方法——链接存储。

2.1　向　　量

向量（vector）是由具有相同数据类型的数据元素（表目）组成的线性表，即所有表目类型相同，它们都属于同一数据对象。因此向量的逻辑结构与线性表的逻辑结构是相同的。

向量中的表目又称为"元素"，元素的索引（i）又称为"下标"。

2.1.1　向量的存储与运算

向量一般采取顺序存贮的方式。

由于同一向量的所有元素类型相同，所以对于有 n 个元素的向量，若每个元素占用 c 个单元，则需占 $n×c$ 个单元的存储区域。

假设 $V = (a_0, a_1, \cdots, a_{n-1})$

向量的第一个元素存放的位置为 $LOC(a_0)$，则任一元素 a_i 的位置为

$$
\begin{aligned}
LOC(a_i) &= \ LOC(a_{i-1}) + c \\
&= \ LOC(a_{i-2}) + 2*c \\
&= LOC(a_{i-i}) + i*c \\
&= LOC(a_0) + i*c
\end{aligned}
$$

即：$LOC(a_i) = LOC(a_0) + i*c \qquad 0 \le i \le n-1$

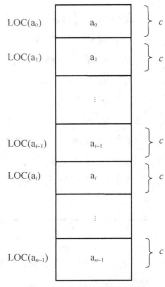

图 2-1　向量存储示意图

上式说明：向量元素 a_i 的地址是它在表中的位置 i 的线性函数，只要知道整个向量的存储起始地址、向量元素的序号和每个向量元素所占存储空间的大小，就可在相同的时间内求出该向量元素的存储地址。显然，它的时间代价为 O(1)。这种随机存取（即与 i 的大小无关）的特点，反映出对于顺序存储的向量，通过下标存取元素是很方便的。这也是数组作为结构类型最早被引用到程序设计语言之中的主要原因。

向量的存储结构用 C 语言描述如下。

```
#define MaxSize 100         //const int MaxSize=100;
typedef int datatype;       //datatype 的类型可根据实际情况而定
typedef struct {
    datatype  V [ MaxSize ];   //动态数组可说明为 datatype *V;
    int  n;                   //当前的表长，数据存放在数组 V[0],V[1], … ,V[n-1]之中
} SeqList;                   //而数组 V[n], … ,V[MaxSize-1]作为备用空间
SeqList  L;
int  i, j;
datatype  x;
```

向量经常要进行的运算与前面给出的线性表的运算基本相同。定义了向量的存储结构之后，现在就可以讨论在该存储结构上如何具体实现定义在逻辑结构上的基本运算了。在向量中，线性表的有些运算很容易实现。例如，表的初始化操作是将表的长度置为 0，即 $L.n \leftarrow 0$；求表长和取表中第 i 个元素的操作只需分别返回 L.n 和 L.V[i] 的值即可。下面主要讨论向量的插入和删除运算。

对于向量的插入和删除运算，将要引起一系列元素的移动。

插入运算就是要在由 n 个元素组成的向量中，第 i 个元素的位置上插入一个值为 x 的元素，当 $i = n$ 时表示新插入的元素将作为向量的最后一个元素。

$$(a_0, a_1, \cdots, a_{i-1}, a_i, \cdots, a_{n-1})$$

在第 i 个元素的位置上，插入一个值为 x 的元素后为：

$$(a_0, a_1, \cdots, a_{i-1}, x, a_i, \cdots, a_{n-1})$$

在数组 V 中，V[0], V[1], $\cdots$, V[n-1] 存放线性表的各数据元素，V[n], $\cdots$, V[MaxSize-1] 作为结点的备用空间，以便于插入元素时空间的扩增。

由于结点的物理顺序必须与结点的逻辑顺序保持一致，因此需要把向量中位置在 $n-1$，$n-2, \cdots, i$ 上的表目依次后移到位置 $n, n-1, ..., i+1$ 上，从而空出第 i 个位置，再将欲插入的新结

点 x 放到该位置上。只有插入位置为 $i=n$ 时，才无需移动结点，直接将 x 放到表的最后一个表目后边即可。

插入的新结点 x 后，表的长度应该增 1。

为保证新结点的合法插入，i 的有效位置是：$0, 1, \cdots, n$。当 $n \geq \text{MaxSize}$ 时，即向量中已无空闲空间，这时再插入将产生溢出。

插入过程如图 2-2 所示。

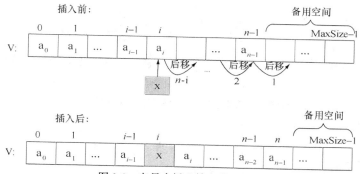

图 2-2　向量中插入结点的示意图

具体算法描述如下。

进入算法前，n 个元素已存入向量 V 中，表长也已存入的变量 n 中。

算法结束后，若 i 为有效位置，则值为 x 的元素已存入向量 V 的第 i 个表目之前，表长增 1；否则给出错误信息。

算法 2.1　向量插入

　　Insert (L, i, x)

1. [参数检查]
   　（1）若 (i < 0) 或 (i > L.n)
   　　　则 print ("position error")；算法结束
   　（2）若 L.n ≥ MaxSize
   　　　则 print ("overflow")；算法结束
2. [后移]
   　循环，j 步长 -1，从 L.n-1 到 i，执行
   　　L.V[j+1] ← L.V [j]
3. L.V[i] ← x　　[插入]
4. L.n ← L.n+1　　　　[修改表长]
5. [算法结束]　■

```
Viod Insert(seqlist&L,inti, datatype x) {
    Int j;
    If ((i<0)||(i>L.n))
        Error("position error");
    If (L.n>=MaxSize)
        Error("overflow");
    for(j=L.n-1;j>=I; j--)
        L.V[j+1]=L.V[j];
    L.V[i]=x;
    L.n++;
}
```

算法分析：

主要执行时间在第 2 步的循环，其循环次数为 $n-i$，该语句的执行次数不仅与向量长度有关，还与结点插入的位置 i 有关。在第 i 个位置插入需要执行后移语句 $n-i$ 次。所有可能的插入位置有 $n+1$ 个，在执行位置上插入时，最多执行后移语句 n 次，最少执行 0 次。由于插入可能在这些位置的任何一处进行，因此需要分析算法的平均性能。

假设在第 i 个元素之后插入的概率为 p_i，则算法 2.1 的平均移动次数（average moving number, AMN）为：

$$\text{AMN}（或 M_{\text{avg}}）= \sum_{i=0}^{n}(n-i) \times p_i$$

如果在各元素之后插入的概率相等，即：

$$p_i = \frac{1}{n+1}, \quad i = 0, 1, \cdots, n;$$

则 $\quad \text{AMN} = \frac{1}{n+1}\sum_{i=0}^{n}(n-i) = \frac{1}{n+1}\sum_{i=1}^{n}i = \frac{1}{n+1} \cdot \frac{n(n+1)}{2} = \frac{n}{2} = \mathrm{O}(n)$。

也就是说，在等概率情况下，插入运算平均需要移动一半元素。当 n 很大时，这个代价也是很大的。

删除运算就是要在由 n 个元素组成的向量中，将第 i（$0 \leqslant i \leqslant n-1$）个位置上的元素删掉，删除后表的长度减 1。对于下面的表：

$$(a_0, a_1, \cdots, a_{i-1}, a_i, a_{i+1}, \cdots, a_{n-1})$$

删除第 i 个元素后，为：

$$(a_0, a_1, \cdots, a_{i-1}, a_{i+1}, \cdots, a_{n-1})$$

删除过程如图 2-3 所示。其处理过程与插入操作类似，算法请读者自行完成。详见本章习题。

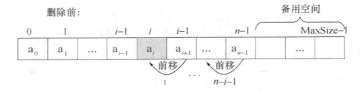

图 2-3　在向量中删除结点的示意图

2.1.2　目录表

如果线性表的表目不为同一类型，每个表目所占的存储空间就可能不相等。仍用顺序存储的方法就不能快速存取任一表目。为了提高运算速度，可以采用索引的方法，建立一个目录表。这样就把结点不等长的处理问题转化为对等长表目的目录表的处理问题。

建立目录表常采用以下两种方法。

1.　目录表是一个指针向量

目录表中的每个表目是一个指针，指向对应的线性表结点的存储空间。由于目录表是一个指针向量，因此利用它可以快速的找到线性表的任一结点的地址。线性表本身怎样存放无关紧要，只要目录表是顺序存储，就可以实现对线性表的随机存取。它的实现方法如图 2-4（a）所示。

2.　带有关键字和指针两个字段的目录表

目录表由两个字段组成，除指针外，另一个字段存放线性表的关键字。这样，只涉及关键字的操作直接可以在目录表上进行，线性表中的关键字可以删去，删去关键字的线性表称为属性表。

它的实现方法如图 2-4（b）所示。

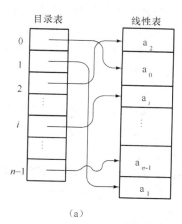
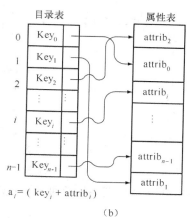

$a_i = (key_i + attrib_i)$

（a）　　　　　　　　　　　　　　　（b）

图 2-4　建立目录表的两种方式

通过上述两种方式，我们总可以将表目类型不同的线性表，转化成表目类型相同的目录表进行处理。因此，今后我们讨论的线性表，总是假定线性表的表目类型相同，即结点是等长的，这是不失一般性的。

2.2　栈

栈和队列是两种特殊的线性表，它们的逻辑结构和线性表是相同的，只是操作方式较为特殊，与线性表相比有更多的限制，因此又称它们为运算受限的线性表。栈和队列是两种常用的重要的数据结构，其应用也十分广泛。

2.2.1　栈的定义与基本操作

栈（stack）是一种运算受限的线性表。它限定只能在表的同一端进行插入和删除等运算,允许运算的一端称为栈顶（top）。而表的另一端称为栈底（bottom）。当表中没有元素时称为空栈。

根据栈的上述定义，每次删除（退栈）的总是当前栈中"最新"的元素，即最后插入（进栈）的元素；而最先进栈的元素被放置在栈的底部，要到最后才能删除。在图2-5所示的栈中，元素是以 $a_0, a_1, \cdots, a_{n-1}$ 的顺序进栈，而退栈的次序却是 $a_{n-1}, a_{n-2}, \cdots, a_0$。换句话说，栈的修改是按照先进后出（First In Last Out）的原则进行的。因此，栈又称为先进后出的线性表，简称 FILO 表。也可称为堆栈、下推表（push down list）等。

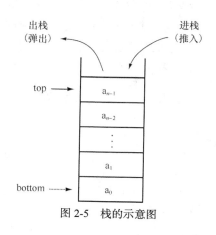

图 2-5　栈的示意图

在日常生活中，有许多栈的例子，如一摞书或一叠盘子，若规定从这些物品中取出一件或放入一件都只能在顶端进行，那么它们都是栈的实例。又如往枪支的子弹夹装子弹时，子弹被一个接一个地压入，射击时子弹从顶部一个接一个地被射出，它们遵循着"先进后出"的原则。

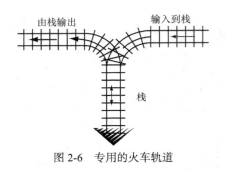

图 2-6 专用的火车轨道

如同 E.W. Dijkstra 所建议的那样，借助于同铁路车辆的转向的类比，来理解一个栈的机制是有帮助的。铁路调度站的火车专用轨道如图 2-6 所示。它也是一个栈的结构。

在计算机领域，栈的应用也十分广泛。例如在编译系统中的句法识别、表达式计算，函数（过程）调用与返回的实现都用到了栈结构。

例 2.1 嵌套子程序调用和返回过程的实现。

嵌套子程序[①]和递归子程序调用与返回的实现也常用栈来实现。这里只给出嵌套子程序调用和返回时实现的基本过程，而忽略参数传递、局部量处理等一些细节，如图 2-7 所示。有关递归子程序调用和返回过程的具体实现在下一节里再作详细讨论。

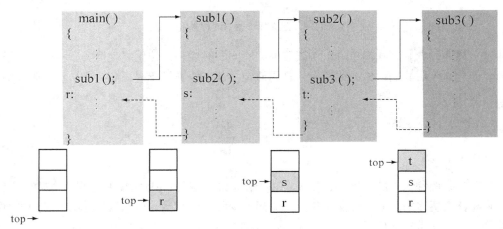

图 2-7 嵌套子程序调用和返回过程实现的示意图

栈的存储方式主要有两种：顺序存储和链接存储。用顺序存储方式实现的栈简称为顺序栈，用链接存储方式实现的栈简称为链栈。本章先介绍顺序栈，链栈将在下一章讲述。

栈的基本运算有构造一个空栈、入栈、出栈、读栈顶元素、判断栈是否为空等。

下面给出栈的抽象数据类型。

```
ADT Stack{
    数据
        含栈顶位置信息的数据项列表
    操作
        InitStack(&ST)              //ST 为栈名
            Input:          无
            Preconditions:  无
            Process:        构造一个空栈
            Output:         无
            Postcondition:  无
```

---

① 子程序：在程序中被其他程序调用并完成一定功能的一段程序。在不同的程序设计语言中，它有不同的习惯叫法，如在 BASIC 语言中，直接称作子程序；在 PASCAL 语言中，它表现为过程和函数两种形式；在 C 语言中，仅表现为函数一种形式。本书中我们把子程序有时称为过程，有时称它为函数。

StackEmpty(ST)

	Input:	无
	Preconditions:	无
	Process:	检查栈是否为空
	Output:	若栈为空，则返回 True，否则返回 False
	Postcondition:	无

Push(&ST, x)

	Input:	准备入栈的数据元素 x
	Preconditions:	栈 ST 已存在
	Process:	将数据元素 x 压入栈顶
	Output:	无
	Postcondition:	插入的数据元素 x 为新的栈顶元素

Pop(&ST, &x)

	Input:	无
	Preconditions:	栈 ST 已存在且非空
	Process:	删除 ST 的栈顶数据元素
	Output:	用 x 返回栈顶元素
	Postcondition:	栈顶元素被删除

GetTop(ST)

	Input:	无
	Preconditions:	栈 ST 已存在且非空
	Process:	检索 S 的栈顶数据元素值
	Output:	返回栈顶元素
	Postcondition:	栈不变

ClearStack(&ST)

	Input:	无
	Preconditions:	栈 ST 已存在
	Process:	删除栈 ST 的所有数据元素并重新置栈顶
	Output:	无
	Postcondition:	栈被重置为初始状态

DestroyStack(&ST)

	Input:	无
	Preconditions:	栈 ST 已存在
	Process:	将栈 ST 的空间撤销
	Output:	无
	Postcondition:	栈 ST 被销毁

} // **ADT** Stack

2.2.2　顺序栈

顺序栈就是栈采用了顺序的存储结构，可以用一维数组来实现栈的存储。顺序栈的类型定义和变量说明如下。

```
# define MaxSize 100        //假定预分配的栈空间最多能存放 100 个表目
typedef char datatype;      //假定栈的表目类型为字符
typedef  struct {
    datatype S[MaxSize];
```

```
    int top;                   //栈顶指针
} SeqStack;
SeqStack  ST;
datatype x;
```

存放栈表目的数组称为栈空间，这片空间可以静态分配，也可以动态生成，这里采用了静态分配的方式。沿栈增长方向未用的栈空间称为自由空间，自由空间的大小随着进栈和出栈操作而不断变化。栈顶指针 top 实际就是数组的下标，它的正常取值应为 0～MaxSize-1。当 top = -1 时，表示栈为空；当 top = MaxSize-1 时，表示栈已满。在进行栈操作时，要防止"溢出"现象的产生。当栈空时再进行删除操作将发生"下溢"；当栈满时再进行插入操作将发生"上溢"。图 2-8 所示为在顺序栈中做插入和删除操作时，栈中表目和栈顶指针的变化情况。

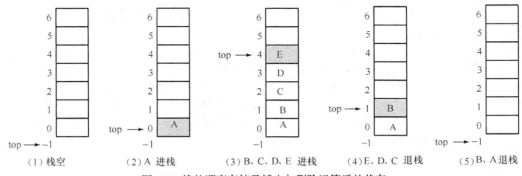

图 2-8　栈的顺序存储及插入与删除运算后的状态

顺序栈的基本运算有如下五种。

（1）push（SeqStack &ST, datatype x ）　// 往栈 ST 中推入（插入）一个值为 x 的表目

（2）pop（SeqStack &ST, datatype &x ）　// 从栈 ST 中弹出（删除）一个表目，用 x 返回其值

（3）datatype GetTop（SeqStack ST）　// 读栈顶表目，栈不变

（4）ClearStack（SeqStack &ST）　// 把栈 ST 置为空

（5）int StackEmpty（SeqStack ST）　// 判断 ST 是否为空，若栈 ST 为空，则返回 1（TRUE）；
　　　　　　　　　　　　　　　　　// 否则返回 0（FALSE）

若数组采用动态分配还应有：

（6）InitStack（SeqStack &ST）　　// 构造一个空栈 ST

（7）DestroyStack（SeqStack &ST）　// 销毁栈 ST

除此之外，若用 C++ 的类来实现，还可以有：

（8）StackFull（SeqStack ST）　　//若栈 ST 为满，则返回 1（TRUE），否则返回 0（FALSE）

这里主要给出前五个操作的算法。具体算法如下。

算法 2.2　栈的推入	C/C++程序：

push (ST, x)
 	
1.　若 ST.top ≥MaxSize-1
　　则 print（"overflow"）
　　否则 ST.top ← ST.top +1;
　　　ST.S[ST.top] ← x
 	
2.　[算法结束] ▮
	`void push ( SeqStack& ST, datatype x ) {`
	`    if (ST.top >= MaxSize-1)`
	`        cout<<"overflow";`
	`    else`
	`        ST.S[++ST.top] = x;`
	`}`

算法 2.3 栈的弹出
　　　　pop (ST,x)
1. 若 ST.top = −1
　 则 print (" underflow " ;
　 否则 x ← ST.S[ST.top];
　　　　ST.top ← ST.top −1
2. [算法结束] ∎
	C/C++程序：
	<pre>void pop (SeqStack& ST, datatype &x) {
	  if(ST.top==-1)
	    cout<<"underflow";
	else
	    x = ST.S[ST.top--];
	}</pre>

算法 2.4 函数 读栈项元素
　　　　GetTop (ST)
1. 若 ST.top = −1
　 则 print(" error ")
　 否则 return ST.S[ST.top]
2. [算法结束] ∎
	C/C++程序：
	<pre>datatype GetTop (SeqStack ST) {
	    if (ST.top==-1)
	        cout<< "error" <<endl ;
	    else return ST.S[ST.top];
	}</pre>

算法 2.5 置空栈
　　　ClearStack (ST)
1. ST.top　 ← −1
2. [算法结束] ∎
	C/C++程序
	<pre>void ClearStack (SeqStack &ST) {
	    ST.top=-1;
	}</pre>

**算法 2.6 布尔
　　　　函数 判栈空否**
　　　StackEmpty (ST)
1. 若 ST.top = −1
　 则 return TRUE
　 否则 return FALSE
2. [算法结束] ∎
	C/C++程序：
	<pre>int StackEmpty (SeqStack ST) {
	    if (ST.top==-1)
	        return 1;
	    else return 0;
	}</pre>

例 2.2　两个栈的对接使用方式。

当往已满的栈里推入时会发生溢出，为了减少溢出，当一个程序要使用两个栈时，可以给两个栈分配共同的连续存储区域。

把两个栈的栈底安排在这个存储区的两头，让两个栈的栈顶迎面增长。这样当一个栈的元素较多，超过存储区的一半时，只要另一个栈未满，就可以占用另一个栈的空间。只有当整个区域被两个栈占满时（两个栈的栈顶相遇），才会发生溢出。如图 2-9 所示。

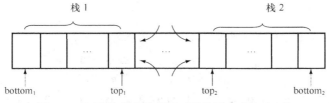

图 2-9　共享同一数组空间的对接使用方式的两个栈

原来方式（两个独立使用的栈）：$\begin{cases} 1 \sim n_1 \\ 1 \sim n_2 \end{cases}$

采用这种方法，溢出发生的频率比单独分配两个栈要小得多。

当元素个数> n_1 或 n_2，而又有元素个数≤ n_1+n_2 时，会发生溢出；现在这种方式就可以避免。只有当元素个数> $n_1 + n_2$ 时，才会产生溢出。

思考：多个栈如何共享一个区域?

2.3 栈与递归

递归是数学和计算机科学中的一个十分重要的工具。在程序设计语言中，可以用它来定义句法；在数据结构中，可以用它来求解表、树和图结构的搜索和排序等问题；递归还广泛应用于组合数学领域，用来处理排列组合和可能性问题。递归在算法研究、运筹学模型、博弈论和图论等研究领域也都有着非常广泛的应用。

本节对递归做一般性的介绍，在后面的章节中，我们还会看到它的应用。

2.3.1 递归的概念

递归（recursion）在科学计算中大量存在。例如：在计算浮点数 x 的 n（自然数）次幂 x^n 时，通常可以把它看作 n 个 x 的连乘：

$$\underbrace{x^n = x \times x \times x \times \ldots \times x}_{n \uparrow}$$

当求前 n 个自然数的和时，可以把它看作为 n 个自然数的连加：

$$S(n) = \sum_{i=1}^{n} i = 1 + 2 + 3 + \cdots + (n-1) + n$$

如果一旦 x^{n-1} 与 S(n-1) 的值已被算出，那么 x^n 与 S(n) 的值可以直接利用前面计算过的结果立即就可求得。

上面的两个式子可以递归地定义为

$$x^n = \begin{cases} x & n=1 \\ x^{n-1} \cdot x & n>1 \end{cases}$$

$$S(n) = \begin{cases} 1 & n=1 \\ S(n-1)+n & n>1 \end{cases}$$

这种表示和求解问题的方式既简洁、直观，又非常有效。

递归的定义是：若一个对象部分地包含它自己，或用它自己定义自己，则称这个对象是递归（定义）的；若一个过程直接地或间接的调用它自己，则称这个过程是递归的过程。

例 2.3 阶乘计算

说明递归的最典型的例子是阶乘的定义，它可表示为

$$n! = \begin{cases} 1 & \text{当} n=0 \text{时} \\ n \times (n-1)! & \text{当} n>0 \text{时} \end{cases}$$

阶乘定义的内部又出现了阶乘的定义，因此它是递归定义的。但递归定义有这样的特点：它必须是具有确切的含义的，也就是说必须一步比一步简单，最后有终结，决不能无限循环下去。在 n 阶乘的定义中，当 $n=0$ 时定义为 1，此时不再需要递归，是最简单的情况，表示递归的结束，称为"递归出口"。

根据阶乘的递归定义很容易写出它的递归算法。

算法 2.7　整数函数计算阶乘 $n!$ 的递归算法
　　Factorial (n)
　1.　若 $n = 0$
　　　则　return 1
　　　否则　return n* Factorial($n-1$)
　2.　[算法结束]　∎
	C/C++程序：
	<pre>long Factorial (int n) {
	    if (n == 0)
	        return 1;
	    else
	        return n* Factorial (n-1);
	}</pre>

在函数（或过程）Factorial(n) 中又调用了函数 Factorial()，这种函数（或过程）"自己调用自己"的做法称为"递归调用"。

对于一个较为复杂的问题，如果能够把它分解为一个或多个相对简单的且解法相同或类似的小的子问题，只要解决了这些子问题，那么原问题也就很容易地得到了解决。这种求解方法常被称为"分治法"，采用的是"分而治之"的策略。当分解的子问题可以直接解决时，则停止分解。我们把这些无需分解就可以直接解决的子问题称为递归结束条件。如算法 2.7 中的递归结束条件是 $0! = 1$。一般地说，分治法与递归像一对孪生兄弟，经常同时出现在算法设计之中。

在以下两种情况下，可以考虑使用递归的方法。

1.　定义是递归的

有许多对象的定义是递归的，在数学中大量存在。例如：

斐波那契数列（Fibonacci）数列

$$Fib(n) = \begin{cases} 0 & n = 0 \\ 1 & n = 1 \\ Fib(n-1) + Fib(n-2) & n \geq 2 \end{cases}$$

阿克曼函数（Ackerman）函数

$$Ack(m,n) = \begin{cases} 2n & m = 0 \\ 0 & m \geq 1 \text{ 且 } n = 0 \\ 2 & m \geq 1 \text{ 且 } n = 1 \\ Ack(m-1, Ack(m,n-1)) & m \geq 1 \text{ 且 } n \geq 2 \end{cases}$$

在本课程中还会遇到不少数据结构也是递归定义的。例如链表就是一种递归定义的数据结构。除此之外，还有树、二叉树和广义表等。

递归定义的函数可以简单地用递归过程来求解。递归过程直接反映了所定义的结构。而对于递归定义的数据结构，采用递归的方法来编制相关算法也是十分方便的。

2.　问题的解法是递归的

有些问题虽然本身没有明显的递归结构，但却非常适合采用递归的方法来求解，而且用递归求解往往比迭代求解要简单得多。一个典型的例子就是汉诺塔（Tower of Hanoi）问题。该问题的描述请见本章的习题。

递归和数学归纳法有着密切的联系，两者之间有相似之处，它们都是由一个或多个初始情况来终止的。递归函数表明能够通过调用以得到问题更小实例的解。同样，归纳法证明依靠假设的事实来证明定理。可以说，递归的思想来自于数学归纳法，数学归纳法是递归和递归过程求解问题的理论基础。

2.3.2　递归过程的实现

设有一个函数 proc( )要调用函数 sub(x)。我们称 proc( )为"调用函数",而称 sub(x)为"被调函数"。在调用函数中使用调用语句 sub(a)引起 sub(x)函数的执行,这里 a 称为"实参"(全称为"实在参数"),x 称为"形参"(全称为"形式参数")。

一般地讲,函数(或过程)在调用时和返回时都分别需要做三件事情。

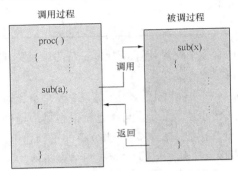

图 2-10　调用过程与被调用过程的关系

调用时,需要做的三件事情如下。

(1)保存调用信息。所谓调用信息是指调用函数(过程)要传递给被调函数(过程)的各种信息,主要有返回地址和实参(包括函数名、数值参数与引用参数等)。它们暂存在一个称为"工作记录"的区域中。

(2)分配被调函数(过程)需要的数据区并将调用信息存入其中。这里的数据区是指被调函数(过程)在执行时用来存放返回地址和实参以及被调函数(过程)中的局部量所必需的存储区。

(3)把控制转移到被调函数(过程)的入口。

返回时,即被调函数(过程)执行结束,需要返回到调用函数(过程)时,需要做的三件事情如下。

(1)保存返回信息。所谓返回信息是指被调函数(过程)要传递给调用函数(过程)的信息,如计算结果等。

(2)释放被调函数(过程)的数据区。

(3)把控制按返回地址转移到调用函数(过程)之中去。

系统调用递归函数(过程)和从递归函数(过程)返回过程的实现,在此基础上还需要增加哪些功能呢?简言之,那就是堆栈,具体称为递归工作栈(或运行栈)。其主要原因如下。

① 在递归调用的情况下,被调函数(过程)的每个局部量不能分配在一个单元中,而必须每调用一次就分配一次,当前函数(过程)使用的所有量(包括返回地址、形参和局部量等),都必须是最近一次递归调用时所分配的数据区中的量。如函数 Factorial(n)中的 n,它实际上对应了多个单元,不同层次的递归调用必须使用不同的单元,而且 n 值的大小只有在程序运行时才能确定。所以存储分配只能在执行递归调用时进行,即动态分配。

② 由前面介绍的嵌套函数(过程)和递归函数(过程)可知,它们调用和返回时遵循先调用后返回的执行次序,即最先开始调用的递归函数(过程)应最后被返回。因此,支持递归的程序设计语言系统其递归函数的数据区应设计成堆栈的形式。

通常的做法是:在内存的动态区中开辟一个存储区域(递归工作栈,或称运行栈),每次递归调用时，就将递归工作栈的指针下推，分配被调函数（过程）所需的数据区（又称为栈块或活动帧），并把 "工作记录" 中的调用信息存入其中；在每次调用返回时，将递归工作栈的指针上托，弹出一个栈块（即释放本次调用所分配的数据区），这样无论递归调用多少次，只要动态区空间有余，总能保证程序正常运行下去。直到递归工作栈为空时退出被调用的递归函数（过程）、返回到调用函数（过程）为止。保留信息用的工作记录（与栈块形式相同）与递归工作栈的示意图，如图 2-11 所示。

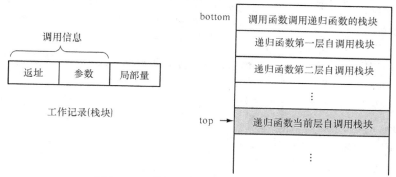

图 2-11　工作记录与递归工作栈的示意图

*2.3.3　递归过程到非递归过程的转换

在程序设计中，递归是一个很有用的工具，因为递归函数（过程）结构清晰，程序易读，而且它的正确性也容易得到证明。但是由于需要递归和反推两个过程以及递归工作栈，因此需要较多的额外时间与空间。也就是说，它的运行效率比较低。

实际运行的程序并非都必须写成递归的。其原因有以下两点：

一是由递归函数（过程）编译得到的机器指令程序，其效率往往较低，无论是时间还是空间都比非递归的程序要费；

二是有的程序设计语言（如 BASIC、FORTRAN 等）不允许函数（过程）递归调用。为了便于设计和证明，先写成递归函数（过程），然后还需把它转化成非递归函数（过程）。

由此，我们需要一个有效的将递归程序转化为非递归程序的方法。

递归函数（过程）到非递归函数（过程）的转换方法，如图 2-12 所示。

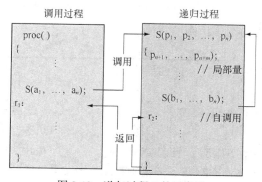

图 2-12　递归过程 S 的示意图

1. 设有函数（过程）$S(p_1, p_2, \cdots, p_n)$，且有 $p_{n+1}, p_{n+2}, \cdots, p_{n+m}$ 个局部量及返址 r。则需有 $n+m+1$

个字段组成的栈中结点（栈块）。

2. 增设 $t+2$ 个语句标号：

$i_1, i_2, ..., i_{t+1}, i_{t+2}$，（其中 $i_1=1$，原标号 1 改为 2），除了 i_1 设在过程体的第一个语句上，i_{t+2} 设在函数(过程)体的结束前（[算法结束] 之前），其余 t 个标号均为 t 个调用函数（过程）语句的返回地址。

3. 标号 $1(=i_1)$，为主函数（过程）调用此函数（过程）的进栈等处理，i_{t+2} 为返主处理。

4. 原函数（过程）体中所有的参变量和局部变量都以栈顶记录中相应的数据项（字段）代替。

5. 调用时：

（1）保留调用信息；[$p_1, p_2, ..., p_n, p_{n+1}, p_{n+2}, ..., p_{n+m}, r \to$ X（X 与栈块同类型）]

（2）分配空间（栈块）；[push(ST, X)]

（3）转到函数（过程）入口处（标号 2）。

6. 返回时：

（1）释放空间（栈块）；[pop(ST, X)]

（2）按返址（X.r）返回；

（3）传递结果。[X.<u>K</u>→栈顶的 <u>K</u>]

| 某些字段 | | 某些字段 |

如例 2.3 的计算阶乘的算法如下：

　　Factorial(n)

1. 若 n=0

　　则 return 1

　　否则 return $n *$ Factorial$(n-1)$

2. [算法结束] ∎

现将它转化成等价的非递归过程：

栈块与递归工作栈的存储说明在右边给出。

其中：F 中存放函数（过程）的返回值，即函数值。

进入算法时递归工作栈为初态。

| R | N | F | （栈块）

```
typedef struct {
    int R;   // 返回地址，其值为 3…4
    int N;   // 存放 n 值
    int F;   // 存放函数(过程)的返回值
} node;
typedef struct {
    node S[MaxSize];
    int top;
} SeqStack;
SeqStack ST;
node X;
```

算法 2.8 整函数 计算阶乘 $n!$的非递归算法。

　　Fact(n_0)

1. X.R ← 4；X.N ← n_0；push(ST, X)　　　　// 主过程调用时的处理工作

2. 若 S[top].N=0　　　　// 递归出口

　　则 S[top].F ← 1；pop(ST, X)；转向 X.R　　// 开始反推

　　否则 X.N←S[top].N−1；X.R←3；push(ST, X)；转 2　// 递归调用时的处理工作

3. S[top].F←S[top].N * X.F；pop(ST, X)；转 X.R　// 返回时的处理工作

4. return X.F 　[或按 X.R 返主]　　// 按 X.R 返主函数(过程)

5. [算法结束] ∎　　　　// 并回传计算结果

算法 2.8　计算 3! 的工作过程如下：

$$Fact(3) = 3 \times 2 \times 1 = 6$$

栈块 X（调用时）　　递归工作栈 ST　　栈块 X（返回时）

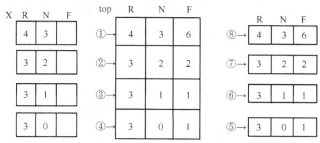

图 2-13　算法 2.8 计算 3!的执行过程图

例 2.4　简化的背包（knapsack）问题。

设有一个背包可以放入的物品重量为 S，现有 n 件物品，重量分别为 $w_1, w_2, \cdots, w_n$。问能否从这 n 件物品中选出若干件放入此背包，使得放入的重量之和恰好等于 S。如果存在一个满足上述要求的选择，则称此背包问题有解（或称解为真），否则此问题无解（或称解为假）。

用 Knap(S, n) 表示上述背包问题的解，这是一个布尔函数。其参数应满足 $S > 0$，$n \geqslant 1$。背包问题有解（Knap(S, n) = true）有两种可能：

1. 选择的一组物品中不包含 w_n（即从 $w_1, w_2, \cdots, w_{n-1}, w_n$ 选中的 $w_{1'}, w_{2'}, \cdots, w_{k'}$ 中不含有 w_n），这样 Knap(S, n) 的解就是 Knap$(S, n-1)$ 的解。

2. 选择的一组物品中含有 w_n，这样 Knap(S, n) 的解就是 Knap$(S - w_n, n-1)$ 的解。

当 $S = 0$ 时，背包问题总有解，即 Knap$(0, n)$ = true，只要不选择任何物品放入背包即可。

当 $S < 0$ 时，Knap(S, n) = false，因为无论怎样选择，总不能使重量之和为负值。

当 $S > 0$，$n < 1$ 时，Knap(S, n) = false，因为不取任何东西要使重量为正值总是办不到的。

从而背包问题可以递归定义如下：

$$\text{Knap}(S, n) = \begin{cases} \text{true} & S = 0 \\ \text{false} & (S < 0) \text{或} (S > 0 \text{且} n < 1) \\ Knap(S, n-1) \text{或} (\text{Knap}(S - w_n, n-1) & S > 0 \text{且} n \geqslant 1 \end{cases}$$

上述定义是确定的，因为每递归一次，n 都减 1，S 也可能减少 w_n，所以递归有限次后，一定会出现 $S \leqslant 0$ 或 $n = 0$。

不论哪种情况出现，都可以由递归出口明确求出其函数值(true 或 false)。

按照上述的递归定义，可以直接写出它的递归算法：

```
int W[MaxSize];      // 设物品的个数 n 小于 MaxSize，物品的重量为整型数
                     // n 件物品的重量分别放在数组 W[1…n]之中
int S, n;            // S 表示背包可容纳的重量
enum boolean
{ false,
  true
};
```

	1	2		n
w:	w_1	w_2	…	w_n

任给一对正整数 S_0 和 n_0，调用算法 2.9，便能求出背包问题的解。若 $Knap(S_0, n_0) = true$，算法还输出一组被选中的各物品的重量。

进入算法时，n 件物品的重量已存入数组 W 中，W 为全局变量。

下面先给出背包问题的递归算法，然后再根据前边介绍的转换规则将它改写成非递归算法。

算法 2.9 布尔函数 背包问题的递归解法。

　　　　Knap(S, n)

1. 若 S = 0

　　则 return true ⏎ 　　[符号 ⏎ 提示此处本层调用结束，返回到上一层]

　　否则 若 (S<0) 或 (S>0 且 n<1)

　　　　则 return false ⏎

　　　　否则 若 Knap(S−w[n], n−1) = true

　　　　　　则 print(w[n]);

　　　　　　　　return true ⏎

　　　　　　否则 return Knap(S, n−1) ⏎

2. [算法结束] ■

转化成非递归形式如下。

（1）确定栈块。

栈块的字段应为：$p_1, p_2, \cdots, p_n, p_{n+1}, p_{n+2}, \cdots, p_{n+m}, r$。

由 Knap(S, n)可知，参数有 3 个，分别用 S, n, K（函数值）表示。

局部量没有，返址用字段 R 来表示。表示形式如图 2-14 所示。

R	S	n	K

图 2-14　栈块 X

（2）确定标号。

非递归的算法中的语句标号应在递归算法的基础上再增加 $t+2$ 个。由于递归算法中有两个语句标号、两处递归调用（$t=2$），所以非递归算法中的语句标号应为 6 个。

原过程有两个标号 + 两个递归调用返址 +2=6 个标号。

运行栈和变量的说明如下：

```
typedef struct {
    int R;      // 返址值：3…5
    int S, n;
    Boolean K;
}datatype;
typedef stuct {
    datatype A[MaxSise];
    int top;
}SeqStack;
SeqStack ST;    // 进入算法时栈为初态
datatype X;
```

算法 2.10 背包问题的非递归算法

　　　　Knap(s_0, n_0)

1. X.S ← s_0; X.n ← n_0; X.R ← 5; push(ST,X) ⏎ 　　[符号 ⏎ 提示将进入递归算法入口处]

2. 若 A[top].S = 0

　　则 A[top].K ← true; pop(ST, X); 转 X.R ⏎

否则 若(A[top].S<0)或(A[top].S>0 且 A[top].n<1)

　　　则 A[top].K ← false; pop(ST, X)；转 X.R ✍

　　　否则 X.S ← A[top].S－W[A[top].n]; X.n ← A[top].n－1;

　　　　　X.R ← 3; push(ST,X)；转 2 ✍

3. 若 X.K＝true

　　则 A[top].K ← true; [或 A[top].K ← X.K]

　　print(W[A[top].n])；

　　pop(ST, X)；转 X.R ✍

　　否则 X.S ← A[top].S; X.n←A[top].n－1;

　　　　X.R ← 4; push(ST,X); 转 2 ✍

4. A[top].K ← X.K; pop(ST, X)；转 X.R ✍

5. 返回 X.K　[或按 X.R 返主] ✍

6. [算法结束] ∎

> 计算机编译系统
> 实现的返回办法

> 人工转换非递归的方法

☞实例：$n_0=3$，$S_{0=10}$，Knap(10,3)

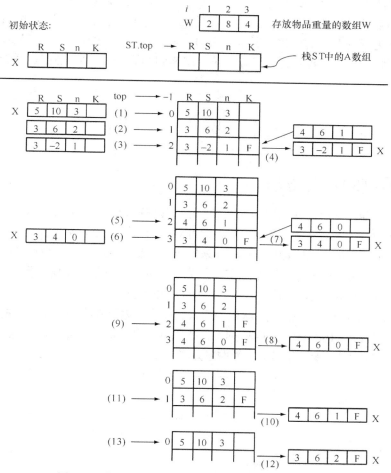

图 2-15　算法 2.10 背包问题的非递归算法的执行过程图

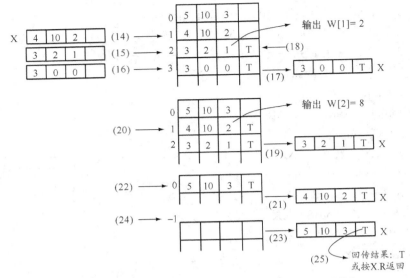

图 2-15　算法 2.10 背包问题的非递归算法的执行过程图（续）

用以上介绍的方法可以实现算法从递归到非递归的转换，但它只是一般的转换规则，不能保证用它能够得到质量高的非递归算法，如存在 goto 语句、效率不高等问题。因此还需要在此基础上对算法进行进一步的优化。通常采用用循环取代 goto 语句、用全局量取代局部量等方法，受篇幅所限，这里不再赘述。另外，对于尾递归的算法，可以用迭代（循环结构）的算法来取代。

2.4　队　　列

2.4.1　队列的定义与基本操作

队列（queue）也是一种运算受限的线性表。它只允许在表的一端进行插入，而在表的另一端进行删除。允许插入的一端称为队尾（rear），允许删除的一端称为队头（front）。

队列与日常生活中的排队购物很类似，新来的成员总是加入队尾（不允许"夹塞"），每次离开的总是队头成员（不允许中途离队）。这样，最先入队的成员总是最先离开队列。因此，队列也称作先进先出（First In First Out）的线性表。简称为 FIFO 表。

当队列中没有元素时称为空队列。队列的插入操作习惯称为入队（列），队列的删除操作习惯称为出队（列）。如图 2-16 所示，在空队列中依次加入元素 $a_0, a_1, \cdots, a_{n-1}$ 后，在队列中 a_0 成为队头元素，a_{n-1} 成为队尾元素。显然出队的次序只能是 $a_0, a_1, \cdots, a_{n-1}$。

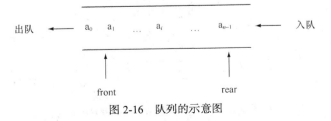

图 2-16　队列的示意图

队列同我们日常生活中的排队是一致的，而且在实际生活中这样的例子是大量存在的。如商店中顾客的服务顺序，在售票口排队买票，在医院的排队挂号、就医等。

在操作系统中，作业调度和输入/输出管理都有一个排队的问题。在允许多道程序运行的计算机系统中，同时有几个作业运行，对申请可共享资源的使用，常采用先来先服务（First-Come First-Serve）的策略。打印池中打印作业缓冲区就是队列的典型例子。

队列的存储方式也主要有两种：顺序存储和链接存储。用顺序存储方式实现的队列称为顺序队列，用链接存储方式实现的队列称为链队列。本章仍先介绍顺序队列，链队列在下一章介绍。

队列的基本运算有：构造一个空队列、入队列、出队列、读队头元素、判队列是否为空等。下面给出队列的抽象数据类型。

```
ADT Queue {
    数据
        数据项列表
        front:    表示队头位置
        rear:     表示队尾位置
        count     队列中元素的个数
    操作
        InitQueue(&QU)                    // QU 为队列名
                Input:            无
                Preconditions:    无
                Process:          构造一个空队列
                Output:           无
                Postcondition:    无
        QueueEmpty (QU)
                Input:            无
                Preconditions:    无
                Process:          检查队列是否为空
                Output:           若队列为空，则返回 True, 否则返回 False
                Postcondition:    无
        EnQueue(&QU, x )
                Input:            准备入队列的数据元素 x
                Preconditions:    队列 QU 已存在
                Process:          将数据元素 x 插入队尾
                Output:           无
                Postcondition:    一个新的数据元素 x 被插入队尾
        DeQueue(&QU, &x )
                Input:            无
                Preconditions:    队列 QU 已存在且非空
                Process:          删除 QU 的队头元素
                Output:           用 x 返回被删的队头元素
                Postcondition:    队列中删除了一个元素
        GetFront (QU, &x )
                Input:            无
                Preconditions:    队列 QU 已存在且非空
                Process:          读队头元素值到 x 中
```

	Output:	用 x 返回队头元素
	Postcondition:	队列的状态不变
ClearQueue(&QU)		
	Input:	无
	Preconditions:	无
	Process:	删除队列中的所有元素并重置为初始状态
	Output:	无
	Postcondition:	队列为空
DestroyQueue(&QU)		
	Input:	无
	Preconditions:	队列 QU 已存在
	Process:	将队列 QU 的空间撤销
	Output:	无
	Postcondition:	队列 QU 被销毁

} // **ADT** Queue

2.4.2 顺序队列

顺序队列就是队列采用了顺序的存储结构，与栈相类似，除了用一片连续的存储空间来存放队列中的元素外，还需要设置两个指针 front 和 rear 分别指示队头元素和队尾元素的位置。它们的初值在初始化时均为 0，对于非空的队列，front 始终是指向队头元素，而尾指针总是指向实际队尾元素的下一个位置，为接收新元素做好准备。空队列和非空队列的情况如图 2-17 所示。可以用一维数组来实现队列的顺序存储。顺序队列的类型定义和变量说明如下：

```
# define MaxSize 100          // 假定预分配的队列空间最多能存放 100 个表目
typedef char datatype;        // 假定队列的表目为字符类型
typedef struct {
  datatype Q[MaxSize];
  int front, rear;            // 队头和队尾的位置指针
} SeqQueue;
SeqQueue QU;
datatype x;
```

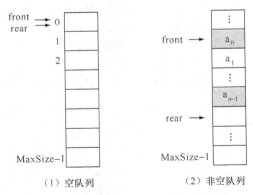

图 2-17　顺序队列的空与非空的两种状态

入队时，将新元素插入 rear 所指的位置，然后 rear 再加 1；出队时，删除 front 所指的元素，再将 front 加 1 并返回被删元素。随着插入和删除操作的进行，rear 和 front 两个指针在不断的移

动，队列的状态也在发生着变化。当 front = rear 时，队列已没有元素，成为空队列。当队列空时再进行出队（删除）操作将发生"下溢"。由于 front 和 rear 实际也是数组的下标，它的正常取值范围应该是 0～MaxSize-1，当 front = 0，rear = MaxSize-1 时（如图 2-18（a）所示），表示队列已满。队列中存放的元素个数达到最大值 MaxSize-1 个。这时再进行入队（插入）操作时，就要将发生"上溢"，我们把这种"溢出"称为"真溢出"。

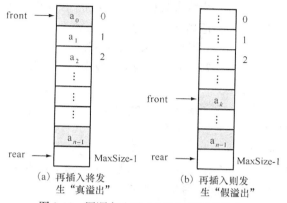

（a）再插入将发
生"真溢出"

（b）再插入则发
生"假溢出"

图 2-18　图顺序队列"上溢"的两种状态

另外还有一种情况，由于在出队和入队的操作中，头尾指针只增加不减小，致使被删元素的空间永远无法重新利用。尽管队列中实际的元素个数远小于向量空间的规模，但也可能出现由于尾指针已超过向量空间的上界而使插入操作不能进行，我们把这种现象称为"假溢出"，即当队列中的元素个数小于 MaxSize-1 时再入队而产生的溢出（见图 2-18（b）所示）。

为了克服"假溢出"所导致的队列空间不能充分利用的问题，在实际使用队列时，将向量视为一个首尾相接的环形空间，并称这种向量为循环向量，把这样的队列称为循环队列（Circular Queue）。无论入队或出队，只要指针 rear 增 1 或指针 front 增 1 后超过了向量空间的上界 MaxSize-1，就让它指向向量空间的起始位置 0。在这种循环意义下的指针增 1 操作可用取余运算来实现：

```
rear = ( rear + 1 ) % MaxSize
front = ( front + 1 ) % MaxSize
```

显然，按照这种处理方式，循环队列中出队元素的空间可以被重复使用。除非向量空间真的被队列元素全部占满，否则不会发生上溢。图 2-19（2）～（6）是 MaxSize = 6 的循环队列插入元素 C、D、E 和 F 后的变化及最后所有元素全部出队变为队空的情况。

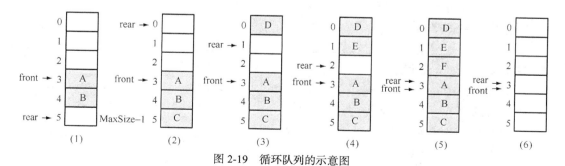

图 2-19　循环队列的示意图

在循环队列中，队空时，有 front = rear，如图 2-19（6）；而当队列全部被占满时，也有 front= rear，如图 2-19（5）所示。也就是说，根据 front = rear 无法确定究竟是队空还是队满。为了保证当 front = rear 时一定是队列为空的情况，规定循环队列中最多只能存放 MaxSize−1 个元素。这样虽然牺牲了一个表目空间，却给运算带来了方便。这一点在下面讨论的算法中就能体会到。

顺序队列的基本运算有 5 种：

（1）EnQueue（QU, x）　　　// 入队（将一个值为 x 的表目插入队尾）

（2）DeQueue（QU, x）　　　// 出队（从队列 QU 中删除一个表目，用 x 返回其值）

（3）GetFront（QU, x）　　　// 读队头表目到变量 x 中，队列的状态不变

（4）ClearQueue（QU）　　　// 把循环队列 QU 置为空。

（5）QueueEmpty（QU）　　　// 判断队列 QU 是否为空

　　　　　　　　　　　　　　// 若队列 QU 为空，则返回 1（TRUE），否则返回 0（FALSE）

若数组采用动态分配还应有：

（6）InitQueue（QU）　　　　// 构造一个空队列 QU

（7）DestroyQueue（QU）　　// 销毁队列 QU

除此之外，若用 C++ 的类来实现，还可以有：

（8）QueueFull（QU）　　　 // 若队列 QU 为满，则返回 1（TRUE），否则返回 0（FALSE）

这里主要给出前 5 个操作的算法。具体算法如下：

算法 2.11　队列的插入（入队）

　　EnQueue（QU, x）

1. 若　QU.front = (QU.rear+1)%MaxSize

　　则　print（" overflow "）

　　否则　QU.Q[QU.rear]← x;

　　　　　　QU.rear ←（QU.rear+1）%MaxSize

2. [算法结束]　∎

C/C++程序：

```
void EnQueue(SeqQueue& QU,datatype x) {
    if (QU.front == (QU.rear+1)%MaxSize)
        cout<< " overflow ";
    else {QU.Q[QU.rear] = x;
        QU.rear = (QU.rear+1)%MaxSize;
        }
}
```

算法 2.12　队列的删除（出队）

　　DeQueue（QU, x）

1. 若　QU.front = QU.rear

　　则　print（" underflow "）

　　否则　x ← QU.Q[QU.front];

　　　　　　QU.front ←（QU.front +1）%MaxSize

2. [算法结束]　∎

C/C++程序：

```
void DeQueue(SeqEnQueue& QU, datatype &x){
    if (QU. front = = QU.rear)
        cout<< " underflow ";
    else { x = QU.Q[QU.front];
        QU.front=(QU.front +1)%MaxSize;
        }
}
```

算法 2.13　读队头元素

　　GetFront（QU, x）

1. 若　QU.front = QU.rear

　　则　print（" error "）

　　否则　x ← QU.Q[QU.front]

2. [算法结束]　∎

C/C++程序：

```
void GetFront(SeqQueue& QU, datatype &x){
    if (QU.front = = QU.rear)
        cout<< " error;
    else  x = QU.Q[QU.front];
}
```

算法 2.14 置空队	C/C++ 程序：

ClearQueue（QU）	```
	void ClearQueue(SeqQueue& QU) {
	    QU.front = QU.rear = 0;
	}
	``

1. QU.front ← 0;	
QU.rear ← 0	
2. ［算法结束］ ∎	
算法 2.15 布尔 函数 判队空	C/C++ 程序：

QueueEmpty(QU)	```
	int QueueEmpty(SeqQueue QU) {
	    if (QU.front = = QU.rear)
	        return 1;
	    else return 0;
	}
	``

1. 若 QU.front = QU.rear	
则 return TRUE	
否则 return FALSE	
2. ［算法结束］ ∎	

2.5　应用举例

2.5.1　向量应用—约瑟夫斯问题

例 2.5　约瑟夫斯（Josephus）问题。

设有 n 个人围坐成一个圆圈，按一指定方向，从第 s 个人开始报数，数到 m 的人出列，然后从下一个人开始重新报数，数到 m 的人又出列，…，如此重复下去，直到 n 个人全部出列为止。Josephus 问题是：对于任给的 n、m 和 s，求按出列次序得到的 n 个人员的顺序表。

例如，当 $n=8$，$m=4$，$s=1$ 时（见图 2-20），则出列次序应为：

$$p_4, p_8, p_5, p_2, p_1, p_3, p_7, p_6$$

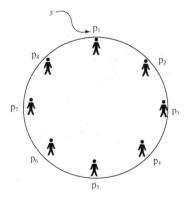

图 2-20　Josephus 问题的示意图

当 n 与 m 较大时，人工求解 Josephus 序列，比较麻烦，故可用计算机来模拟。

不妨用整数 $1, 2, \cdots, n$ 来为这 n 个人编号，并将这 n 个整数存放在一维数组 V 中，当某人出列时就把对应的向量元素取出保存起来；并把它从向量中删除，每删除一个元素，就将其后面（未出列）的所有元素前移一个位置；同时把这个删除元素插入到当前向量的最后位置上。然后对前 $n-1$ 个未出列的向量元素重复上述过程。当 V 中只剩下一个元素未出列时，就把它放在 V[0] 原处。这样向量 V 中实际上保存的是出列次序的一个逆序。最后算法还要完成把次序逆转回来的工作。

存储结构描述如下：

```
SeqList  L;
int  s1, temp, i, j, k;
```

进入算法时，整数序列 $1, 2, \cdots, n$ 已存入数组 V[0], V[1], $\cdots$, V[$n-1$] 之中，且 s, m, n 为已知参数。

算法结束时，数组 V[$0..n-1$] 中存放的整数序列即为所求结果。

算法 2.16　模拟 Josephus 问题

Josephus(L, m, s)

1. [报数起始位置] s1 ←s-1
2. [报数出列, 执行 n-1 次]

循环 i 步长为 -1, 从 L.n 到 2, 执行

（1）s1 ← (s1 + m - 1) % i

（2）temp ← L.V[s1]

（3）循环 j 从 s1+1 到 i-1, 执行

L.V[j-1] ← L.V[j]

（4）L.V[i-1] ← temp

3.［逆转数组 L.V]

循环 k 从 0 到 $\left\lfloor \dfrac{L.n}{2} \right\rfloor - 1$, 执行

（1）temp ← L.V[k]

（2）L.V[k] ← L.V[L.n-k-1]

（3）L.V[L.n-k-1] ← temp

4.［算法结束］■

C/C++ 程序：

```cpp
void Josephus(SeqList& L, int m, int s){
    int temp, s1, i, j, k;   // temp暂存出列者
    for (i = 0; i<L.n; i++ )
        L.V[i] = i+1;
    s1 = s-1
    for ( i = L.n; i>1; i--) {
        s1 = (s1+m-1) % i;
        temp = L.V[s1];
        for (j = s1+1; j<i; j++)
            L.V[j-1] = L.V[j];
        L.V[i-1] =temp;
    }
    for(k=0;k<1L.n/2;K++){
        temp=L.V[k];
        L.V[k]=L.V[L.nk-1];
        L.V[L.n-k-1]=temp;
    }
}
```

算法的运行时间主要花费在某人出列后，后面剩下的向量元素前移所用的时间，每次最多移动 $i-1$ 个元素，所以，总计移动元素的个数不超过

$$(n-1)+(n-2) + \cdots + 1 = \frac{n(n-1)}{2} = O(n^2)$$

算法执行过程的示例如图 2-21 所示。完整的程序在下一页给出。

📁 取整函数：

❶ 向下取整函数（也叫 x 的低限或"地板"（floor）函数）。定义为：

$\lfloor x \rfloor$: $\leq$ x 的最大整数；

❷ 向上取整函数（也叫 x 的高限或"天棚"（ceiling）函数）。定义为：

$\lceil x \rceil$: $\geq$ x 的最小整数

Josephus 问题的 C/C++程序：

```c
#include <stdio.h>
    // 使用 C 的输入/输出功能
# define MaxSize 100
typedef int datatype;
typedef struct {
    datatype V[MaxSize];
    int n;
}SeqList;
void Josephus(SeqList&,int,int);
void main() {
    SeqList L1;
    int i,m,s;
    printf("input n,m,s:\n ");
    scanf("%d%d%d",&L1.n,&m,&s);
    Josephus(L1, m, s);
    printf("\nresult is: \n");
    for ( i=0; i<L1.n; i++)
        printf("%d", L1.V[i]);
    printf("\n");
}


void Josephus( SeqList& L, int m, int s){
    int temp, s1, i, j, k;
    for ( i=0; i<L.n; i++) L.V[i]=i+1;
    s1 = s-1;
    for ( i=L.n; i>1; i--) {
        s1 = (s1+m-1)%i;
        temp = L.V[s1];
        for  (j=s1+1; j<i; j++)
            L.V[j-1]=L.V[j];
        L.V[i-1] = temp;
    }
    for ( k=0; k<L.n/2; k++){
        temp=L.V[k];
        L.V[k]=L.V[L.n-k-1];
        L.V[L.n-k-1] = temp;
    }
}
```

```cpp
#include <iostream.h>
    // 使用 C++ 的输入/输出功能
const int MaxSize = 100;
typedef int datatype;
    typedef struct {
    datatype V[MaxSize];
    int n;
}SeqList;
void Josephus(SeqList& L,int m,int s);
void main() {
    SeqList L1;
    int i,m,s;
    cout<<"input n,m,s: "<<endl;
    cin>>L1.n>>m>>s;
    Josephus(L1 ,m, s);
    cout<<endl<<"result is: "<<endl;
    for ( i=0 ;i<L1.n; i++)
        cout<<L1.V[i]<<" ";
    cout<<endl;
}

void Josephus( SeqList& L, int m, int s){
    int temp, s1, I ,j, k;
    for ( i=0; i<L.n; i++) L.V[i]=i+1;
    s1 = s-1;
    for ( i=L.n; i>1; i--) {
        s1 = (s1+m-1)%i;
        temp = L.V[s1];
        for( j=s1+1; j<i; j++)
            L.V[j-1]=L.V[j];
        L.V[i-1 ] = temp;
    }
    for( k=0; k<L.n/2; k++){
        temp=L.V[k];
        L.V[k]=L.V[L.n-k-1];
        L.V[L.n-k-1]=temp;
    }
}
```

程序的运行结果为：

➤ 当 n = 8, m = 4, S = 1   时的执行情况：

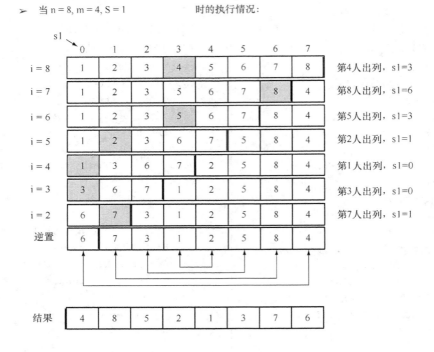

➤ 当 n = 9, m = 3, S = 8   时的执行情况：

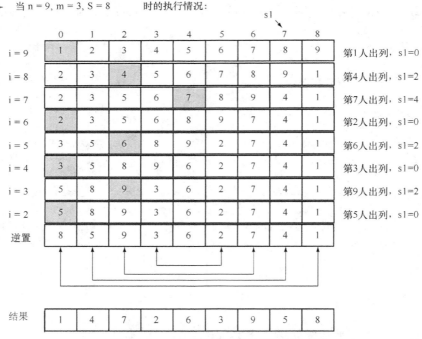

图 2-21 Josephus 算法执行过程示意图

2.5.2 栈的应用—括号匹配的检验与数制转换

由于栈结构具有后进先出的特性，使得它成为程序设计中的有力工具。

例 2.6 括号匹配的检验

　　在对高级语言编写的程序进行编译时，会遇到表达式或字符串的括号是否匹配的问题。例如 C/C++ 程序中就有左花括号 "{" 和右花括号 "}" 的匹配问题。假设表达式中有圆括号、方括号两种，其嵌套的顺序任意。

　　例如有表达式：$(x \times (x + y - A[2 \times i+1] + 1) - 5) + 123 @$

　　这里用'@'来表示表达式的结束。

　　处理方法是：从左到右逐个扫描表达式的每一字符，将所遇到的左括号推入栈中。每当扫描到一个右括号时，如果这时栈为空，就可断定括号不匹配（右括号多于左括号）；如果栈非空且与栈顶的左括号相匹配，则将其栈顶的左括号弹出（删除），继续扫描表达式的下一个字符；否则也可断定括号不匹配（出现 "(" 与 "]" 或 "[" 与 ")" 的情况）。当遇到表达式的结束符时（即整个表达式都已扫描完），如果栈仍非空，则留在栈中的左括号均不匹配（即左括号多于右括号）。

　　下面给出相关的存储结构说明与算法：

```
#define MaxSize 100          // const int MaxSize=100;
typedef char datatype;
typedef struct {
    datatype  V [ MaxSize ];    // 表达式存放数组 V 中
    int  n;
} SeqList;
SeqList  L;

typedef  struct {
   datatype S[MaxSize];
   int top;                    // 栈顶指针
} SeqStack;
SeqStack ST;
   int  i ;
   char  ch;
```

进入算法时，（1）表达式存放在数组 V 中，并以'@'为结束符；
　　　　　　　（2）栈为初态。

　　算法结束时，若表达式的左右括号匹配，则返回值为真并给出匹配信息；否则返回假值并给出不匹配信息。

算法 2.17　布尔函数　判断表达式括号匹配问题

ParenthesisMatch (L, ST)

1. [置初值]

   $i \leftarrow 0$

2. [开始扫描表达式]

   循环当 L.V[i] ≠ '@' 时，执行

   　分情执行

   　　（1）L.V[i] = '[' 或 L.V[i] = '('：　[遇到左括号入栈]

   　　　　push(ST, L.V[i]);

   　　　　$i \leftarrow i+1$

   　　（2）L.V[i] = ']' 或 L.V[i] = ')'：　[遇到右括号]

   　　　　若　StackEmpty(ST)

   　　　　则　print("not match! (R>L) ");

```
                return  FALSE
          否则 ⅰ）pop(ST, ch)
                ⅱ）若（L.V[i] =']'且 ch ≠'['）或（L.V[i] =')'且 ch ≠ '('）
                     则 print("not match! (L≠R) ");
                              return  FALSE
                     否则 i← i+1
     （3）其他情况：     [ 遇到其他字符跳过，继续处理下一字符 ]
              i← i+1
 3．若  StackEmpty(ST)       [ 表达式扫描完时的处理 ]
       则 print("match!");       [ 括号匹配 ]
           return  TRUE
       否则 print("not match! ( L>R) ");  [ 括号不匹配：左括号多于右括号 ]
           return  FALSE
 4．[ 算法结束 ]    ▮
```

算法的时间代价：

算法的处理过程主要在第 2 步，将表达式的各个字符从头至尾扫描一遍。若设表达式共含 n 个字符，则算法的时间复杂度应为 $O(n)$。

C/C++ 程序如下：

```cpp
# include <iostream.h>
// 使用 C++ 输入/输出功能
# include <stdlib.h>
const int MaxSize=100;
typedef char datatype;
typedef struct {
    datatype V[MaxSize];
    int n;
}SeqList;
typedef struct {
    datatype S[MaxSize];
    int top;
}SeqStack;
void InitStack(SeqStack& ST) {
    ST.top = -1;
}
void push(SeqStack& ST,char x) {
    if (ST.top>=MaxSize-1) {
        cout<<"overflow"; exit(1);
        }
    else ST.S[++ST.top] = x;
}
void pop(SeqStack& ST,char& x) {
    if (ST.top == -1) {
        cout<<"underflow"; exit(1);
    }
    else x = ST.S[ST.top--];
}
void GetTop(const SeqStack& ST,char& x) {
    if (ST.top == -1) {
```

```
            cout<<"error";exit(1);
        }
        else x = ST.S[ST.top];
    }
    int StackEmpty(const SeqStack& ST) {
        if (ST.top == -1)
            return 1;
        else
            return 0;
    }
    int ParenthesisMatch(SeqList& L,
    SeqStack ST) {
        int i = 0;
        char ch;
        InitStack(ST);
        while (L.V[i] != '@')
          switch (L.V[i]) {
            case '[':
            case '(':
            push(ST, L.V[i] ); i++;
            break;
    case ']':
    case ')':
            if (StackEmpty(ST)) {
                cout<<" R>L" ;
                return 0; }
            else {
              pop(ST,ch);
              if ((L.V[i] == '] '&&ch!= ' [')||
                 (L.V[i] ==') '&&ch!= ' ('))
                 { cout<<" L!=R"; return 0;  }
            else i++;
            }
            break;
        default:
            i++; break;
    }
    if (StackEmpty(ST)) {
        cout<<" L=R " ;
        return 1;
        }
    else {
        cout<< " L>R " ;
        return 0;
    }

}

void main() {
    SeqList L1;
    SeqStack ST;
    int i = -1;
    cout<<"input expression:"<<endl;
    do {
        i++;
        cin>>&L1.V[i];
```

```
    } while (L1.V[i] != '@');
    L1.n = i+1;
    cout<<endl<<"result is: "<<;
    if (ParenthesisMatch(L1, ST))
        cout<< " Match! "<<endl;
    else
        cout<<" not match! "<<endl;
    for ( i=0; i<L1.n; i++)
        cout<<L1.V[i]<<" ";
    cout<<endl;
}
```

例 2.7　数制转换。

大多数程序设计语言的输出语句以十进制作为数据的缺省输出形式。栈可以用于以其他进制输出数据。

十进制数 N 和其他 d 进制数的转换是计算机实现计算的基本问题,下面的算法实现时主要基于如下原理:

$$N = (N/d) * d + N \% d \quad (\text{其中:} / \text{为整除运算,} \% \text{为取余运算})$$

例如,$(5263)_{10} = 5*10^3 + 2*10^2 + 6*10^1 + 3*10^0$

$(12217)_8 = 1*8^4 + 2*8^3 + 2*8^2 + 1*8^1 + 7*8^0$

$(5263)_{10} = (12217)_8$,其运算过程如下:

N	N / 8	N % 8
5263	657	7
657	82	1
82	10	2
10	1	2
1	0	1

下面的算法所完成的工作是:对于输入的任意一个非负十进制整数和欲转换的进制 d,输出与其等值的 d 进制数。由于上面的计算过程是从低位到高位顺序产生 d 进制数的各个数位,而输出时,一般地应从高位到低位进行,恰好与计算过程的顺序相反。因此,如果把计算过程中得到的 d 进制数的各位依次入栈,那么按出栈序列输出的即为与输入对应的 d 进制数。

算法用自然语言可非形式化的描述为:(输入十进制数 N 与欲转换的基数 d)

(1)N 的最右边位上的数字为 N%d,将它推入栈 ST 中;

(2)N 的剩余部分为 N/d,用 N/d 代替 N;

(3)重复上述 1 和 2 步,直到 N = 0;

(4)从栈中逐个弹出并输出所有字符直到栈空为止。

图 2-22 给出了 N = $(5263)_{10}$ 转换为八进制数的过程。描述了产生五个八进制位的栈的增长过程。算法最后从栈中逐个弹出每个字符并输出其结果:12217。

下面给出相关的存储结构说明与算法:

```
#define MaxSize 100      // const int MaxSize=100;
typedef int datatype;
typedef  struct {
    datatype S[MaxSize];
    int top;                 // 栈顶指针
} SeqStack;
```

```
SeqStack ST;
int  N, d, x,;
```

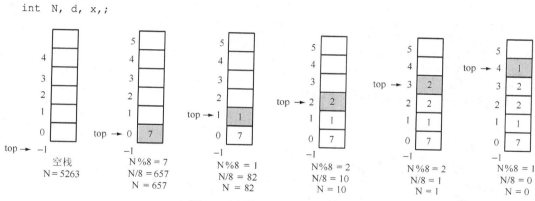

图 2-22　用栈以八进制输出数据

进入算法前，假定一个十进制数和欲转换的基数已存入变量 N 和 d (≠0) 中，栈为初态。算法结束时，完成转换，且转换后的 d 进制数被输出。

算法　2.18　数制转换

NumConversion (N, d)

1. 循环　当 N ≠ 0 时，执行

    push (ST, N%d) ;

    N ← N/d

2. 循环　当　非 StackEmpty (ST) 时，执行

    pop (ST, x) ;

    print (x) ;

3. ［ 算法结束 ］ ▮

C/C++ 程序如下：

```
#include <iostream.h>        // 使用 C++ 输入/输出功能
#include <stdlib.h>
# define MaxSize 100
typedef int datatype;
typedef struct {             // 顺序栈说明
    datatype S[MaxSize];
    int top;
}SeqStack;
void InitStack(SeqStack& ST) {
    ST.top = -1;
}
void push(SeqStack& ST,int x){
    if (ST.top >= MaxSize-1)
        { cout<<"overflow"; exit(1); }
    else ST.S[++ST.top] = x;
}
void pop(SeqStack& ST,int& x) {
    if (ST.top == -1)
        { cout << "underflow"; exit(1); }
    else  x = ST.S[ST.top - -];
```

```
    }
void GetTop(const SeqStack& ST,int& x) {
    if (ST.top == -1)
        {cout<<"error";exit(1); }
    else x = ST.S[ST.top];
}
int StackEmpty(const SeqStack& ST) {
    if (ST.top == -1)
        return 1;
    else
        return 0;
}
void conversion( long N,int d ) {   // 按d进制转换整数N并输出结果
    SeqStack ST;
    int x;
    InitStack(ST);
    while ( N!=0 ){
        push(ST,N%d);
        N /= d;
    }
    while (!StackEmpty(ST)) {
        pop(ST,x);
        cout<<x;
    }
}
void main( ) {
    long N;        // 十进制数
    int d;         // 基数
    for ( int i = 0; i<3; i++) {  // 分别读入3个正整数及要转换的基数
      cout << "Enter non-negative number ";
      cout<<"and base(2 ≤base ≤9): ";
      cin>>N>>d;
      cout<<N<<" base "<<d<<" is ";
      conversion( N,d );
      cout<<endl;
    }
}
```

程序的运行结果为:

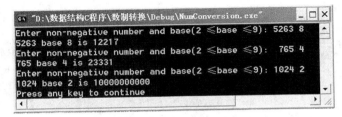

2.5.3   队列应用—输出杨辉三角形

二项式$(a+b)^i$展开后的系数构成杨辉三角形（国外也称作 Pascal 三角形），本小节讨论利用循环队列输出杨辉三角形的问题。

例 2.8　输出杨辉三角形。

如图 2-23 所示，杨辉三角形的特点是等腰三角形，两腰上的数字均为 1，其他位置上的数字的为上一行中与之相邻的两个数字之和。容易看出，在输出过程中，第 i 行的数据可以由第 $i-1$ 行的数据来生成，同理，从第 i 行的数据也可以推导出第 $i+1$ 行的数据。

可以利用循环队列实现输出杨辉三角形的过程。若在循环队列的数组 Q 中已存有第 $i-1$ 行的数据，则可逐个出队来生成第 $i+1$ 行的数据，并在将第 $i+1$ 行的数据入队同时进行输出。如图 2-24 所示，当 $i=2$ 时，数组 Q 中已存有第 2 行的数据，由于第 3 行的第 1 个数据为 1，故将 1 存储在数组 Q 的后部（入队）并输出（生成第 $i+1$ 行的第 1 个数据），从数组 Q 中取出第 1 个数据 $s=1$（出队），取出第 2 个数据 $t=2$（出队），计算 $s+t$，得到第 3 行的第 2 个数据为 3，顺序存储在数组 Q 的后部（入队）并输出。再让 $s=t$，从数组 Q 中取出 $t=1$（出队），计算 $s+t$，得到第 3 行的第 3 个数据也为 3，顺序存储在数组 Q 的后部（入队）并输出。由于第 3 行的最后一个数据为 1，再将 1 顺序存储在数组 Q 的后部（入队）并输出。至此，第 3 行的数据在循环队列的数组 Q 中已全部生成并输出。按同样的方法可求得并输出其他各行的数据。

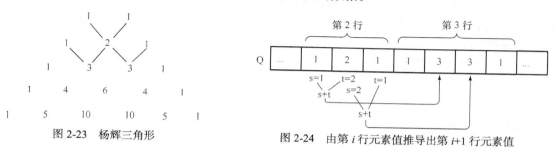

图 2-23　杨辉三角形　　　　图 2-24　由第 i 行元素值推导出第 $i+1$ 行元素值

下面给出利用循环队列输出杨辉三角形的算法。

算法中用到的循环队列的存储描述及操作函数简要说明如下。

```
const int MaxSize=100;
typedef int datatype;
typedef struct {
    datatype Q[MaxSize];
    int front,rear;
}SeqQueue;
SeqQueue QU;
void ClearQueue(SeqQueue &QU)              // 置队空
{  QU.front = 0;
   QU.rear = 0;
}
void EnQueue(SeqQueue &QU,datatype x)     // 入队
{  if (QU.front = = (QU.rear+1)%MaxSize)
       cout<<"overflow!"<<endl;
   else
   {  QU.Q[QU.rear] = x;
      QU.rear = (QU.rear+1)%MaxSize;
   }
}
void DeQueue(SeqQueue &QU,datatype &x)     // 出队
{  if (QU.front = = QU.rear)
        cout<<"underflow!"<<endl;
   else
```

```
        {   x=QU.Q[QU.front];
            QU.front = (QU.front+1)%MaxSize;
        }
    }
    void GetFront(SeqQueue QU,datatype &x)          // 读队头元素
    {   if (QU.front == QU.rear)
            cout<<"error!"<<endl;
        else
            x=QU.Q[QU.front];
    }
    int QueueEmpty(SeqQueue QU)                     // 判断队列是否为空
    {   if (QU.front == QU.rear)
            return 1;
        else
            return 0;
    }
```

输出杨辉三角形算法以 C/C++程序的形式给出，在主函数中输入欲输出杨辉三角形的行数值，然后调用输出杨辉三角形的程序 YangHuiTriangle(n, QU)。程序所运行的结果并没有按等腰三角形的形式输出，有兴趣的读者可以自己在输出语句加入坐标数据，然后再输出杨辉三角形。

```
    void YangHuiTriangle(int n,SeqQueue QU)
    // 输出第1~n行的杨辉三角形
    {   datatype s,t;
        int i, j;
        ClearQueue(QU);                             // 队列置空
        EnQueue(QU,1); EnQueue(QU,1);               // 杨辉三角形的第1行数据入队
        cout << endl;
    cout.width(4); cout<<1;                         // 输出杨辉三角形第1行的数据
        cout.width(4); cout<<1<<endl;
        for( i =2; i <=n; i++) {                    // 生成并输出第2~n行杨辉三角形的数据
            EnQueue(QU,1);                          // 第i行第1个数据为1,入队
            cout.width(4);  cout<<1;                // 输出第i行第1个数据
            DeQueue(QU,s);                          // 取出第i-1行第1个数据
            for( j =2; j <=i; j++) {                // 处理第i行的中间的各数据
                DeQueue(QU,t );                     // 取出第i-1行j个数据
                EnQueue(QU,s+t );                   // s+t为新生成的第i行的第j个数据,入队
                cout.width(4); cout << s+t;         // 输出第i行的第j个数据
                s = t;
            }
            EnQueue( QU,1);                         // 第i行的第i+1个(最后一个)数据为1,入队
            cout.width(4); cout<<1<<endl;           // 输出第i行的第i+1个（最后一个）数据
        }
        cout << endl;                               // 输出结束
    }
    void main()
    { int m;
        cout<<"请输入要输出的杨辉三角形的行数(正整数):";
        cin >> m;
        YangHuiTriangle(m,QU);
        return;
    }
```

当欲输出的杨辉三角形的行数为 7 时，程序的运行结果如下：

2.6　本章小结

　　本章主要介绍了线性表的逻辑结构和顺序存储的表示方法。重点讨论了顺序表的三种常用结构：向量、顺序栈和顺序队列。读者应该在理解它们各自特点的基础上，掌握在什么样的情况下使用这些数据结构。

　　【本章重点】　熟练掌握顺序存储结构的特点，向量上实现的各种基本算法及相关的时间性能分析，顺序栈和顺序队列的基本算法，利用向量、栈和队列设计算法解决简单的应用问题。

　　【本章难点】　递归算法、循环队列中对边界条件的处理和能够使用本章所学到的基本知识设计有效算法解决与顺序表相关的应用问题。

　　【本章知识点】

　　1．线性表的逻辑结构

　　（1）线性表的逻辑结构特征。

　　（2）线性表的基本运算，并能利用基本运算构造出较复杂的运算。

　　2．向量

　　（1）顺序表的含义及特点，即顺序表如何反映线性表中元素之间的逻辑关系。

　　（2）向量的插入、删除等算法及时间复杂度。

　　3．栈

　　（1）栈的定义与基本操作。

　　（2）顺序栈上实现的进 、退等基本算法。

　　（3）顺序栈的"上溢"和"下溢"的概念及其判别条件。

　　（4）利用栈设计算法解决应用问题。

　　4．栈与递归

　　（1）递归的概念。

　　（2）递归过程的实现。

　　（3）能编制简单的递归算法。

　　*（4）递归算法到非递归算法的转换方法。

　　5．队列

　　（1）队列的定义与基本操作。

　　（2）"假溢出"的概念以及用数组实现的循环队列取代普通顺序队列的原因。

（3）循环队列的"上溢"和"下溢"的概念及其判别条件。

（4）循环队列入队、出队等基本算法。

（5）循环队列中对边界条件的处理方法。

（6）利用队列设计算法解决应用问题。

习　题

1. 试分析顺序存储结构的优缺点。

2. 编写一个删除向量中第 i 个元素的算法，并分析算法在等概率的情况下的时间代价。

3. 已知向量 A 中的 n 个元素按值非递减有序排列，试编写一个算法，在此向量中插入一个值为 x 的新元素，并保持向量的有序性。

4. 设有编号为 1，2，3，4 的四辆列车，顺序开进一个栈式结构的站台。试问开出车站的可能顺序共有多少种？请具体写出来。

5. 对于 4 题，若有编号为 1，2，3，4，5，6 的六辆列车，试问开出车站的可能顺序共有多少种？

6. 如图 2-9 所示的对接方式使用的两个栈 S_1 和 S_2 共享 m 个存储单元，请编写对栈 S_2 进行 push、pop 和 GetTop 的算法。

7. 证明：借助栈可由初始输入序列 1, 2, …, n 得到一个输出序列 p_1, p_2, …, p_n（它是输入序列的一种排列）的充分必要条件是：不存在这样的下标 i, j, k，满足 $i < j < k$ 使得 $p_j < p_k < p_i$。

8. 对于循环队列，写出计算队列中元素个数的公式。

9. Fibonacii 序列 0，1，1，2，3，5，8，13，21，34，55，…，其中每个元素是前两个元素之和，可递归定义为：

$$fib(n) = \begin{cases} n & n = 0,1 \\ \text{fib}(n-2) + \text{fib}(n-1) & n \geqslant 2 \end{cases}$$

请编写计算 fib(n)的递归算法，并将此递归算法改写为非递归算法。

10. 用计算机模拟"迷宫问题"，求出其中的一条通路。用数组 Maze[1…m][1…n] 表示迷宫，数组元素为 1 意味死路，为 0 表示通路，Maze[1][1]为迷宫入口。试设计一个算法判别迷宫问题是否有解？有解时则输出其一条通路。

11. 汉诺塔问题：有三个轴 A、B 和 C，在轴 A 上插有 n 个直径各不相同、从小到大依次编号 1，2，…，n 的圆盘，现要求将轴 A 上的 n 个圆盘移到轴 C 上并仍按同样的次序叠放，圆盘移动时必须遵守以下规则：每次只能移动任一轴上最顶部的一个圆盘；可以随意使用这三个轴；任何时候都不能将一个较大的圆盘放在较小的圆盘之上。请设计一个算法，求解 Hanoi 塔问题，并将移动步骤输出。

12. 回文是指正读与反读均相同的字符序列。试编写判断一个字符向量是否是回文的算法。

第3章
链表

上一章介绍的顺序表是线性表的顺序存储结构，采用顺序存储结构，内存的存储密度高；当结点等长时，可以随机地存取表中的结点。但是，在顺序表中进行插入和删除结点的运算时，往往会造成大量结点的移动，效率较低；顺序表的存储空间常采用静态分配，在程序运行前就必须明确规定它的存储规模，如果线性表的长度 n 变化较大，则存储规模很难预先确定。估计过大将导致空间的浪费，估计小了，随着结点的不断插入，所需的存储空间超出了预先分配的存储空间，就会发生空间溢出。

为了有效地克服顺序存储的不足，可以采用链接存储的方式。链接存储适合于结点插入或删除频繁，存储空间需求不能预先确定的情形。

链接存储是最常用的存储方式之一，它不仅可以用来存储线性表，而且也可以用来存储各种非线性结构。在后续章节将要讨论的各种复杂的数据结构（如树形结构、图结构等），都可以采用链表来进行存储。

本章仅介绍几种存储线性表的链接存储方式。首先讨论单链表，以及基于单链表的栈与队列的表示方法，然后讨论单循环链表与双链表。

3.1　单　链　表

单链表（singly linked list）是一种最简单的链表，又称为线性链表。它是最基本的链表结构，也是学习其他链表的基础。

3.1.1　单链表的概念

用单链表来表示线性表时，每个数据元素占用一个结点（node）。每个结点均由两个域（字段）组成：一个域存放数据元素（data）；另一个域存放指向结点后继的指针（next）。终端结点没有后继，其 next 域为空（NULL），在图示中用 Λ 表示。另外还需要一个表头指针 head 指向表的第一个结点。

单链表中的结点形式为：

node

data	next

一个线性表（a_0, a_1, …, a_{n-1}）的单链表结构如图 3-1 所示。

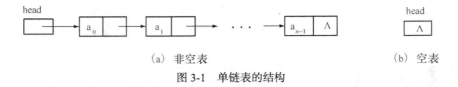

（a）非空表　　　　　　　　　　　（b）空表

图 3-1　单链表的结构

图 3-1（a）是非空链表，它所表示的线性表为

$$L = (a_0, a_1, \cdots, a_{n-1})$$

图 3-1（b）是空链表，是链表一种特殊情况。此时它所表示的的线性表为空表：

$$L = (\ )$$

这种链表中的每个结点只有一个指针域，所以称为单链表（或线性链表）。

3.1.2　单链表的存储描述

假设 data 字段均为相同的数据类型。用 C 语言描述的的单链表如下：

```
typedef int datatype;      // 假设结点的数据域的类型为整型
typedef struct node {   // 结点类型定义
    datatype  data;     // 结点的数据域
    struct node *next;  // 结点的指针域
} ListNode, *LinkList;
ListNode *p, *q, *r;
LinkList  head;
datatype x;
```

这里需要注意以下几点。

（1）在上面的类型定义和变量说明中，ListNode* 和 LinkList 是不同名字的同一个指针类型，不同的命名使得含义更加明确。例如，ListNode* 类型的指针变量 p 表示它是指向某一结点的指针，而 LinkList 类型的指针变量 head 则表示它是单链表的头指针。

（2）要严格区分指针变量与结点变量这两个概念。指针变量是一种特殊的变量，它的值是所指结点（在说明部分即类型定义和变量说明中已明确）的地址；而结点变量就是通常意义下的变量。例如：上面的定义的变量 p 是类型为 ListNode* 的指针变量，若 p 的值非空（p!=NULL），则它的值是类型为 ListNode 的某一个结点的地址。而结点变量的类型则是 ListNode。通常 p 所指的结点变量并非在变量说明部分明显的定义，而是在程序执行的过程中，当需要时才通过申请空间而产生，因此把这种变量称为动态变量。

（3）存储空间的动态申请（分配）与释放（归还）：C 语言提供了两个标准函数 malloc()和 free()来完成这两项工作。申请时使用 malloc()函数，例如：

```
p = (ListNode*) malloc(sizeof (ListNode));
```

表示分配了一个类型为 ListNode 的结点变量的空间，并把其首地址放入指针变量 p 中。再例如：

```
int *s;
s = (int*) malloc(sizeof (int));
```

表示分配了一个类型为 int 的结点变量的空间，并把其首地址放入指针变量 s 中。

当指针变量所指的结点变量空间不再需要，可以通过标准函数 free()来释放（即把使用后的存储空间归还给系统）。对于上面的两个申请，释放时可写成：

```
free(p);
```

```
free(s);
```

C++ 提供了更为简洁的方式：使用两个运算符 new 和 delete 来完成空间的申请（分配）与释放（归还）。上面的例子用 C++ 等价地描述为

申请空间：　　p = new ListNode;

　　　　　　　s = new int;

释放空间：　　delete p;

　　　　　　　delete s;

由于 C++ 提供的方式使用简单且功能又强，因此，我们使用运算符 new 和 delete 来实现空间的申请与释放。

（4）由于这种结点变量是动态申请的，因此无法利用预先定义的标识符去访问它，而只能通过指针变量来访问它。如前面的说明中有：

```
ListNode *p;
```

这里指针变量为 p，结点变量为 *p，即用 *p 作为该结点变量的名字来访问。由于结点类型 ListNode 是结构类型，因而 *p 是结构名，还需用成员选择符"."来访问该结构的两个分量 (*p).data 和 (*p).next。这种表示形式比较繁琐，可选用另一种成员选择符 "->" 来访问指针所指结构的成员更为方便，即 p->data 和 p->next。

3.1.3　在单链表上实现的基本运算

下面我们讨论用单链表作为存储结构时，如何实现线性表的一些基本运算。

1. 访问单链表中的第 i 个结点

在顺序存储时，我们根据下标（索引）值，可以按公式：$LOC(a_i) = LOC(a_0) + i*c$，直接计算求得第 i 个结点的地址，而时间与 i 的大小无关。

在链接存储时，需要从指针变量 head 所指的头结点开始沿着 next 字段组成的链，一个一个结点地向后搜索，直到第 i 个结点为止。因此，查找 a_i 所需的时间代价与 i 的大小成正比。

 在后面的单链表的算法中，假定结点都为 ListNode 类型。

进入算法前，指针 head 已经指向单链表的首结点。变量 p 和 q 是两个指针（变量）。

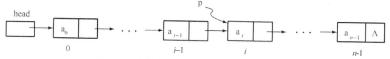

图 3-2　查找单链表中第 i 个结点的地址

这里，$0 \leq i \leq n-1$，算法结束时，p 中存放着要找的第 i 个结点的地址。当单链表中结点数小于 i 或 $i < 0$ 时，函数返回值为 NULL。

算法 3.1　地址 函数 查找链表第 i 个结点地址	C/C++程序：
Locate (head, i)	`ListNode* Locate(LinkList head,int i)`
1. 若 i < 0	`{ //定位函数。返回表中第 i 个元素的地址。`
则 return NULL	`// 若 i 值不合理，则返回 NULL。`
p ← head	`ListNode* p;`
	`int k;`

2. 循环 i 次，执行

若 p = NULL

则 print（" not found "）；

    return NULL

否则 p ← p->next

3. return p;

4. ［算法结束］ ∎

```
if (i<0) return NULL;
k = 0;
p = head;
while (p!=NULL && k<i){
    p = p->next; k++;
}
return p;
}
```

算法的执行时间主要花费在循环语句上，它显然与 i 的大小有关。在等概率的情况下，查找的平均时间复杂度为：

$$\text{AMN}（\text{或 } M_{\text{avg}}）=\frac{1}{n}\sum_{i=0}^{n-1}i=\frac{1}{n}\cdot\frac{n(n-1)}{2}=\frac{n-1}{2}=\text{O}(n)$$

请读者自行与顺序存储结构进行对照比较。

2. 单链表的插入

在链表中，结点间的关系是通过指针的链接实现的，而与结点在存储器的位置无关。只须改变相应结点的 next 字段的值就行了。

当需要一个新结点时，通过执行

        q = new ListNode;

就可以得到一个新结点，它的地址存放在指针变量 q 中，空间的大小与 q 所指结点类型 ListNode 的大小相同。

插入运算是将值为 x 的新结点插入到表的第 i 个结点的位置上，即插入在 a_{i-1} 和 a_i 之间。因此首先需要找到 a_{i-1} 的存储地址 p，然后生成一个值为 x 的新结点 *q，并通过调整指针来完成结点的插入工作。插入过程见图 3-3。

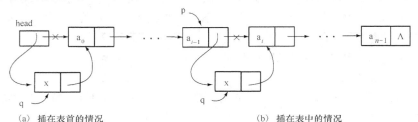

(a) 插在表首的情况　　　　　　　　　　(b) 插在表中的情况

图 3-3　在单链表中插入结点的示意图

具体算法如下：

算法 3.2　单链表的插入

Insert（head, i, x）

1. q = new ListNode;

    q ->data ← x

2. 若 i = 0

    则 q ->next ← head；head←q

    否则（1）p ← Locate（head,i-1）；

        （2）若 p = NULL

            则 print（" error "）；

C/C++程序：
```
void Insert (LinkList& head,int i,
             datatype x)
{//将值为 x 的新结点插到链表第 i 个结点的位置上
ListNode* p,q;
q= new ListNode; //生成新结点
q ->data= x;
if (i==0)          // 插在表首
   { q->next= head;head= q;
else               // 插在表中
```

算法结束

（3）q->next ← p->next;

p->next ← q

3.　[算法结束]　∎

```
{ p= Locate(head,i-1);
  if ( p==NULL)
  { cout << error <<; exit(1); }
  q ->next= p->next;
  p->next= q;
  }
}
```

设单链表的长度为 n，合法的插入位置是 $0 \leqslant i \leqslant n$。

算法所花费的时间主要分为两部分：

① 该算法调用了查找第 i-1 个结点地址的过程：Locate（head,i-1,p），在前面的算法分析中我们已知道它的时间代价为 O（n）；

② 当确定了插入位置（根据返回的指针 p）后，接下来的工作就是通过调整指针将生成的值为 x 的新结点插入，这时，无论是插入在表的什么位置，都是由两条赋值语句就可完成。因此，就插入动作来说，它的时间代价仅为 O（1）。

综合以上的分析，虽然对整个算法来说时间代价为 O（n），但是它的主要的执行时间是花费在查找上，而真正进行插入的时间仅为常量级。所以，一般地说，插入操作的时间代价为 O（1）。

3. 单链表的删除

删除运算是将表的第 i 个结点删去。由于在单链表中结点 a_i 的存储地址是在前驱结点 a_{i-1} 的指针域 next 中，因此需要先找到结点 a_{i-1} 的存储位置并用指针 p 指向它。然后让 p->next 指向 a_i 的后继结点，即把 a_i 从链上摘掉。最后释放结点 a_i 的存储空间，可以使用 C++ 的 delete 操作符来完成，把删除结点的地址放于 q 中，执行 delete q；就把此结点的存储空间释放掉了，即归还给了可利用空间表（list of available space），也叫作存储池（storage pool）。

删除过程如图 3-4 所示。

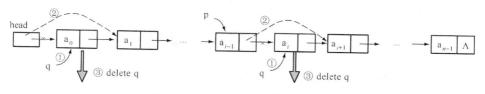

（a）删除表首结点的情况　　　　　　（b）删除在表中的情况

图 3-4　在单链表中删除结点的示意图

具体算法如下：

算法 3.3　单链表的删除

Delete（head, i）

1.　若 i = 0

则 q ← head;　head ← q->next

否则（1）p ← Locate（head, i-1）;

（2）若 p = NULL

则 print（"error"）;

算法结束

```
C/C++ 程序：
void Delete (LinkList& head,int i)
{ // 删除单链表中的第 i 个结点
  ListNode *p,*q;
  if (i==0)     // 删除表的首结点
    { q=head; head=q->next; }
  else          // 删除表的中后部结点
    { p= Locate(head,i-1);
      if (p== NULL)
        { cout << "error" <<endl;
```

（3）若 p->next = NULL

则 print（"no ith node"）；

算法结束

（4）q ← p->next；

p->next ← q->next

2. delete q

3. ［算法结束］ ▮

```
            return;
        }
    if (p->next== NULL)
        {cout<<no ith node"<<endl;
        return;
        }
    Q = p->next;
    p->next = q->next;
    }
  delete q;
}
```

设单链表的长度为 n，合法的删除位置是 $0 \leqslant i \leqslant n-1$。与插入算法的分析类似，该算法的时间代价为 $O(n)$，它主要的执行时间也是花费在查找定位上，而用在删除操作上的时间代价仍为 $O(1)$。

3.1.4 带表头结点的单链表

为了运算的方便，在实际应用中，可以在链表的表头指针和开始结点之间附加一个称作表头结点的特殊结点，如图 3-5 所示。表头结点的 data 域并不存放线性表的数据元素，它常为空，有时也可以存放一些辅助信息（如表中的结点个数等）。

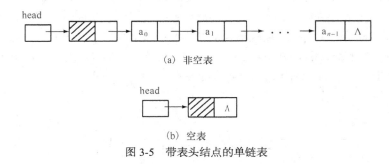

（a）非空表

（b）空表

图 3-5 带表头结点的单链表

增加表头结点的好处是使得运算简单、处理方便。具体说明如下。

（1）由于开始结点的地址被存放在表头结点的指针域中，所以在链表的开始结点处的插入或删除可以不作为特殊情况来专门处理，而与链表的其他位置上的操作一致。

（2）无论链表是否为空，其表头指针总是指向表头结点的一个非空指针（空表时表头结点的指针域为空），这样空表和非空表的处理也就统一起来了。

请与前面的单链表结点的插入和删除的图示进行对照比较。

在带表头结点的单链表中，存在表头指针 head，表头结点及开始结点，请分析它们三者有何区别？并说明表头指针和表头结点各自的作用。

读者还可以思考下列问题：

（1）从时间与空间的角度看，将一般的单链表改造成带表头结点的单链表体现了哪种思想或策略？

（2）一般的单链表与带表头结点的单链表表空的判断条件是什么？

（3）在解决实际问题时，一般的单链表与带表头结点的单链表各适合于何种情况？

3.2　栈和队列的链接存储表示

上一章讨论了栈和队列的顺序存储，当使用单个栈和队列时是经常采用的，但是同时使用多个栈和队列时，为了共享一个存储区域，以节省空间，更有效的办法是采用链接存储，把栈和队列组织成的单链表形式。

3.2.1　链栈

用链接存储方式表示的栈称为链栈。它的表示形式就是前面讲的单链表，只是插入和删除等运算仅限定在表首进行。表头指针就是栈顶指针，用指针变量 top 来标记。图 3-6 所示为链栈。

链栈的类型和变量说明如下：

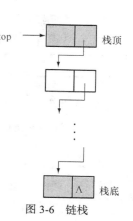

```
typedef struct node {      // 结点类型定义
    datatype  data;        // 结点的数据域
    struct node *next;     // 结点的指针域
} StackNode, *LinkStack;
StackNode *p, *q;
LinkStack  top;
datatype  x;
```

下面给出在链栈上实现的基本运算。由于链栈中的结点是动态分配的，可以不考虑"上溢"问题，因此无需定义 StackFull 运算。

图 3-6　链栈

具体算法如下：

算法 3.4　链栈的推入	C/C++程序：
push(top, x) 1.　p ← new StackNode; 　　 p ->data ←　 x 2.　p ->next ← top;　 top ← p 3.　[算法结束] ∎	```c void push(LinkStack& top, datatype x) { StackNode *p; p = new StackNode; p ->data = x; p ->next = top; top = p; } ```

算法 3.5　链栈的弹出	C/C++程序：
pop(top, x) 1.　若 top = NULL 　　 则 print (" underflow ") 　　 否则 p ← top; x ← top ->data; 　　　　　 top ← top ->next; 　　　　　 delete p 2.　[算法结束] ∎	```c void pop(LinkStack& top, datatype& x) { if (top = = NULL) cout << "underflow"; else { StackNode* p = top; x = top ->data; top = top ->next; delete p; } } ```

算法 3.6　读链栈的栈顶元素
　　　　GetTop (top, x)
1. 若 top = NULL
　则 print (" error ")
　否则 x ← top ->data
2. [算法结束] ∎
	C/C++程序：
	`void GetTop( LinkStack top, datatype& x ) {`
	`　if ( top = = NULL)`
	`　　　cout << "error";`
	`　else`
	`　　　x = top -> data;`
	`}`

算法 3.7　置空链栈
　　　ClearStack (top)
1. top ← NULL
2. [算法结束] ∎
	C/C++程序：
	`void ClearStack( LinkStack& top) {`
	`　　　top = NULL;`
	`}`

算法 3.8 布尔函数 判断链栈空否
　　　StackEmpty (top)
1. 若 top = NULL
　则　return　TRUE
　否则　return FALSE
2. [算法结束] ∎
	C/C++程序：
	`int StackEmpty( LinkStack& top ) {`
	`　if ( top = = NULL )`
	`　　　return 1;`
	`　else`
	`　　　return 0;`
	`}`

3.2.2　链队列

用链接存储方式表示的队列称为链队列。它是限制在表头删除和表尾插入的单链表。由于操作在表头和表尾进行，所以需设置两个指针变量：队头指针 front 和队尾指针 rear 来指向链表的第一个结点和最后一个结点。为了便于管理和控制，把 front 和 rear 这两个指针变量封装在一起，将链队列的类型 LinkQueue 定义成一个结构类型。图 3-7 所示为链队列。

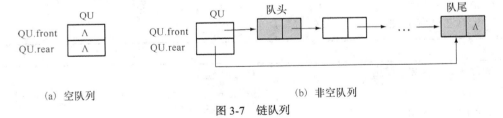

(a) 空队列　　　　　　　　　　　　　(b) 非空队列

图 3-7　链队列

链队列的类型和变量说明如下：

```
typedef struct node {
    datatype data;          // 结点的数据域
    struct node *next;      // 结点的指针域
} QueueNode;
typedef struct {
    QueueNode* front;       // 队头指针
```

```
    QueueNode* rear;        // 队尾指针
} LinkQueue;
QueueNode *p, *q;
LinkQueue  QU;
datatype  x;
```

具体算法如下：

算法 3.9　链队列的插入（入队）

　　　EnQueue（QU, x）

1. p ← new QueueNode;
   p →data ← x;
   p →next ← NULL;
2. 若 QU.front = NULL
   则 QU.front ← p;
   　　QU.rear ← p
   否则 QU.rear →next ← p;
   　　QU.rear ← p
3. ［算法结束］ ∎

C/C++程序：

```
void EnQueue(LinkQueue& QU, datatype x){
    QueueNode *p = new QueueNode;
    p →data = x ; p →next = NULL;
    if (QU.front = = NULL)          //空队列
        QU.front = QU.rear = p;
    else { QU.rear →next = p;      //非空队列
           QU.rear = p;
         }
}
```

算法 3.10　链队列的删除（出队）

　　　DeQueue（QU, x）

1. 若 QU.front = NULL
   则 print（ " underflow " ）
   否则 q ← QU.front ;
   　　x ← q →data;
   　　QU.front ← q → next;
   　　delete　q
2. ［算法结束］ ∎

C/C++程序：

```
void DeQueue(LinkQueue& QU, datatype& x) {
  if (QU.front = = NULL)
      cout << "underflow";
  else { QueueNode* q = QU.front ;
         x = q →data;
         QU.front = q → next;
         delete  q;
       }
}
```

算法 3.11　读链队列栈的队头元素

　　　GetFront（QU, x）

1. 若 QU.front = NULL
   则 print（ " error " ）
   否则 x ← QU.front →data
2. ［算法结束］ ∎

C/C++程序：

```
void GetFront(LinkQueue QU, datatype& x){
    if (QU.front = = NULL)
        cout << "error";
    else
        x = QU.front →data;
}
```

算法 3.12　置空链队列

　　　ClearQueue（QU）

1. QU.front ← NULL;
   QU.rear ← NULL
2. ［算法结束］ ∎

C/C++程序：

```
void ClearQueue(LinkQueue& QU){
    QU.front = QU.rear = NULL;
}
```

算法 3.13 布尔 函数 判断链队列空否
 	
QueueEmpty（QU）
1. 若 QU.front = NULL
　 则 return TRUE
　 否则 return FALSE
2. ［算法结束］ ∎
	C/C++程序：
	
	`int QueueEmpty( LinkQueue& QU ) {`
	`    if (QU.front = = NULL)`
	`        return 1;`
	`    else`
	`        return 0;`
	`}`

3.3 循环链表

循环链表（circular linked list）在本节是指单循环链表，它是单链表的另外一种形式。它的结点结构与单链表相同，与单链表的主要差别是：链表中的最后一个结点的指针域不再为空，而是指向链表的开始结点。这样整个链表形成了一个环，只要知道表的任何一个结点的地址，就能找到表中其他的所有结点。图 3-8 所示为单循环链表。

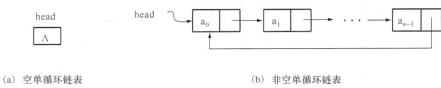

（a）空单循环链表　　　　　　　　　　（b）非空单循环链表

图 3-8　单循环链表

实现循环链表的运算与单链表类似，只是控制条件有所差别：在单循环链表中检查指针 p 是否达到链表的链尾时，不是判断 p->next = NULL，而是判断 p->next = head。

在实际处理中，常常用到表的首结点和尾结点，在图 3-8 所示的循环链表中，首结点可通过 head 直接找到，而尾结点则要搜索 n 次（ n 为表长）才能找到。所以，可将指向表头的指针改为指向表尾。这样首结点和尾结点都可直接找到，这给一些运算带来了很大的方便。设置了表尾指针的单循环链表如图 3-9 所示。

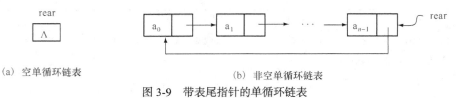

（a）空单循环链表　　　　　　　　　　（b）非空单循环链表

图 3-9　带表尾指针的单循环链表

与单链表一样，循环链表也可以带有表头结点，这样能够便于链表的操作，统一空表与非空表的运算。图 3-10 所示为带有表头结点的空表与非空表的情形。

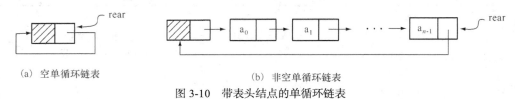

（a）空单循环链表　　　　　　　　　　（b）非空单循环链表

图 3-10　带表头结点的单循环链表

例 3.1　合并运算。

编写一个算法，将图 3-11（a）给出的两个单循环链表合并为一个如图 3-11（b）所示的单循环链表。请读者自行练习。

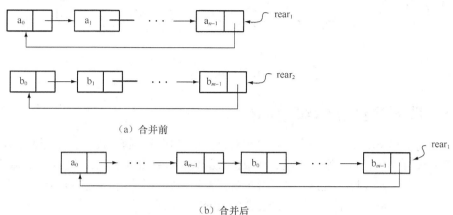

（a）合并前

（b）合并后

图 3-11　合并两个单循环链表

3.4　双　链　表

用单链表表示的线性表，由于每个结点只有一个指向后继结点的指针，因此，对线性表中的任一个结点，都能通过 next 字段找到它的后继，执行时间为 O(1)；而要找它的前驱，则需要从表头指针出发进行查找（对循环单链表也需要循环找一圈），执行时间为 O(n)。其中 n 为表中结点个数（表长）。为了克服单链表这种单向性的缺点，对于找前驱结点较为频繁的运算，我们可以组织双（向）链表（double linked list）。

3.4.1　双链表的概念

双链表即在单链表的每个结点中增加一个指向前驱结点的指针 prior。这样每个结点就有了两个指针域，一个指向前驱，一个指向后继。结点形式为

prior　data　next

双链表及结点的类型与变量说明如下：

```
typedef struct Dnode {
    datatype data;
    struct Dnode *prior, *next;
} DLnode;
typedef struct {
    DLnode *head, *rear;
} DoubleLinkList;
DoubleLinkList DL;
DLnode *p, *q;
```

双链表如图 3-12 所示。

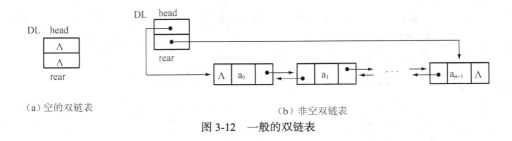

（a）空的双链表　　　　　　　　　　　　　　（b）非空双链表

图 3-12　一般的双链表

3.4.2　带表头结点的双循环链表

与单链表的情形类似，双链表常采用带表头结点的循环链表的方式，这样的双链表称为带表头结点的双循环链表。它有一个表头结点，由链表的表头指针 head 指示，它的 data 域不放数据，或者存放辅助信息（如表长）；它的 prior 指向双链表的最后一个结点，它的 next 指向双链表的最前端的第一个结点。链表的第一个结点的左指针 prior 和最后一个结点的右指针 next 都指向表头结点。它的存储说明如下，双循环链表如图 3-13 所示。

```
typedef DLnode* DLinkList;
DLinkList head;
DLnode *p,*q;
datatype x;
```

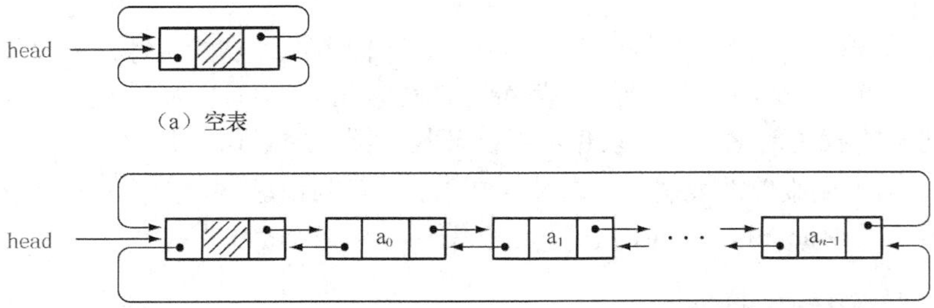

head →

（a）空表

head →

（b）非空表

图 3-13　带表头结点的双循环链表

3.4.3　双循环链表的基本操作

1．访问双链表中的第 i 个结点

在单链表中要查找一个结点，都要从表首开始顺序扫描，在各结点查找的概率相等的情况下，平均来说每次要访问 $\dfrac{n}{2}$ 个结点。

在双链表中要查找一个结点，应该从表头指针 head 出发进行搜索，如果该结点的序号 $i \leqslant \dfrac{n}{2}$，则可以从表首开始从左向右扫描；否则从表尾开始从右向左扫描。这样平均每次只要访问 $\dfrac{n}{4}$ 个结点。当然，这是以每个结点增加一个指针的存储空间为代价的。

2．插入结点

在链表中，一个新结点 *q，可以插在指定结点 *p 的前边（称为前插），也可以插在指

定结点 *p 的后边（称为后插），假设指针 p 指向第 *i* 个结点，在第 *i* 个结点的位置插入一个值为 x 的新结点 *q，这是一个前插问题。对于单链表，前插不如后插容易，但对于双链表，由于它是一种对称结构（有双向的指针），所以它的前插和后插操作同样方便（删除操作也是如此）。

设指针 p 指向某个结点，双链表结构的对称性可由下式反映出：

p ->prior ->next = p = p->next ->prior

即结点 *p 的存储地址既存放在其前驱结点 *(p->prior) 的后继指针域（next）中，也存放在其后继结点 *(p->next) 的前驱指针域（prior）中。

现假设指针 p 指向指定结点（如第 *i* 个结点）。讨论的问题是：将一个值为 x 的新结点 *q 作为前驱插入在指定结点*p 之前。前插操作如图 3-14 所示。

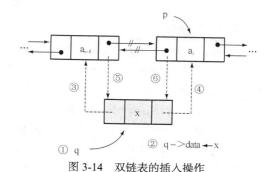

图 3-14　双链表的插入操作

主要工作有两项：一是生成新结点*q；二是调整相应的指针，以完成链接。

（1）生成新结点 *q。

```
q ← new DLnode;
q ->data ← x
```

（2）调整指针。

```
q ->prior ← p ->prior;
q ->next ← p;
p ->prior->next ← q;
p ->prior ← q
```

具体算法如下：

算法 3.14　双循环链表的插入
　　　　　　DLInsert (head, p, x)
1. [生成新结点]
　 q ← new DLnode;
　 q->data ← x;
2. [修改指针]
　 q -> prior ← p -> prior;
　 q -> next ← p;
　 p -> prior-> next ← q;
　 p -> prior ← q;
3. [算法结束] ▉

C/C++程序：
```
void DLInsert ( DLinkList& head,
            DLnode* p, datatype x ) {
    DLnode *q = new DLnode;  // 生成新结点
    q->data = x;
    // 修改指针
    q->prior = p->prior;
    q->next = p;
    p->prior->next = q;
    p->prior = q;
}
```

---

3. 删除结点

现假设指针 p 指向指定结点（如第 *i* 个结点）。讨论的问题是：将指定结点 *p 从双链表中删除。删除操作如图 3-15 所示。

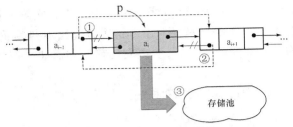

图 3-15　双链表的删除操作

具体算法如下：

算法 3.15　双循环链表的删除 DLDelete（head, p）	C/C++程序：

1. [修改指针]
　p->prior->next ← p->next;
　p->next->prior ← p->prior;
2. [释放空间]
　delete p;
3. [算法结束] ∎
	``
	void DLDelete(DLinkList& head,DLnode* p) {
	    // 修改指针
	    p->prior->next = p->next;
	    p->next->prior ← p->prior;
	    // 释放空间
	    delete p;
	}
	``

3.5　应用举例

3.5.1　消除链表中的重复数据

下面讲述的几个例子，先给出一般的算法描述，最后将几个例子整合在一起，给出一个完整的 C/C++程序，其主要功能是首先建立一个单链表，然后消除单链表中的重复数据，并把对链表处理前与处理后的数据情况进行输出。

例 3.2　建立单链表。

设数据域的类型为整型，输入一组数据并用与这组数据都不相同的值（如 999）作为输入的结束标志。这里仍考虑的是一般的单链表，即不带表头结点的单链表。方法是每次都把新结点插到当前链表的尾部。为此需用一个尾指针，使其始终指向当前链表的最后一个结点，如图 3-16 所示。

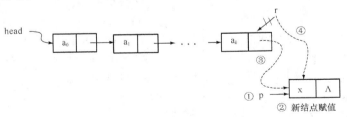

图 3-16　建立单链表的示意图

单链表的类型与变量说明及算法如下：

```
const int endValue = 999;    //输入的结束标志
typedef int datatype;        //结点的数据域的类型为整型
typedef struct node {        //结点类型定义
    datatype  data;          //结点的数据域
```

```
    struct node *next;      //结点的指针域
} ListNode, *LinkList;
ListNode *p, *q, *r ;
LinkList  head;
datatype  x;
```

算法 3.16 建立单链表

　　　　CreateLinkList（head）

1. [初始化] head ← NULL; r ← NULL;

　　[首次输入数据] input（x）

2. 循环 当 x ≠ endValue 时，执行

　　（1）p ← new ListNode;　　[生成新结点]

　　　　p –>data ← x;　p–>next ← NULL;

　　（2）若 head = NULL　　　[新结点链入表尾]

　　　　则 head ← p

　　　　否则 r–>next ← p

　　（3）r ← p　　　　　　　　[r 始终指向表尾]

　　（4）input（x）

3. [算法结束] ▮

例 3.3　用递归过程输出单链表中所有结点的数据值。

　　由于链表是一种递归的数据结构（即链表结点 ListNode 的定义由数据域 data 和指针域 next 组成，而指针 next 又由 ListNode 定义），因此采用递归的方法编写算法特别方便。

　　单链表的类型与变量说明与例 3.2 相同，递归算法如下。

算法 3.17　输出单链表中数据的递归算法

　　　　OutputLinkList（head）

1. 若 head ≠ NULL

　　则 print（head–>data）;

　　　　OutputLinkList（head–>next）

2. [算法结束] ▮

例 3.4　删除单链表中的重复值。

　　从表首开始，对链表的结点逐个进行处理：从它的下一个结点开始向后搜索到表尾，并把搜索中遇到的具有重复值的结点删除。

　　单链表的类型与变量说明同前，算法如下：

算法 3.18　删除单链表中的重复值

　　　　RemoveDuplicates（head）

1. p ← head　　　　　　　　　　　　[初始化]

2. 循环 当 p ≠ NULL 时，执行　　　[对链表的结点逐个进行处理]

　　（1）x ← p–>data;

　　　　r ← p;　q ← p–>next;

　　（2）循环 当 q ≠ NULL 时，执行　[开始向后搜索到表尾]

　　　　若 q–>data = x

　　　　则 r –>next ← q–>next;　　　[删除重复结点]

```
            delete q;
            q ← r –>next
        否则 r ← q;   q ← q –>next   [ 不是重复结点继续向后搜索 ]
    （3）p ← p–>next
3. [算法结束] ▮
```

下面是将上述三个算法整合在一起的完整的 C/C++ 程序。它将完成建立单链表、消除重复值以及输出处理后的链表的工作。

```cpp
#include <iostream.h>
// 使用 C++ 输入/输出语句
# define endValue 999
//const int endValue = 999;
typedef int datatype;
typedef struct node{
    datatype data;
    struct node* next;
} ListNode, *LinkList;

void CreateLinkList ( LinkList& head );
void RemoveDuplicates ( LinkList& head );
void OutputLinkList ( LinkList head );

void main ( ) {
    LinkList head1;
    CreateLinkList ( head1);
    cout<<endl<<"输入的数据是:"<<endl<<endl;
    OutputLinkList ( head1);
    RemoveDuplicates ( head1 );
    cout<<endl<<endl<<"处理的结果是：  "<<endl<<endl;
    OutputLinkList ( head1);
    cout<<endl<<endl;
}

void CreateLinkList ( LinkList& head ){
    ListNode *p,*r;
    datatype x;
    head=NULL; r=NULL;
    cout<<"请输入数据（结束值为 999）: " ;
    cin>>x;
    while ( x!=endValue ){
        p=new ListNode;
        p->data=x; p->next=NULL;
        if ( head==NULL )
            head=p;
        else
            r->next=p;
        r = p;
        cin>>x;
    }
    cout<<endl<<endl;
}
void RemoveDuplicates ( LinkList& head ){
    ListNode *p,*q,*r;
    datatype x;
    p=head;
    while ( p != NULL ){
```

```
        x=p->data;
        r = p; q = p->next;
        while ( q != NULL )
            if ( q->data = = x ){
                r->next = q->next;
                delete q;
                q = r->next;
            }
            else {
                r = q; q = q->next;
            }
        p = p->next;
    }
}

void OutputLinkList ( LinkList head ) {
    // 输出链表的数据
    if ( head!=NULL ){
        cout<<head->data<<"  " ;
        OutputLinkList ( head ->next );
    }
}
```

下面是程序的运行结果：

3.5.2　用循环链表求解约瑟夫斯问题

上一章我们讨论了用向量求解约瑟夫斯（Josephus）问题，考虑到是 n 个人围座一圈，现在用单循环链表来求解约瑟夫斯（Josephus）问题。

首先，建立单循环链表并输入 n 个人的数据，再在链表中确定开始报数的位置，然后通过循环结构进行报数，数到出列的人就把该结点从循环链表中删除并输出，直到循环链表为空（n 个人都已出列）为止。

由于是在循环链表中搜索要出列的人，所以，采用带表尾指针且不带表头结点的单循环链表。具体程序如下。

```
include <iostream>
using namespace std;
typedef int datatype;
typedef struct node{
    datatype data;    // 人员编号
    node* next;    // 后继指针
} ListNode, *LinkList;
void CreateCircleLinkList ( LinkList &rear, int n )    // 建立带尾指针的单循环链表
```

```
    {  ListNode *pre,*p;                    // *pre 为*p 的前驱
       rear = pre = NULL;
       for ( int i=0; i<n; i++) {
           p=new ListNode;                  // 生成新结点
           p->data=i+1;                     // 存放人员编号
           if ( rear==NULL )  rear= p;      // 表尾指针先指向表首结点
           if (pre !=NULL )   pre->next = p;
           pre = p;
        }
        p->next = rear;        // 形成循环链表
        rear = p;              // rear 指向表尾结点
    }
void josephus( LinkList &rear, int m, int s )
{   ListNode *pre, *p;
    if ( rear == NULL ) {
        cout<< "空链表, 结束! " <<endl;
        return;
    }
    pre = rear;  p = rear->next;
    for ( int i=1; i<s; i++) {     // 定位, p 指向第 s 个人
        pre = p;
        p = p->next;
    }
    while ( p->next != p ) {       // 表中不止 1 人时循环处理
        for ( int j = 0; j<m-1; j++) {
            pre = p;
            p = p->next;
        }
        cout<<p->data<<"  ";
        pre->next = p->next;  delete p;
        p = pre->next;
    }
    cout << p->data; delete p; // 最后 1 人出列
    rear = NULL;
}
void main ( )
{   LinkList rear;
    int n,m,s;
    cout<<endl<< "input n, m, s :" <<endl;
    cin>>n>>m>>s;
    CreateCircleLinkList ( rear, n );    // 建立带尾指针的单循环链表
    cout << endl << " result is: " << endl;
    josephus ( rear, m, s );                 //  调用 josephus 函数
    cout << endl << endl;
}
```

当 n = 8。 m = 4, S = 1 时，程序的运行情况为：

当 n = 9，m = 3，S = 8 时，程序的运行情况为：

3.6　本章小结

本章介绍了线性表的链接存储的表示方法，以及在链接存储结构上如何实现线性表的基本运算。重点讨论了单链表、循环链表和双链表三种数据结构。要求在与顺序存储结构对比的基础上，清楚动态存储结构的特点。理解与掌握结点变量和指针变量的区别，链表中表头指针和表头结点的作用，存储空间的动态分配与回收的方法。

【本章重点】　熟练掌握各种链表的异同点、指针的灵活运用和链表上实现各种基本算法及相关的时间性能分析。能够设计算法解决简单的应用问题。

【本章难点】　指针的灵活运用和算法设计。

【本章知识点】

1．链表的概念

（1）链表如何表示线性表中元素之间的逻辑关系。

（2）结点变量和指针变量的区别。

（3）表头指针、表头结点与首结点的区别。

（4）顺序表与链表的主要优缺点。

（5）针对线性表上的基本操作，知晓选择顺序表还是选择链表作为存储结构才能取得较优的时空性能。

2．链表

（1）单链表、双链表和循环链表在链接方式上的区别。

（2）单链表上实现的建表、查找、插入和删除等基本算法，并分析其时间复杂度。

（3）循环链表上取代头指针的作用，以及单循环链表上的算法与单链表上相应算法的异同点。

（4）双链表的定义及相关算法。

（5）利用链表设计算法解决实际问题。

3．栈和队列的链接存储表示

（1）链栈和链队列的特点。

（2）链栈和链队列的存储描述。

学习本章时，建议读者应认真复习 C 语言"指针"部分的内容，通过多编写算法进行反复训练，最好将算法转化成 C/C++ 程序实际上机运行，从中发现自己所存在的问题，提高熟练使用链表、正确掌控指针的能力，为后面的学习打下坚实的基础。

习 题

1. 试分析链表的优缺点，并与顺序表进行比较。

2. 试回答：表头指针、表头结点和开始结点有何区别？并说明表头指针和表头结点各自的作用。

3. 编写一个算法，求单链表中数据值为 x 的结点的地址。

4. 编写一个算法，统计出单链表中结点的值等于给定值 x 的结点数。

5. 编写一个算法，往单链表里数据为 w_0 的结点前面插入一个值为 w_1 的结点。

6. 试用双循环链表结构给出解决 Josephus 问题的算法。

7. 写出将单链表逆置的算法，即若原单链表中存储元素的次序为 a_0，a_1，$\cdots$，a_{n-1}，则单链表逆置后便为 a_{n-1}，a_{n-2}，$\cdots$，a_0。要求就地逆置，即不再重新开辟存储空间，只通过调整指针来完成，并且使用尽可能少的附加单元。

8. 设线性表 A = (a_0, a_1, $\cdots$, a_{n-1})，B = (b_0, b_1, $\cdots$, b_{m-1})，试写一个按下列规则合并 A、B 为线性表 C 的算法，即使得

$$C = \begin{cases} (a_0, b_0, \cdots a_{n-1}, b_{n-1}, b_n \cdots b_m) & \text{当 } n \leqslant m \text{ 时} \\ (a_0, b_0, \cdots a_{m-1}, b_{m-1}, a_m \cdots a_m) & \text{当 } n > m \text{ 时} \end{cases}$$

线性表 A、B 和 C 均以单链表作为存储结构，且表 C 利用表 A 和表 B 的结点空间构成。注意：单链表的表长 n 与 m 都未显式存储。

9. 编写一个求循环链表中结点个数的算法。

10. 编写一个删除循环链表中第一个结点的算法。

11. 写一个算法将指针变量 s 指向的结点插入到双链表中指针变量 p 指向的结点之后，并将插入前后双链表的情况画图表示出来。

12. 写一个算法将一般的双链表改造成带表头结点的双循环链表。

第4章
串

串（又称字符串）是一种特殊的线性表，它的每个结点仅由一个字符组成。

在早期的程序设计语言中，串仅在输入或输出中以直接量的形式出现，并不参与运算。随着计算机技术的发展，串在文字编辑、词法扫描、符号处理及定理证明等许多领域得到了广泛的应用，在高级语言中开始引入了串变量的概念，如同整形、实型变量一样可以在程序中使用。目前大多数程序设计语言都支持串操作，并提供一组串操作的基本函数。

本章主要介绍讨论串的基本概念、各种存储方法和串的基本运算及其实现。然后讨论模式匹配问题，最后是应用举例。

4.1 串的基本概念

串（string）是由 n（$n \geq 0$）个字符组成的有限序列。一般记作 S ="$a_0 a_1 \ldots a_{n-1}$"，其中，S 是串名；用双引号括起来的字符序列是串的值；a_i（$0 \leq i \leq n-1$）是有限字符集（如 ASCII 码）中的字符；串中字符的个数称为串的长度。长度为 0 的串称为空串（empty string），它不包含任何字符。

通常用双引号将字符串括起来。例如：

（1）"error"

（2）"3.14"

（3）"x2"

（4）"DATA␣STRUCTURE"

（5）""

（6）"␣"

（7）"␣␣␣␣␣"

这样就可以区分串、常数和标识符。例如，（1）表示的是一个直接量（字面值）常量；（2）表示的是一个由四个字符组成的串，而 3.14 则表示一个实常数；（3）表示的是一个长度为 2 的串，而 x2 通常表示一个标识符；再如（4）表示的是由 14 个字符组成的串，其中␣ 表示空白字符。此外，还要严格区分（5）和（6），前者是一个空串，长度为 0，而后者则是仅含有一个空白字符的非空串，长度为 1。由一个或多个空格组成的串称为空白串（blank string）。例如，（7）就是一个长度为 5 的空白串。

串中任意多个连续的字符组成的子序列称为该串的子串，包含该子串的串称为主串。一个字符在串中的序号称为该字符在串中的位置。当一个字符在串中多次出现时，该字符在串中的位置是指该字符在串中第一次出现的位置。子串在主串中的第一次出现时该子串首字符在主串中的位置称为子串在主串中的位置。

例如，设 A 与 B 分别为

A = "This⌴is⌴a⌴string."

B = "is"

则 B 是 A 的子串，A 为主串。B 在 A 中出现了两次，其中第一次出现对应的主串位置是 2，故称 B 在 A 中的位置（或序号）是 2。如果两个串对应位置的字符都相等，并且它们的长度也相等，则称这两个串相等。

特别地，空串是任意串的子串，任意串都是其自身的子串。除串本身以外的其他子串称为它的真子串。

串中所能包含的字符，依赖于具体机器系统的字符集，应用最为广泛的两个字符集是

（1）美国信息交换标准代码：

ASCII（American Standard Code for Information Interchange）。

（2）扩充的二进制编码的十进制交换码：

EBCDIC（Extended Binary Coded Decimal Interchange Code）。

字符的大小按字符在字符集中的次序来决定的。串可按其字典次序决定两个串的大小。例如：

"0123" < "0124" < "123" < "5"

"abc" < "aca" < "bbb" < "xyz"

通常在程序中使用的串可以分成两种：一种是串常量，另一种是串变量。串常量与整型常数、实型常数一样，在程序中以直接量的形式直接使用。例如在前面算法中多次使用过的语句 print("overflow") 之中 "overflow" 就是一个直接量。有的程序设计语言还允许有符号常量，即允许对串常量命名，以增加程序的易读性。如 C++ 中，可以定义

const string color = "red" ;

const char* PI = "3.14" ;

这里 color 和 PI 都是串常量，对它们只能读而不能写。串变量和其他类型的变量一样，必须用名字来标识，其取值是可以改变的。

4.2　串的存储结构

因为串是一种特殊的线性表，所以存储串的方法也就是存储线性表的一般方法。只不过由于组成串的结点是单个字符，所以存储时有一些特殊的技巧。下面分别作以介绍。

4.2.1　顺序存储

用顺序存储方式表示的串称为顺序串。与顺序表类似，就是把串中的字符顺序地存储在一片地址连续的存储区域中。采用的方式主要有以下两种。

1. 静态存储分配

由于大多数计算机的存储器地址采用的是字编址，一个字含有多个字节，而一个字符只占 1 个字节，为了节省空间，顺序存储方式存储串时允许采用紧缩格式，即一个字节存放一个字符，这样一个字中可以存放多个字符；而非紧缩格式则是不管机器字的长短，一个字中只放一个字符。显然紧缩格式节省了存储空间，但对于单个字符的运算不太方便，非紧缩格式的特点则相反。

大多数系统在存储串时，在串的尾部添加一个特殊符号作为串的结束标记，在 C/C++语言中串的结束标记采用字符 '\0'。图 4-1 给出了这两种格式存储的示例。

用字符数组存放字符串时，C/C++语言只有紧缩格式。C/C++ 语言的静态字符串可定义如下：

```
# define MaxSize 256
// C++: const int MaxSize = 256;
typedef struct {
  char ch[MaxSize];
  int length;
} StrType; // 串类型
```

有的高级语言，如 PASCAL 语言既有紧缩格式，也有非紧缩格式。

2. 动态存储分配

串的静态存储结构有它自身的缺点：串值空间的大小 MaxSize 是静态的，即在编译时刻就已确定。该值如果估计过大，就会浪费较多的存储空间；而且这种定长的串值空间

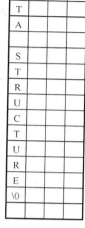

（a）紧凑格式　　　（b）非紧凑格式

图 4-1　串的静态顺序存储

也会使串的某些操作（如连接、置换等）受到很大的限制。因此，我们可以考虑采用动态分配存储空间的方式，如使用 C 语言的 malloc 和 free 等动态存储管理函数(C++的 new 和 delete 操作符)，根据实际需要动态地分配和释放字符数组的空间。

较简单的类型定义是：

```
typedef char* string;      // C 中的串库（string.h）相当于使用此类型定义串
```

如果把串长也考虑在内，可以定义成如下形式：

```
typedef struct {
    char* ch;
    int   length;
} StrType;
```

4.2.2　链接存储

用链接存储方式表示的串称为链串。可以采用单链表的形式存储串值，链串与单链表的差异仅在于结点的数据域为单个字符。具体可描述如下：

```
typedef struct node {
    char data;
    struct node *next;
} LinkStrNode;    // 结点类型
LinkStrNode* S;   // 链串的头指针
```

例如，S = "abcdefgh";

便有图 4-2（a）所示的形式。也可以组织成单循环链表的形式，如图 4-2（b）所示。它们便于进行插入和删除运算，但存储空间的利用率很低。例如，如果每个指针占用 4 个字节，则此链串的存储密度只有 20%。为了提高存储密度，可以让每个结点存放多个字符，如果让每个结点存放 4 个字符，则存储密度可达到 50%。如果串长不是 4 的整数倍时，要用特殊字符来填充，以表明串的边界。这种方式虽然提高了空间的使用率，但是进行插入和删除运算时，可能会引起大量字符的移动，给运算带来不便。例如，在图 4-2（c）中，在 S 的第 3 个字符后插入 "IN" 时，

要移动原来 S 中后面 5 个字符的位置，如图 4-2（d）所示。因此，只有对很少进行插入和删除操作的串，才采用这种链接结构。

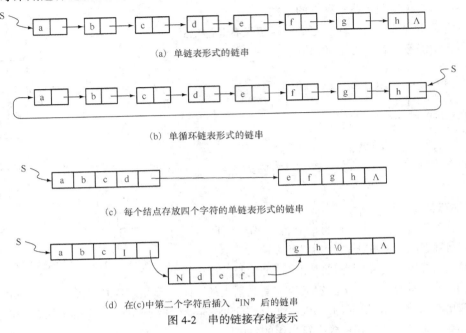

(a) 单链表形式的链串

(b) 单循环链表形式的链串

(c) 每个结点存放四个字符的单链表形式的链串

(d) 在(c)中第二个字符后插入"IN"后的链串

图 4-2　串的链接存储表示

4.3　串的操作

由于串是特殊的线性表，在顺序串和链串上实现的运算分别与在顺序表和单链表中进行的操作类似，而且 C 语言的库函数<string.h>中提供了丰富的串函数来实现各种基本运算，因此我们对串运算的实现不作详细讨论，只是给出语言级的实现，即通过 C 语言提供的功能来实现其基本操作。在下面的叙述中，左边给出了串的各种基本运算；右边则是用 C 语言来完成对应功能的实现。

为了讨论的方便，假设：

S_1 = "$a_0a_1…a_{n-1}$"
S_2 = "$b_0b_1…b_{m-1}$"
S_3 = ""
A = "This is a string."
B = "array"
C = "list"
D = ""

串的基本运算：　　　　　　　　　　　　　　　　用 C 语言实现：

（1）赋值（Assign）	`char* strcpy(char* s, char* t);`
	　// 将串 t 复制到串 s 中，并返回指向串 s 的指针
	`char* strncpy (char* s, char* t, int n);`
	　// 将串 t 最多前 n 个字符复制到串 s 中
	
	例如：strcpy（D，C）;　// D == "list"

s ← t s 为串名，t 为串名或串值 例如：D ← C　或　D ← "list" 有： D = "list"	

（2）求串长（Length）
 	
length（s）
 	
length (s)表示求串 s 的长度，函数值为整数
 	
例如：lenth (S_1) = n
 	
lenth (S_3) = 0
	`int strlen ( char* s );`
	　// 求串 s 的长度
	例如：cout<< strlen (B); // 输出 5
	　　　cout<<strlen (D); // 输出 0

（3）联接（Concatenation）
 	
s // t
 	
联接两个串 s 和 t，结果得到一个新串
 	
例如：S_1// S_2
 	
= "$a_0a_1\cdots a_{n-1}b_0b_1\cdots b_{m-1}$"
	`char* strcat ( char* s, char* t );`
	// 将串 t 复制到串 s 的末尾，并返回指向串 s 的指针
	`char* strncat ( char* s, char* t, int n );`
	// 将串 t 最多前 n 个字符复制到串 s 的末尾
	例如：strcat (B, "␣and␣"); strcat (B, C);
	// B = = "array ␣and ␣list"

（4）判断相等（Compare Equal ）
 	
Equal（s, t）
 	
s, t 为串名或串值，若 两串值相等，
　　　　　　　　则 函数值为真
　　　　　　　　否则 函数值为假
 	
例如：Equal (B, "array") = true
　　　Equal (A, B) = false
	`int strcmp ( char* s, char* t );`
	// 将串 t 与串 s 进行比较，返回值小于 0、等于 0 或
	// 大于 0 分别表示 s < t、s = t 和 s > t
	`int strncmp ( char* s, char* t, int n );`
	　// 将串 s 最多前 n 个字符与串 t 进行比较
	例如：strcmp ("abc", "xyz"); // 函数值 < 0
	　　　strcmp ("789", "789"); // 函数值 = 0
	　　　strcmp (B, "arra"); // 函数值 > 0

（5）定位（Index）
 	
Index（s, t）
 	
s, t 为串名或串值，返回 t 在主串 s 中首次
出现的位置（地址），若未出现则返回 NULL
 	
例如：p ← Index (A, "is")
　　　p 指在 h 后的字符 'i'
	`char* strstr ( char* s, char* t );`
	// 找串 t 在串 s 中第一次出现的位置（地址），并返回
	// 该地址指针，否则返回 NULL
	例如：p = strstr (A, "is");
	　　　// p 指在 h 后的字符 'i'

（6）取子串（SubString）
 	
Substr(s, i, j)
 	
从串 s 中第 i 个字符开始抽取 j 个字符，构
成新串
 	
其中：0≤i≤i+j-1≤length(s)-1
 	
例如：p ← Substr("abcdef ", 2, 3)
 	
　　　p = "cde"
	在 C 语言中没有直接对应此功能的串函数，但可编写如下的函数完成此功能。
	`char* Substr ( char* s, int i, int j )`
	`{ char* sub;`
	`  assert ( 0<= i && i < strlen(s) &&j>= 0);`
	`  strncpy(sub,&s[i], j);`
	`  return sub;`
	`}`

以上操作是最基本的。其中，赋值、求串长、比较、联接和求子串五种操作构成了串的最小操作子集。下述三种操作也很常用，但都可以利用上述的基本操作的组合来完成。下面的讲述中，不再给出对应的 C 语言的表示，建议读者自行完成。

（7）插入（Insert）

`Insert (s, i, t)`

其中 s, t 为串名和串值，若 0≤i≤Length(s)，则在串 s 的第 i 个字符之前插入串 t。其运算结果相当于

`s ←Substr ( s, 0, i-1) // t // Substr ( s, i, Length(s) - i )`

例如：

```
Insert ( C, 0, "linear␣" ) 后，有 C = "linear␣list"
```

（8）删除（Delete）

```
Delete ( s, i, j )
```

其中 s 为串名和串值，若 $0 \leqslant i \leqslant \text{Length}(s) - 1$ 且 $0 \leqslant j \leqslant \text{Length}(s) - i$，则从串 s 中删去从第 i 个字符开始的连续 j 个字符。其运算结果相当于

```
s ← Substr(s, 0, i-1) // Substr(s, i+j, Length(s) - (i+j) )
```

例如：设 S = "Linear␣list"，

执行 Delete(S, 1, 5) 后，有 S = "L␣list"。

（9）置换（Replace）

```
Replace ( s, t, u )
```

其中 s，t，u 为串名和串值，此操作完成的工作是：若 t 是 s 的子串，则将串 s 中的所有子串 t 均用串 u 来替换。

例如：设 s = "aabcbabbcd"，t = "bc"，u = "␣"，

执行 Replace(s, t, u) 后，有 s = "aa␣bab␣d"。

以上介绍了串的基本操作（运算），高级程序设计语言中，一般也都通过操作符和库函数的形式来实现这些操作，当然它所提供的操作还有很多，不同的语言提供的种类和符号表示形式也不尽相同，实际使用时可参考相关的书籍和手册。

4.4　模式匹配

设有两个字符串 T 和 P，若要在串 T 中查找与串 P 相等的子串，则称 T 为目标串（target string），P 为模式串（pattern string），并称查找模式串在目标串的匹配位置的运算为模式匹配（pattern matching）。如果 T 中存在模式为 P 的子串，则指出该子串在 T 中的位置（当 T 中存在多个子串 P 时，通常只要找出第一个子串即可），称为匹配成功，否则称为匹配失败。

模式匹配比较典型的算法有两个：一个是朴素匹配算法，即蛮力匹配算法（Brute-Force algorithm）；另一个是无回溯的匹配算法，即 KMP 算法，是由 D.E.Knuth、J.H.Morris 和 V.R.Pratt 三人提出的。下面先介绍 Brute-Force 算法，然后再介绍 KMP 算法。

4.4.1　Brute-Force 算法

设目标串（主串）T 和模式串 P 为：

$$T = "t_0 t_1 t_2 \cdots t_{n-1}"$$
$$P = "p_0 p_1 p_2 \cdots p_{m-1}"$$

Brute-Force 算法的匹配方法如下。

从目标串的第 0 个字符开始与模式串 P 的第 0 个字符进行比较：若相等，则继续比较后续字符；否则，从目标串的第 1 个字符开始重新与模式串 P 的第 0 个字符进行比较。如此继续下去，如果在目标串 T 中找到一个与模式串 P 相等的子串，则匹配成功，算法返回模式串 P 的首字符在目标串 T 中的位置；否则匹配失败，算法返回的值为-1。模式匹配的一般过程如下：

目标串　　T　　　t_0　t_1　t_2 $\cdots t_{m-1} \cdots t_{n-1}$

　　　　　　　　　$\updownarrow$　$\updownarrow$　$\updownarrow$　　$\updownarrow$

模式串　　P　　　　p_0　p_1　p_2 … p_{m-1}

若 $t_0 = p_0, t_1 = p_1, t_2 = p_2, …, t_{m-1} = p_{m-1}$, 则匹配成功; 否则

目标串　　T　　　　t_0　t_1　t_2 … t_{m-1}　t_m … t_{n-1}

$$\updownarrow\ \updownarrow\quad\ \updownarrow\ \ \updownarrow$$

模式串　　P　　　　　　p_0　p_1　　p_{m-2}　p_{m-1}

如此反复进行, 直到进行到某一趟匹配成功或最终 P 已经移到最后可能与 T 比较的位置对应字符也不全等而匹配失败。

匹配成功的情形为:

目标串　　T　　　　t_0　t_1 … t_i　t_{i+1} … t_{i+m-2}　t_{i+m-1} … t_{n-1}

$$\|\ \ \|\quad\ \ \|\ \ \ \|$$

$(i = 0, 1, …, n-m)$

模式串　　P　　　　　　　　　p_0　p_1 … p_{m-2}　p_{m-1}

匹配失败可能的情况 (比较次数最多) 为:

目标串　　T　　　t_0　t_1 … t_{n-m}　t_{n-m+1} … t_{n-2}　t_{n-1}

$$\|\ \ \|\quad\ \ \|\ \ \nparallel$$

模式串　　P　　　　　　　　p_0　　p_1 … p_{m-2}　p_{m-1}

下面来看两个具体的朴素模式匹配的例子。设主串 T = "abababc", 模式串 pat = "abc", T 的长度 $n = 7$, P 的长度为 $m = 3$。其匹配过程如图 4-3 (a) 所示。再设主串 T = "abababababcd", 模式串 P = "ababc", T 的长度 $n = 10$, P 的长度为 $m = 5$。其匹配过程如图 4-3 (b) 所示。

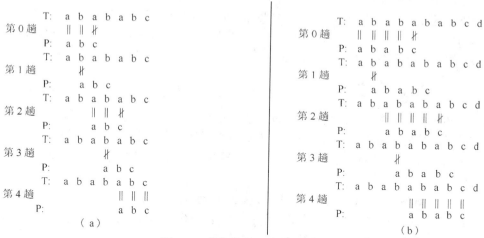

图 4-3　朴素模式匹配的过程

下面给出类型与变量说明及算法。

```
# define MaxSize 256
// C++: const int MaxSize = 256;
typedef struct {
  char ch[MaxSize];
  int length;
}StrType;      // 串类型
StrType  T, P;
int  n, m;      // 0≤m≤n≤MaxSize
int  i, j;
```

假定进入算法时，目标串已存入 T 中，模式串已存入 P 中。

若匹配成功，算法返回模式串 P 的首字符在目标串 T 中的位置；否则为匹配失败，算法返回的值为-1。

算法 4.1 朴素模式匹配算法

BFSearch(T, P)

1. $n \leftarrow$ T.length; $m \leftarrow$ P.length;
   $i \leftarrow 0$; $j \leftarrow 0$

2. 循环 当 i<n 且 j<m 时，执行
     若 T.ch[i] = P.ch[j]
     则 $i \leftarrow i+1$; $j \leftarrow j+1$
     否则 $i \leftarrow i-j+1$; [回退]
         $j \leftarrow 0$

3. 若 j = m
   则 return i - m
   否则 return -1

4. [算法结束] ▮

C/C++程序：

```c
int BFSearch (StrType T,StrType P )
{ //在主串T中搜索子串P的Brute-Force算法
    int n = T.length, m = P.length;
    int i = 0, j = 0;
    while (i<=n-1 && j<=m-1)
      if (T.ch[i] == P.ch[j]) {
          i++; j++;
        {
        else {
            i = i-j+1;
            j = 0;
          }
      if ( j==m )
        return i-m;    //匹配成功
    else
        return -1;     //匹配失败
}
```

在这个算法的执行过程中，一旦某一次比较的字符不等，就将模式串 P 右移一位，再从 p_0 ($j=0$) 开始进行下一趟比较。在最坏情况下，最多要比较 $n-m+1$ 趟，每趟都是在比较模式串 P 的最后一个字符时才出现不等，要做 m 次比较，总比较次数达到 $(n-m+1)*m$。由于通常 m 是远小于 n ($m \ll n$) 的，因此算法的执行时间为 $O(n*m)$。

4.4.2 KMP 算法

前面介绍的朴素匹配算法的主要问题就是效率较低。其原因就是在匹配过程中由于回溯造成的，即当某趟匹配失败后，下一趟匹配是将模式串 P 后移一个位置，再从头开始依次与目标串 T 的对应字符进行比较。经 D.E.Knuth 等人分析发现这些回溯是不需要的。下面先通过实例进行说明。

情形（1）：如图 4-3（a）所示，在第 0 趟匹配中有 $p_0 = t_0$, $p_1 = t_1$, $p_2 \neq t_2$，由 $p_0 \neq p_1$，可推知：$p_0 \neq t_1$，所以下一趟将 P 右移一位后，用 p_0 与 t_1 比较肯定不等，下一趟直接用 p_0 与 t_2 比较即可。这是已被比较过的子串的前面不存在真子串的情况。

情形（2）：如图 4-3（b）所示，在第 0 趟匹配过程中有 $p_0 = t_0$, $p_1 = t_1$, $p_2 = t_2$, $p_3 = t_3$, $p_4 \neq t_4$，由 $p_0 \neq p_1$，可推知：$p_0 \neq t_1$，所以图 4-3（b）中的第 1 趟是不需要的。又 $p_0 = p_2$, $p_2 = t_2$，及 $p_1 = p_3$, $p_3 = t_3$，有 $p_0 = t_2$, $p_1 = t_3$，因此，下一趟可以用 p_2 与 t_4 开始进行比较。这是已被比较过的子串的前面存在真子串的情况。

综上所述，无论哪种情况匹配过程都不需要模式串 P 的回溯。

现在讨论一般情况，设目标串（主串）T 和模式串 P 为：

$$T = "t_0 t_1 t_2 \cdots t_{n-1}"$$

$$P = "p_0 p_1 p_2 \cdots p_{m-1}" \quad (m \ll n)$$

第 i 趟匹配时，如果比较到模式串 P 中的第 j 个字符时不匹配（失配），出现 $p_j \neq t_{i+j}$ 的情况：

目标串　T　　　t_0　t_1　$\cdots$　t_i　　　　t_{i+1}　$\cdots$　t_{i+j-1}　t_{i+j}　$\cdots$　t_{n-1}

　　　　　　　　　　　　　　　　　　$\parallel$　　　　$\parallel$　$\cdots$　$\parallel$　$\not\parallel$

模式串　P　　　　　　　　p_0　　p_1　$\cdots$　p_{j-1}　p_j

也就是有

$$"t_i t_{i+1} \cdots t_{i+j-1}" = "p_0 p_1 \cdots p_{j-1}" \tag{4.1}$$

如果模式串 P 中，

$$"p_0 p_1 \cdots p_{j-2}" \neq "p_1 p_2 \cdots p_{j-1}" \tag{4.2}$$

由式（4.1）可知

$$"p_0 p_1 \cdots p_{j-2}" \neq "t_{i+1} t_{i+2} \cdots t_{i+j-1}" \tag{4.3}$$

所以这时第 $i+1$ 趟不需进行就可得知匹配失败。那么，第 $i+2$ 趟是否需要进行呢？继续推导下去，如果模式串 P 中有

$$"p_0 p_1 \cdots p_{j-3}" \neq "p_2 p_3 \cdots p_{j-1}" \tag{4.4}$$

由式（4.1）又知

$$"p_0 p_1 \cdots p_{j-3}" \neq "t_{i+2} t_{i+3} \cdots t_{i+j-1}" \tag{4.5}$$

第 $i+2$ 趟也不需进行就可得知匹配失败。依此类推，直到某个整数值 k ，使得

$$"p_0 p_1 \cdots p_k" \neq "p_{j-k-1} p_{j-k} \cdots p_{j-1}" \tag{4.6}$$

而

$$"p_0 p_1 \cdots p_{k-1}" = "p_{j-k} p_{j-k+1} \cdots p_{j-1}" \tag{4.7}$$

这时才有

$$"p_0 p_1 \cdots p_{k-1}" = "p_{j-k} p_{j-k+1} \cdots p_{j-1}" = "t_{i+j-k} t_{i+j-k+1} \cdots t_{i+j-1}" \tag{4.8}$$

这样，在第 i 趟匹配时，如果模式串 P 中的第 j 个字符与目标串（主串）T 中的第 $i+j$ 个字符不匹配，只需将模式串 P 从当前位置直接向右"滑动" $j-k$ 位，让模式串 P 中的第 k 个字符 p_k 与目标串 T 中的第 $i+j$ 个字符 t_{i+j} 对齐开始比较。这是因为模式串 P 中的前面 k 个字符 $p_0 p_1 \cdots p_{k-1}$ 与目标串 T 中的第 $i+j$ 个字符 t_{i+j} 之前的 k 个字符 $t_{i+j-k} t_{i+j-k+1} \cdots t_{i+j-1}$ 对应相等（已匹配），因而可直接从模式串 P 中的第 k 个字符 p_k 与目标串 T 中的第 $i+j$ 个字符 t_{i+j} 开始，继续向后进行比较。

在 KMP 算法中，第 i 趟匹配失败时，目标串 T 中的扫描指针 i 不需回溯，而是继续从此处（失配位置）开始向后进行比较。但模式串 P 中的扫描指针应退回到 p_k 的位置。

现在的问题是如何确定 k 的值？从前面的讨论可见，对于 j，k 的取值不同，k 的值仅依赖于模式串 P 本身的前 j 个字符的构成，而与目标串 T 无关。设用 next $[j] = k$ 来表示当模式串 P 中的第 j 个字符与目标串 T 中相应字符失配时，模式串 P 中应当由第 k 个字符与目标串 T 中刚失配的字符对齐继续向后进行比较。

设模式串 P = $"p_0 p_1 p_2 \cdots p_{m-1}"$，next $[j]$ 的定义为

$$\text{next}[j] = \begin{cases} \max\{k \mid 0 < k < j \text{且} "p_0 p_1 \cdots p_{k-1}" = "p_{j-k} p_{j-k+1} \cdots p_{j-1}"\}, & \text{集合非空} \\ -1, & j = 0 \\ 0, & \text{其他情况} \end{cases} \tag{4.9}$$

我们可以根据上述定义，用递推的方法求得 next $[j]$ 的值。

由定义可知

$$\text{next}[0] = -1$$

当 next $[j] = k$ 时，说明有

$$"p_0 p_1 \cdots p_{k-1}" = "p_{j-k} p_{j-k+1} \cdots p_{j-1}" \tag{4.10}$$

且 k 是满足该式的最大值。此时 next $[j+1]$ 的值有以下两种情况：

（1）若 $p_k = p_j$，则表明在模式串 P 中有

$$"p_0 p_1 \cdots p_{k-1} p_k" = "p_{j-k} p_{j-k+1} \cdots p_{j-1} p_j" \tag{4.11}$$

且 $k+1$ 是满足该式的最大值。所以 next $[j+1] = k+1$，即 next $[j+1]$ = next $[j]$ +1。

（2）若 $p_k \neq p_j$，则表明在模式串 P 中有

$$"p_0 p_1 \cdots p_{k-1} p_k" \neq "p_{j-k} p_{j-k+1} \cdots p_{j-1} p_j" \tag{4.12}$$

此时可把求 next 函数值的问题看成是模式串 P 本身的模式匹配问题，整个模式串既是主串又是模式串。而目前的匹配中已有式（4.10）成立，则当 $p_k \neq p_j$ 时应将模式向右滑动到第 k'（= next $[k]$）的位置，让模式串的第 k' 个字符与主串的第 j 个字符进行比较。若 $p_{k'} = p_j$，则说明主串中的第 $j+1$ 个字符之前的存在一个长度为 $k'+1$ 的最长子串，和模式串中从首字符起长度为 k' 的子串相等，即

$$"p_0 p_1 \cdots p_{k'}" \neq "p_{j-k'} p_{j-k'+1} \cdots p_j" \tag{4.13}$$

这也就是得出：

$$next [j] = next [k] +1 = k' +1 \tag{4.14}$$

同理，若 $p_{k'} \neq p_j$，则继续将模式向右滑动至 k''（= next $[k']$）的位置，让模式串的第 k'' 个字符再与主串的第 j 个字符进行比较，依此类推。若匹配失败，也就是右滑至 $k = -1$ 的位置，则应有 next $[j+1] = 0$，也可以表示为 next $[j+1]$ = $j+1$= 0。

通过以上分析，下面给出求数组 next 值的算法。

```
int next[MaxSize];
int j , k ; a
```

进入算法时，模式串已存入 P 中。

算法结束时，数组 next 值已求出。

| 算法 4.2　求数组 next 值的算法 | C/C++程序： |

算法 4.2　求数组 next 值的算法
　　GetNext(P, next [ ])

1. next[0] ← -1
   j ← 0; k ← -1
2. 循环　当 j < P.length-1 时，执行
   　　若 k = -1 或 P.ch[k] = P.ch[j]
   　　则 k++; j++;
   　　　　next[j] ← k
   　　否则　　　　[p_k 与 p_j 失配]
   　　　　k ← next[k]
3. ［算法结束］ ■

C/C++程序：

```c
void GetNext(StrType P, int &next[ ] )
{      //求模式串 P 的数组 next 的元素值
    next[0] =-1;        //由此开始递推
    int j = 0, k =-1;
    while ( j< P.length-1)
      if((k ==-1)||(P.ch[k]==P.ch[j])){
        k++; j++;
        next[j] = k;
      }
      else    //pk 与 pj 失配
        k = next[k];
}
```

例 4.1　模式串 P = "abcaabcad"，其对应的 next[j]如下。

j	0	1	2	3	4	5	6	7	8
P	a	b	c	a	a	b	c	a	d
next[j]	-1	0	0	0	1	1	2	3	4

算法 4.2 的时间复杂度显然为 O(m)。通常模式串 P 的长度远小于比主串 T 的长度，因此，该算法的时间代价相对而言是很小的。

现在有了 next 数组，KMP 算法可具体描述如下：

```
StrType  T, P;
int  n, m;      // 0≤m≤n≤MaxSize
int  i, j;
int  next [MaxSize];
int  j , k ;
```

进入算法时，目标串已存入 T 中，模式串已存入 P 中。

算法结束时，返回匹配结果。

算法 4.3　KMP 模式匹配算法

　　KMPSearch (T, P, pos)

1. i ← pos; j ← 0

2. 循环　当 i < T.length

　　　　且 j < P.length 时，执行

　　若 j = -1 或 T.ch[i] = P.ch[j]

　　则 i++; j++;

　　否则 j← next[j]

3. 若 j ≥ P.length

　　　　则　return i - P.length

　　　　否则 return -1

4. [算法结束] ∎

C/C++程序：

```c
int KMPSearch (StrType T, StrType P, int pos)
{//从主串 T 的 pos 位置开始找首次与串 P 相等的子串
    int i = pos, j = 0;        //由此开始递推
    while ( ( i< T.length) && ( j<P.length) )
      if (( j ==-1) || (T.ch[i] == P.ch[j]))
            { i++; j++; }      //继续比较后继字符
      else   j = next[j];      //模式串 P 向右滑动
    if ( j >= P.length)
        return i- P.length;    //匹配成功
    else  return -1;           //匹配失败
}
```

算法 4.3 所花费的时间主要在第 2 步的循环上，由于是无回溯的算法，在执行循环时，或调整模式 P 位置；或表示主串 T 当前位置的 i 值增 1。由于 i 值只增不减、只进不退，因此，字符的比较次数最多为 O (T.length) = O (n)。

下面给出一个 KMP 算法的模式匹配的例子.

例 4.2　设目标串（主串）T = "ababdaababcd"，设模式串 P = "ababc"，其对应的 next [j] 如下。

j	0	1	2	3	4
P	a	b	a	b	c
next[j]	-1	0	0	1	2

其 KMP 算法的模式匹配过程如图 4-4 所示。

图 4-4　KMP 算法模式匹配的过程

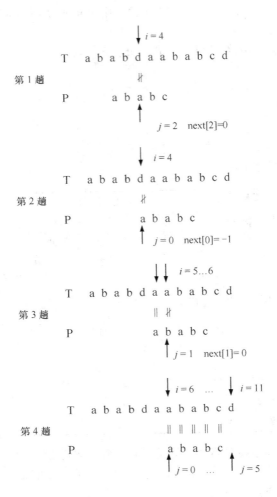

图 4-4 KMP 算法模式匹配的过程（续）

4.5 应用举例

　　文本编辑程序是一个面向用户的系统服务程序，它被广泛用于源程序的输入与修改，以及文章、书籍、报刊等的编辑和排版。例如，Word 就是这样常用的文本编辑软件。用户的文本就视为一个字符串。

　　现在，我们将问题简化，主要讨论查找（定位）操作，因为它是其他操作（如置换等）的基础。程序完成的功能是：在主串中对子串（模式串）进行查找操作，即在主串中检索出给定的子串。这可以利用上节给出的算法 4.2 和算法 4.3 来实现。主程序如下：

```
#include <iostream>   // C/C++ 程序
using namespace std;
const int MaxSize=256;
typedef struct {
  char ch[MaxSize];
  int length;
```

```
} StrType;              // 串类型
StrType T, P;
int next[MaxSize];
void main()  {
  int pos=0, N=1, position;
  cout<<endl;
  cout<<"请输入目标串(主串)  T:";
  cin>>T.ch;  cout<<endl;
  T.length=strlen(T.ch);
  cout<<"请输入模式串  P:";
  cin>>P.ch; cout<<endl;
  P.length=strlen(P.ch);
  GetNext(P,next) ;
  while (pos<T.length) {
     position = KMPSearch(T,P,pos);
      if (position == -1)
         exit;
      else {
          cout<<"第 "<<N;cout<<" 次匹配成功的位置是:  "<<position<<endl;
          N++;
          pos = position + P.length;
      }
  }
  return;
}
```

假设目标串（主串）T = "ababcaababcadxyzaababccd"，要查找的子串（模式串）P = "ababc"，程序的运行结果为：

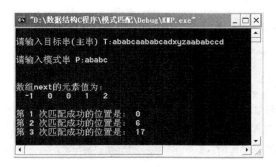

4.6　本章小结

字符串是一种特殊的线性表，其特点是数据的类型是字符型。串作为一种基本的数据处理对象，在非数值计算领域有着十分广泛的应用，特别是对文本类型的电子文档的字符处理都会用到字符串。

本章介绍了串的逻辑结构、存储结构及其串上的基本运算。在逻辑结构层面上，应掌握串的有关概念及基本运算，了解串与线性表的关系。在存储结构层面上，重点掌握串的顺序存储与链接存储两种存储表示。由于 C 语言及其它高级语言均已具备了较强的串处理功能，读者应能使用 C 语言提供的串操作函数构造与串相关的算法并解决简单的应用问题。

本章还介绍了串的模式匹配问题，主要有朴素的匹配算法（Brute-Force 算法），其特点是思路直观、方法简单。但是在匹配过程中需要回溯，时间复杂度较高。KMP 算法是一种改进的模式匹配算法，它通过计算 next 数组来确定模板滑动的位置，确保在后主串不需回溯，从而加快了匹配的速度。

习　　题

1. 设有两个串为

S_1 = "becdcabcdaababcde";
S_2 = "aba";

试求两个串的长度，并判断串 S_2 是否是串 S_1 的子串，如果 S_2 是 S_1 的子串，请指出 S_2 在 S_1 中的位置。

2. 设有串 A = "and"，B = "stack"，C = "queue"，D = "linear"，E = "list"，F = "⊔"，

请求出下面各操作的结果。

（1）D//F//E

（2）B//A//C

（3）Substr(C, 2, 3)

（4）Substr(D, 1, 2)

（5）Length(B)

（6）Length(E)

（7）Index(C, "ue")

（8）Index(D, "ea")

（9）Insert(E, 0, "linked⊔")

（10）Delete(B,1,3)

（11）Replace(E, "l", "L")

（12）Replace("abdaabcd", "abc", "ABC")

3. 设计一个算法，实现单链表结构的串的插入操作。

4. 编写一个算法，删去串 S 中第 i 个字符开始的 k 个字符，说明算法采用的存储结构，并估算算法的执行时间。

5. 设 S 和 T 是用单链表表示的两个串，试编写一个找出 S 中第一个不在 T 中出现的字符的算法，并分析算法的时间代价。

第5章
树形结构

第 2 章至第 4 章讨论的是线性的数据结构，但许多问题用非线性结构来表示要比线性结构明确、方便得多。

在非线性结构中，至少存在一个结点可能有不只一个前驱或后继。

树形结构是一类重要的非线性数据结构，直观看来，树形结构是结点间有分支、层次关系的结构。树形结构为在计算机应用中经常遇到的嵌套数据提供了自然的表示，而且，应用这种数据结构能够有效地解决很多相关的算法问题。

本章先从逻辑结构方面介绍树形结构的有关概念和遍历运算，然后讲述树形结构的存贮表示、遍历运算的具体实现及线索二叉树。本章还将讨论在实际问题中经常使用的树形结构，包括堆、哈夫曼树与判定树等内容。

5.1　树形结构的概念

树形结构主要有两类：树（森林）和二叉树。本节先介绍它们的逻辑结构。

5.1.1　树的概念

树是树形结构中的一个重要类型。

树（tree）是 n（$n \geq 0$）个结点的有限集 T，如果 $n=0$，则称 T 为空树；否则 T 满足如下条件：

（1）有且仅有一个特定的称为根（root）的结点，它仅有后继，没有前驱；

（2）除根以外的其他结点被划分为 m（$m \geq 0$）个互不相交的有限集合 $T_1, T_2, \cdots, T_m$，其中每一个集合又都是树，并且称为根的子树（subtree）。

这个定义是递归的，就是说，我们是用子树来定义树的：只包含一个结点的树必然仅由根组成，包含 $n>1$ 个结点的树是借助于少于 n 个结点的树来定义的。

在日常生活和计算机领域中，树结构广泛存在。层次化的数据之间可能有的祖先—后代、上级—下属、整体—部分以及其他类似的关系都可以用它来表示。例如，家族的血统关系（家族树中的关系为父子关系）、一个地区或一个单位（部门）的组织机构（树中的关系为上下级关系）、软件工程中的模块化技术（树中的关系为部分与整体的关系）、磁盘上信息组织的目录结构（树中的关系为包含或所属关系）等。

树的表示方法主要有四种。

（1）树形表示法（见图 5-1（a））；

（2）嵌套集合表示法（见图 5-1（b））；

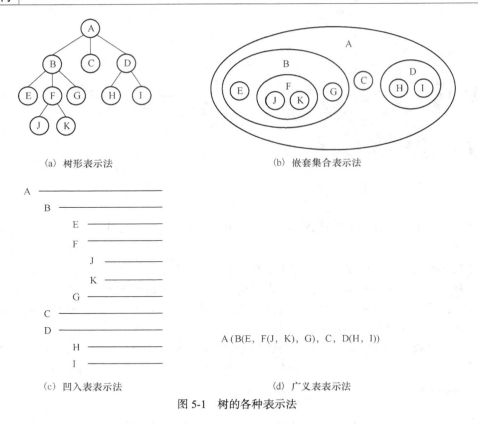

(a) 树形表示法　　　　　　　　　　　(b) 嵌套集合表示法

A(B(E, F(J, K), G), C, D(H, I))

(c) 凹入表表示法　　　　　　　　　　(d) 广义表表示法

图 5-1　树的各种表示法

（3）凹入表表示法（见图 5-1（c））；

（4）广义表（或括号嵌套）表示法（见图 5-1（d））。

以上在图 5-1 中所列出的各种方法表示出来的结构都是树。抽象出来此树的逻辑结构是：

结点集合 D：{A,B,C,D,E,F,G,H,I,J,K }

邻接关系 r：

{ <A,B>,<A,C>,<A,D>,<B,E>,<B,F>,<B,G>,<D,H>,<D,I>,<F,J>,<F,K>}

其中结点 A 对于关系 r 来说没有前驱，它是树的根。

图 5-1（a）所示的树形表示法是最常用的一种表示法，它看上去很像一棵倒置的树。结点之间关系是通过连线来表示的，如 A 为根，辈份最高，有三个子女 B、C 和 D，B 也有三个子女 E、F 和 G，D 有两个子女 H 和 I，F 也有两个子女 J 和 K。虽然每条连线上都不带箭头（即方向），但它们并不是无向的，而是有向的，其方向隐含为从上向下，即连线的上方结点是下方结点的前驱，下方结点是上方结点的后继。在图 5-1（b）所示的嵌套集合表示法中，A 代表一个国家，它含有三个省 B、C 和 D，B 含有三个市 E、F 和 G，F 又下辖两个区。凹入表表示法（图 5-1（c））很像书的目录，也类似按缩进格式编写的程序。广义表表示法（图 5-1（d））每棵树的根作为由子树构成的表的名字而放在表的前面，通过嵌套的括号层次关系来表示树形结构。

一般采用树形表示法（图 5-1（a））的形式来描述树形结构。一棵树分成几个大的分枝（称作子树），而每个大的分枝再分成几个小分枝，小分枝再分成更小的分枝，…，每个分枝也都是一棵树。上例的树中结点 A 是根，由结点 B、E、F、G、J、K 构成 A 的第一棵子树，由结点 C 单独构成 A 的第二棵子树，由结点 D、H、I 构成 A 的第三棵子树。递归地，B 是第一棵子树的根，它又有三棵子树，这三棵子树分别以 E、F、G 为根，而以 F 为根的子树又可以分成两棵子树。

下面给出有关树的一些术语，其中有些术语沿用了家族关系中的习惯叫法。

（1）双亲与子女（parent and child）：结点的子树的根称为该结点的子女，反之，该结点称为子女结点的双亲（父母）。

（2）兄弟（sibling）：同一双亲的子女之间互为兄弟。

（3）祖先与子孙（ancestor and descendant）：若有一条由 k 到达 k_p 的路径，则称 k 是 k_p 的祖先，k_p 是 k 的子孙。（或者说，结点的祖先是从根到此结点分支上的所有结点；从该结点到终端结点的路径上的所有结点称为该结点的子孙。）

（4）边（edge）：树形结构中，两个结点的有序对，称作连接这两个结点的一条边。

（5）结点的度数（degree）：是结点所拥有的子树的棵数。

（6）树叶（leaf）：度数为 0 的结点，又称为终端结点。（或者说，没有子树的结点。）

（7）分支（branch）结点：非终端结点。（或者说，度数不为 0 的结点。）

（8）结点的层数（level）：根结点的层数为 0，其他所有结点的层数等于它父母结点的层数加 1。

（9）树的高度（height）：树中结点的最大层数。

（10）树的度（degree of tree）：树中结点的度数的最大值。

（11）有序树与无序树（ordered tree and unordered tree）：在树 T 中如果各棵子树 T_1，T_2，…，T_m 的相对次序是重要的（即不能互换），则称树 T 为有向有序树，简称有序树；否则称为无序树。在有序树中，T_1 叫做根的第一棵子树，T_2 叫做根的第二棵子树等。

（12）森林（forest）：是零棵或多棵不相交的树的集合（通常是有序集合）。

自然界的树和森林是不同的概念，而在数据结构中的树和树林只有非常微小的差别。删去树的根，树就变成森林（树林），而加上一个根结点，森林就变成树。

5.1.2 二叉树的概念

二叉树是树形结构中的另一个重要类型。

它的特点是：每个结点最多只有两个子女（即不存在度数大于 2 的结点），并且二叉树的子树有左右之分，其子树的次序不能随意颠倒。

定义 二叉树（binary tree）是 n（n ≥ 0）个结点的有限集合，这个集合或者是空集，或者是由一个根结点加上两棵互不相交的、分别称作这个根的左子树和右子树的二叉树组成。

这也是一个递归定义，由于二叉树可以是空集，因此根可以有空的左子树或右子树，或者左、右子树均为空。图 5-2 给出了二叉树的五种基本形态。

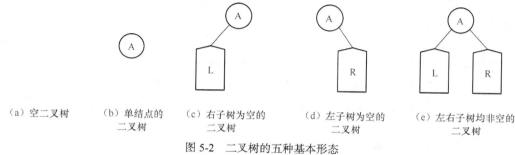

（a）空二叉树   （b）单结点的   （c）右子树为空的   （d）左子树为空的   （e）左右子树均非空的
                     二叉树   二叉树   二叉树   二叉树

图 5-2 二叉树的五种基本形态

前面介绍的关于树的术语对于二叉树也适用。

值得注意的是二叉树与树是不同的。它们之间最主要的差别为：在二叉树中，结点的子树要区分左子树和右子树，即使在结点只有一棵子树的情况下，也要指明该子树是左子树还是右子树。例如下面的图 5-3（a）所示是两棵不同的二叉树，但作为树，它们就是同一棵树了（如图 5-3（b）所示）。

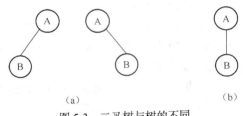

（a）   （b）

图 5-3 二叉树与树的不同

由此可见，二叉树并非是树的特殊情形，尽管树和二叉树的概念之间有许多联系，两者有许多相似之处，但它们是两个概念、两种不同的数据结构。

二叉树的概念十分重要。以后会经常用到二叉树这种数据结构来解决许多实际问题。另外，任何树（森林）都可以通过一个简单的转换得到与之对应的二叉树，这也为树（森林）的存贮和运算提供了极大的方便。

二叉树具有如下性质：

性质 1 二叉树的第 i 层上至多有 2^i 个结点（$i \geq 0$）。

证明：（数学归纳法）

归纳基础：当 $i=0$ 时，有 $2^i = 2^0 = 1$，由于第 0 层上只有一个根结点，所以结论成立。

归纳假设：假设当 $i=k$ 时结论成立，即二叉树的第 k 层上至多有 2^k 个结点。往证 $i=k+1$ 时结论亦成立。

归纳步骤：根据归纳假设，第 k 层上至多有 2^k 个结点。根据二叉树的定义，每个结点至多有两个子女，因而第 $k+1$ 层上至多有 $2^k \times 2 = 2^{k+1}$ 个结点。故结论成立。【证毕】

性质 2 高度为 h 的二叉树至多有 $2^{h+1}-1$ 个结点。

证明：$h=-1$ 是空二叉树的情形，此时一个结点也没有，$2^{(-1)+1}-1 = 2^0-1 = 0$，结论成立。$h \geq 0$ 是非空二叉树的情形，具有层次 $i=0,1,\cdots,h$。根据性质 1，第 i 层上至多有 2^i 个结点，因此整个二叉树中的结点数至多为：

$$\sum_{i=0}^{h} 2^i = 2^0 + 2^1 + \cdots + 2^h = 2^{h+1}-1 \qquad\qquad 【证毕】$$

性质 3 在任意一棵二叉树中，若叶结点的个数为 n_0，度为 2 的结点个数为 n_2，则有 $n_0 = n_2 + 1$。

证明：设二叉树中度为 1 的结点个数为 n_1，因为二叉树中所有结点的度数均不大于 2，所以二叉树中结点总数为 $n = n_0 + n_1 + n_2$（式 1）。另一方面，度为 1 的结点带有一个子女，度为 2 的结点带有两个子女，故二叉树中子女结点的总数为 $n_1 + 2n_2$，而除根结点（它没有父母）之外，每个子女结点都对应着联系自己父母的一条边，所以边数为 $n-1$ 条，且有 $n-1 = n_1 + 2n_2$（式 2），将式 1 带入式 2 之中，得到：$n_0 + n_1 + n_2 - 1 = n_1 + 2n_2$，整理后有 $n_0 = n_2 + 1$。故结论成立。【证毕】

其他性质与一些特殊的二叉树相关。为此，先定义两种特殊的二叉树。

满二叉树（full binary tree）

一棵高度为 h 且有 $2^{h+1}-1$ 个结点的二叉树称为满二叉树。

图 5-4（a）是一棵高度为 3 的满二叉树。满二叉树的特点是：每一层上的结点数都达到了最

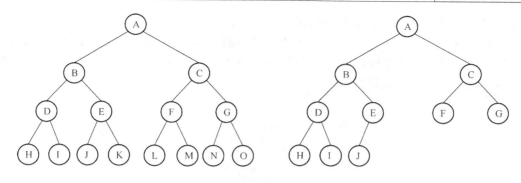

(a)　满二叉树　　　　　　　　　　　　　　　(b)　完全二叉树

图 5-4　两种特殊的二叉树

大值，即对给定的高度，它是具有最多结点数的二叉树。满二叉树中不存在度为 1 的结点，除最底层上的结点度为 0 之外，其他各层结点的度都为 2。

完全二叉树（complete binary tree）

如果一棵二叉树至多只有最下面的两层结点的度数可以小于 2，并且最下面一层的结点都集中在该层的最左边的若干位置上，则此二叉树称为完全二叉树。

图 5-4（b）是一棵完全二叉树。其特点是：在高度为 h 的完全二叉树中，从第 0 层到第 $h-1$ 层的所有各层的结点都是满的，仅最下面第 h 层或是满的，或是从右向左连续缺若干个结点。显然满二叉树一定是完全二叉树，但完全二叉树不一定是满二叉树。

完全二叉树将在许多场合中出现，下面介绍的是与完全二叉树有关的性质。

性质 4　具有 n 个结点的完全二叉树的高度为 $\lceil \log_2(n+1) \rceil - 1$（或 $\lfloor \log_2 n \rfloor$）。

证明：设完全二叉树的高度为 h，则它的前 $h-1$ 层是高度为 $h-1$ 的满二叉树，总共有 $2^h - 1$ 个结点，而最底层，即第 h 层结点个数最多不超过 2^h 个。因此有

$$2^h - 1 < n \leqslant 2^h - 1 + 2^h = 2^{h+1} - 1$$

移项得

$$2^h < n+1 \leqslant 2^{h+1}$$

同时取对数

$$h < \log_2(n+1) \leqslant h+1$$

因为 h 与 $h+1$ 是相邻的两个整数，因此有

$$h+1 = \lceil \log_2(n+1) \rceil$$

由此即得：$h = \lceil \log_2(n+1) \rceil - 1$，结论成立。【证毕】

5.1.3　树、森林与二叉树之间的相互转换

在树或森林与二叉树之间存在着自然的一一对应关系。任何一棵树或一个森林可唯一地对应到一棵二叉树；反之，任何一棵二叉树也能唯一地对应到一棵树或一个森林。

一、树（森林）到二叉树的转换

树中的每个结点可能有多个子女，但二叉树中的每个结点至多只能有两个子女。要把树（森林）转换为二叉树，就必须找到一种两者的结点和结点之间至多用两个量说明的关系。树中的每个结点最多只有一个第一个子女（长子）和下一个兄弟（右邻的兄弟），这就是我们要找的对应关系。按照这种对应关系很自然地就能得到将树（森林）转换成它所对应的二叉树的方法：

（1）凡是兄弟就用线连起来；

（2）除第一个子女外的其他子女均去除与父母的连线。

使用上述转换方法，图 5-5（a）所示的树就变为图 5-5（b）的形式，它已是一棵二叉树，如果再以根为轴心将它按顺时针方向旋转 45°，就能更清楚地变为 5-5（c）所示的二叉树。森林转换成对应的二叉树的情况如图 5-6 所示。

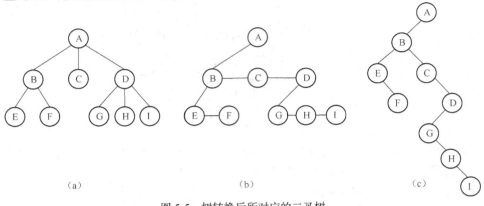

图 5-5　树转换后所对应的二叉树

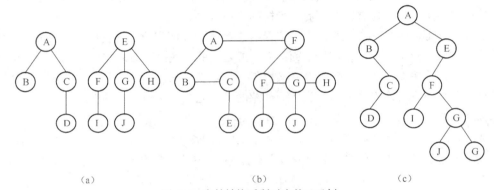

图 5-6　森林转换后所对应的二叉树

在树（森林）所对应的二叉树里，一个结点的左子女是它原来的树里的第一个子女，而它的右子女是它原来树里的下一个兄弟。树对应的二叉树其根结点的右子树必为空。

把森林 F 视为树的有序集合 F = {T_1, T_2, …, T_m}，则它对应于 F 的二叉树 B（F）的定义为：

（1）若 F 为空，即 $n = 0$，则对应的二叉树 B（F）为空二叉树；

（2）若 F 不为空，即 $n > 0$，则对应的二叉树 B（F）的根 root（B）是第一棵树 T_1 的根是 root（T_1），B（F）的左子树是 B（$T_{11}, T_{12}, …, T_{1m}$），其中，$T_{11}, T_{12}, …, T_{1m}$ 是 root（T_1）的子树；B（F）的右子树是 B（$T_2, T_3, …, T_m$）。

二、二叉树到树（森林）的转换

同样，也有一种自然的方式可以把二叉树转换成树和森林。

转换方法：若结点是其父母的左子女，则把该结点的右子女，右子女的右子女，…，都与该结点的父母用线连起来，最后去掉父母与右子女的连线。

二叉树转换成对应的森林的情况如图 5-7 所示。

设 B 是一棵二叉树，root 是 B 的根，L 是 root 的左子树，R 是 root 的右子树，则对应于 B 的森林 F（B）的定义为：

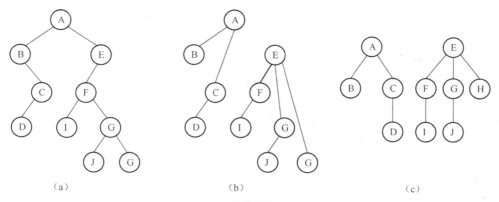

图 5-7　二叉树转换后所对应的森林

（1）若 B 为空，则对应的森林 F（B）也为空；

（2）若 B 非空，则 F（B）是第一棵树 T_1，加上森林 F（R），其中树 T_1 的根为 root，root 的子树为 F（L）。

5.1.4　树形结构的遍历

遍历运算是一种常见而又重要的运算。

遍历（traversal）运算是按一定的次序系统地访问数据结构（如树形结构）中的所有结点，使每个结点仅被访问一次。其中访问结点就是对结点进行某种操作，它依赖于具体的应用问题。遍历树形结构的过程实际上是把树形结构中的结点放入一个线性序列中的过程，或者说把树形结构进行线性化的过程。

例如：右图所示的二叉树。

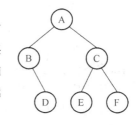

可以线性化为 A,B,D,C,E,F，也可以线性化为 A,B,C,D,E,F，还可以线性化为其他顺序的序列。因为树形结构本身是非线性的数据结构，每个结点可以有多个后继结点，所以把它的结点放入到一个线性序列中不如顺序地扫描线性表那么来的直接。因此，需要寻找一些规律，来解决非线性结构的遍历问题。

下面分别对二叉树和树（林）介绍几种主要的遍历次序。

一、遍历二叉树

二叉树的基本组成部分如下。

即根结点（N）、左子树（L）和右子树（R）。按三个部分的先后次序对二叉树遍历共有六种执行次序：NLR、LNR、LRN 和 NRL、RNL、RLN。其中后三种次序与前三种次序是对称的。若规定先左后右，则遍历二叉树主要有三种次序：NLR、LNR 与 LRN，它们分别称为前序遍历、中序遍历与后序遍历。除此之外，还有一些其他的遍历次序，如对二叉树中的结点按由上到下、从左向右的顺序进行遍历，这种遍历方式称为层次次序遍历（levelOrder traversal）。

下面主要介绍前三种遍历次序。

1．前序遍历

前序遍历（preOrder traversal）的递归定义是：

若二叉树为空，则空操作；否则

（1）访问根结点（N）；

（2）前序遍历左子树（L）；

（3）前序遍历右子树（R）。

2. 中序遍历

中序遍历（inOrder traversal）的递归定义是：

若二叉树为空，则空操作；否则

（1）中序遍历左子树（L）；

（2）访问根结点（N）；

（3）中序遍历右子树（R）。

3. 后序遍历

后序遍历（postOrder traversal）的递归定义是：

若二叉树为空，则空操作；否则

（1）后序遍历左子树（L）；

（2）后序遍历右子树（R）；

（3）访问根结点（N）。

例如，对图 5-8 所示的二叉树，它的结点的前序序列是：

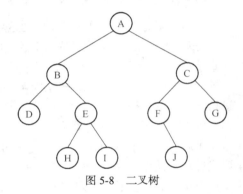

图 5-8 二叉树

$$A\ B\ D\ E\ H\ I\ C\ F\ J\ G$$

它的结点的中序序列是：

$$D\ B\ H\ E\ I\ A\ F\ J\ C\ G$$

它的结点的后序序列是：

$$D\ H\ I\ E\ B\ J\ F\ G\ C\ A$$

对于非线性结构，遍历的次序显得非常重要，遍历的次序不同，得到的结点序列也可能不同。另外，指定了遍历次序，那么结点在这种次序下的前驱结点和后继结点（如果存在的话）也就唯一地确定了。

例如，对于图 5-8 所示的二叉树的结点 I，我们就可以说它的前序前驱结点是 H，前序后继结点是 C。对称序前驱结点是 E，对称序后继是结点 A。

二叉树的遍历运算是递归定义的。以前序遍历为例，要遍历一棵二叉树，首先访问根，然后沿左下降进入根的左子树，在左子树里又是先访问根，之后再沿左下降进入根的左子树，每次都是沿左下降一层，直到遇到叶结点为止。遍历完某一个根的左子树，然后再向上上升，去遍历这个根的右子树。由于下降时与上升时所遇到的结点（子树的根）序列正好相反，因此需要使用栈结构来实现二叉树的遍历算法。在沿左下降时保存子树的根地址（待以后上升返回时所用），以便当遍历完一个根的左子树后能找到到这个根的右子树的地址继续遍历下去。有关二叉树的遍历算法将在 5.3 节中讲述。

二、遍历树和森林

树和森林的遍历通常有两种方式：深度优先遍历和广（宽）度优先遍历。

1. 深度优先遍历

在树和森林中，一个结点可以有两棵以上的子树，因此不便讨论它们的中根次序遍历，但可以仿照二叉树的前序次序和后序次序来定义树和森林的先根次序和后根次序遍历。

（1）先根次序遍历

ⓐ 访问第一棵树的根结点；

ⓑ 先根次序遍历第一棵树树根的子树；

ⓒ 先根次序遍历其他的树。

（2）后根次序遍历

ⓐ 后根次序遍历第一棵树树根的子树；

ⓑ 访问第一棵树的根结点；

ⓒ 后根次序遍历其他的树。

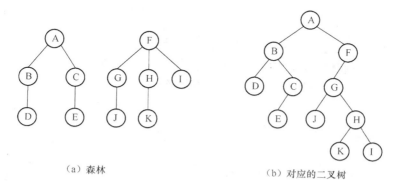

（a）森林　　　　　　　　　　（b）对应的二叉树

图 5-9　森林和对应的二叉树

例如，图 5-9（a）所示的森林，按先根次序遍历它得到的结点序列是：

$$A\ B\ D\ C\ E\ F\ G\ J\ H\ K\ I$$

按后根次序遍历得到的结点序是：

$$D\ B\ E\ C\ A\ J\ G\ K\ H\ I\ F$$

回顾一下前面讲的森林与二叉树之间的对应关系，森林里的第一棵树对应到二叉树的根和左子树；森林里的其他的树对应到二叉树的右子树。对照二叉树遍历的前序次序和中序（对称序）次序的定义，可以得到这样的结论：按先根次序遍历森林正好等同于按前序次序遍历对应的二叉树，它们遍历后得到的结点序列是相同的。同理，按后根次序遍历森林正好等同于按中序（对称序）次序遍历对应的二叉树，它们遍历后得到的结点序列也是相同的。

2．广（宽）度优先遍历

广（宽）度优先遍历也可称为层次次序遍历。它的遍历规则是：首先访问第 0 层的结点，然后访问第 1 层的结点，…，最后访问最下面一层的结点。遍历同层结点时，按照从左到右的顺序。

例如，对于图 5-9（a）所示的森林，按层次次序遍历它所得到的结点序列是：

$$A\ F\ B\ C\ G\ H\ I\ D\ E\ J\ K$$

对于二叉树的广（宽）度优先遍历（即层次次序遍历），请参见本章的习题。

5.2　树形结构的存储方式

树形结构的存储方式主要有两种：链式存储与顺序存储。

5.2.1 链式存储

对于树形结构这样一种非线性结构，它的大小和形态经常发生剧烈的动态变化。因此，在存储器里表示它的最自然的方法是链接的方法。

1. 二叉树

由于二叉树的每个结点至多有两个子女，因此，可以用如下的方法来存储二叉树。

在每个结点中除存储结点本身的数据外，再增设两个指针域 lchild 和 rchild，分别指向结点的左子女和右子女，当结点的某个子女为空时，则相应的指针为空指针。

结点的形式为：

lchild	data	rchild

一棵二叉树里所有这样形式的结点，再加上一个指向二叉树根的指针 root，就构成了二叉树的链式存储表示。这种存储表示法称作二叉链表表示法，也称作 lchild-rchild 表示法。图 5-10（b）就是图 5-10（a）所示二叉树的二叉链表表示法的存储表示。

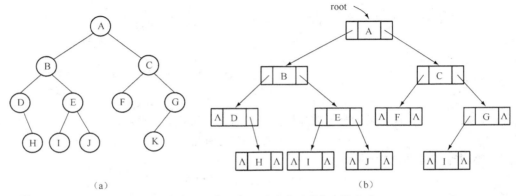

（a）　　　　　　　　　　　　　　　　（b）

图 5-10　二叉树的二叉链表表示法的存储表示

这种存储表示的二叉树说明如下。

```
typedef struct node {
    datatype data;                  // 数据域
    struct node *lchild, *rchild;   // 指向左、右子女的指针
} BTnode, *BinTree;
BinTree root;
BTnode *p, *q;
```

在二叉树的二叉链表存储表示中，通过 lchild 和 rchild 指针很容易地找到结点的左子女和右子女，但要找到它的双亲就很困难。为此，可以在结点中再增加一个指向双亲的指针域 parents，这种表示法称为二叉树的三叉链表表示法（或三重链接表示法）。如图 5-11 所示。

2. 树（森林）

由于树中的每个子女的个数没有限制，如果树也用在结点内设置指针来指向该结点的子女的办法进行表示，则每个结点内设置多少个指针难以确定。对于 k 叉树（即度为 k 的树），如果每个结点都设置 k 个指针，则可能出现大量的空指针，而浪费空间。若按每个结点的度来设置指针域，并在结点中增设 size 字段来表示该结点所包含的指针数，则各结点可能不等长，虽然节省了空间，但给管理带来不便。由在 5.1.3 小节中讲述的内容可知，在树（森林）二叉树之间存在着一一对

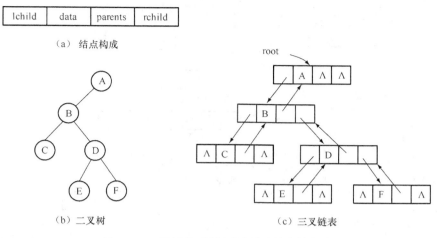

（a）结点构成

（b）二叉树　　　　　　　　（c）三叉链表

图 5-11　二叉树的三叉链表表示法的存储表示

应关系。因此，存储树（森林）的方法是：先把树（森林）转换成对应的二叉树，然后再用二叉链表表示法进行存储。

图 5-12（c）就是图 5-12（a）的树（森林）的二叉链表表示法的存储表示。

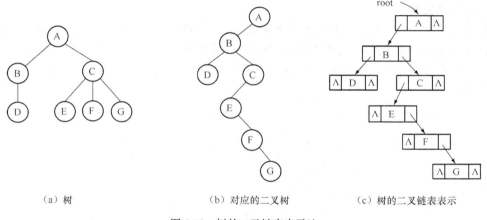

（a）树　　　　　　　（b）对应的二叉树　　　　　（c）树的二叉链表表示

图 5-12　树的二叉链表表示法

在用二叉链表表示法的存储表示的树（森林）中，指针 lchild 指向结点的第一个子女，rchild 指向结点的下一个兄弟。

树（森林）也有三叉链表（三重链表）的存储表示方法。但是需要注意的是：这里的指针 parent 是指向树（森林）中的结点的父母，而不是指向二叉树中的结点的父母。请注意两者之间的区别。树（森林）的三叉链表（三重链表）的存储表示方法如图 5-13 所示。

除此之外，树形结构还有其他一些链接表示方法。可根据实际问题的需要来灵活处理。这里不再赘述。

5.2.2　顺序存储

在处理实际问题时，如果结构的大小和形状不发生较大的动态变化时，为节省存储空间，可以考虑用顺序存储的方法。下面介绍几种常见的树形结构顺序存储的方法。

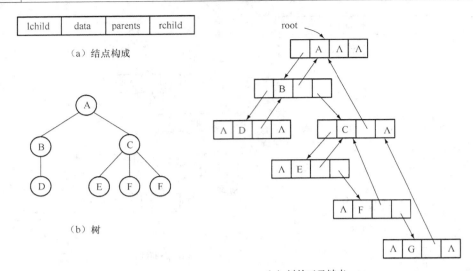

（a）结点构成

（b）树

（c）树的三叉链表

图 5-13　树（森林）的三叉链表表示法的存储表示

一、二叉树的顺序存储

1. 完全二叉树

前一节已经讲过，完全二叉树是一种特殊的二叉树，充分利用它具有的特性，往往会给我们在使用上带来很大的方便。比如，我们可以按层次顺序将一棵有 n 个结点的完全二叉树的所有结点从 0 到 $n-1$ 进行编号，就能得到一个结点的线性序列，然后把它们放到一个顺序存储的一维数组之中。如图 5-14 所示。

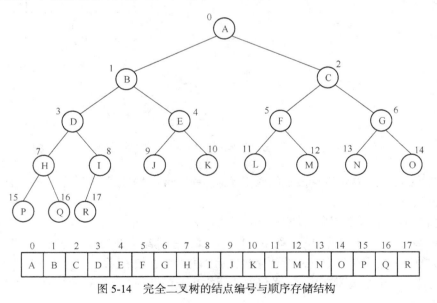

图 5-14　完全二叉树的结点编号与顺序存储结构

完全二叉树中除最下面一层外，各层都充满了结点，每一层的结点个数恰好是上一层结点个数的 2 倍。因此，从一个结点的编号就可以推出其双亲，左、右子女，兄弟等结点的编号。

设编号为 i 的结点是 k_i（$0 \leqslant i \leqslant n-1$），则有以下关系：

① 若 $i=0$，则 k_i 是根结点，无双亲；若 $i>0$，则 k_i 的双亲结点的编号为 $\lfloor (i-1)/2 \rfloor$。

② 若 $2i+1<n$，则 k_i 的左子女的编号是 $2i+1$；否则 k_i 无左子女。

③ 若 $2i+2<n$，则 k_i 的右子女的编号是 $2i+2$；否则 k_i 无右子女。

④ 若 i 为偶数且 $i\neq0$，则 k_i 的左兄弟的编号是 $i-1$；否则 k_i 无左兄弟。

⑤ 若 i 为奇数且 $i<n-1$，则 k_i 的右兄弟的编号是 $i+1$；否则 k_i 无右兄弟。

由上述关系可知，完全二叉树中结点的层次序列足以反映出结点之间的逻辑关系。根据一个结点的存储位置就可以计算出它的父母、左右子女的存储位置，就好像明显地存储了相应的指针一样。对于完全二叉树而言，顺序存储结构是一种既简单又节省空间的存储方式。因此，只要完全二叉树的形状不发生太大的动态变化，它一般都是采用这种顺序存储结构的。

2. 一般二叉树

对于一般的二叉树，一种方法是可以模仿完全二叉树的形式来进行顺序存储即通过添加一些实际上并不存在的"虚结点"，使它变成一棵完全二叉树，然后再按前边讲的完全二叉树的顺序存储方式来进行存储，如图 5-15（a）、图 5-15（b）所示。

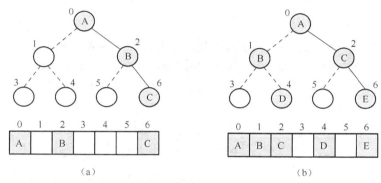

图 5-15　不完全的二叉树

这种方法虽然在不添加其他辅助信息的情况下能够反映出整个树形结构，但是，这种方法的最大问题是浪费空间，缺少的元素越多，空间浪费的就越严重。实际上，一个有 n 个结点的二叉树可能最多需要 2^n-1 个结点的存储空间。当每个结点都只有右子女时，存储空间达到最大。图 5-16 给出了这种情况的一棵有 4 个结点的二叉树，这种形式的二叉树称为右斜（right-skewed）二叉树，或叫作右单支二叉树。当二叉树中的结点个数比较多，即缺少的结点数目比较少时，这也是一种可行的方法。

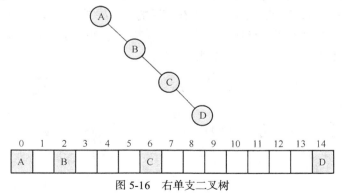

图 5-16　右单支二叉树

对于一般的二叉树，另一种方法是将二叉树的结点按某种次序顺序存储在一维数组中（根结点通常放在数组的首位置），同时在数组的各结点中再相应地增加 lchild 和 rchild 指针域（根据需要也可以在结点中增加一个指向双亲的指针域 parents），需要注意的是，这里所说的指针域的值是数组的下标值，它表示其对应结点在数组中所在的位置（-1 表示空，即无对应子女）。图 5-17 给出了一棵二叉树的结点按前序次序顺序存储在一维数组中的情形。

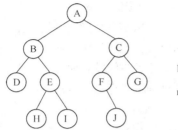

	0	1	2	3	4	5	6	7	8	9
data	A	B	D	E	H	I	C	F	J	G
lchild	1	2	-1	4	-1	-1	7	-1	-1	-1
rchild	6	3	-1	5	-1	-1	9	8	-1	-1

图 5-17　一般二叉树的顺序存储

二、树（森林）的顺序存储

1. 双亲表示法

在树（森林）中，由于结点的双亲是唯一的，因此，可在存储结点数据的同时，为每个结点附设一个指向其双亲的指针 parents，就可以描述出完整的树形。注意根无双亲，parents 域的值为 -1。双亲表示法如图 5-18 所示，其中树中结点按层次次序存储于数组之中。

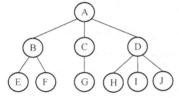

	0	1	2	3	4	5	6	7	8	9
parents	-1	0	0	0	1	1	2	3	3	3
data	A	B	C	D	E	F	G	H	I	J

图 5-18　树的双亲表示法

2. 子女–兄弟表示法

前面讲过的树（森林）与它所对应的二叉树之间存在的对应关系：

① 树中结点的第一个子女就是对应二叉树中该结点的左子女；

② 树中结点的下个兄弟就是对应二叉树中该结点的右子女。

利用这种对应关系，可以将树（森林）用类似于一般二叉树的顺序存储方法进行存储。

图 5-19（a）所示森林用子女–兄弟表示法存储后的情形如图 5-20 所示（结点按先根次序顺序存储在一维数组中）。请注意树（森林）的子女–兄弟表示法中的 firstChild、nextSibling 与一般二叉树的顺序存储表示中的 lchild、rchild 的对应关系。

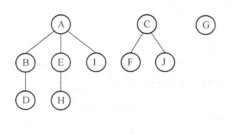
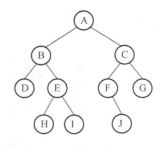

　　（a）森林　　　　　　　　　　　　　（b）对应的二叉树

图 5-19　森林与对应的二叉树

	0	1	2	3	4	5	6	7	8	9
data	A	B	D	E	H	I	C	F	J	G
firstlChild	1	2	−1	4	−1	−1	7	−1	−1	−1
nextSibling	6	3	−1	5	−1	−1	9	8	−1	−1

图 5-20　树（森林）的子女-兄弟表示法

三、实例：一般二叉树的顺序存储表示法到二叉链表表示法的转换

下面给出将一般二叉树的顺序存储表示法转换成二叉链表表示法（即 lchild_rchild 表示法）的算法。

类型定义和变量说明如下。

```
const int MaxSize = 10;
typedef  char datatype;
typedef  struct node {
    datatype  data;                      // 数据域
    struct node *lchild, *rchild;        // 指向左、右子女的指针
} BTnode, *BinTree;
typedef struct elem {
    datatype  data;
    int   llchil, rchild;   // −1 表示空
    int   tag;       // 对应的 lchild-rchild 法表示的结点是否被生成的标志，初态为 0；生成后为 1
    BTnode *link ;     // 存放对应的 lchild-rchild 法表示的结点地址，初态为 NULL
} element ;
element A[MaxSize] ;
int i, j, n;
BinTree  root ;
BTnode *p, *pl, *pr;
```

进入算法前，一般二叉树的顺序存储表示法表示的二叉树已存放在数组 A 中，tag 字段的初值全为 0，当 A[i]申请到一个对应的二叉链表表示法（lchild−rchild 表示法）表示的结点时，就将 A[i].tag 值置 1；A[i].link 中存放其指向对应的二叉链表表示法（lchild−rchild 表示法）表示的结点的指针。

进入算法时，对于图 5-21（a）所示的二叉树在数组 A 中的存储形式如图 5-21（b）所示。

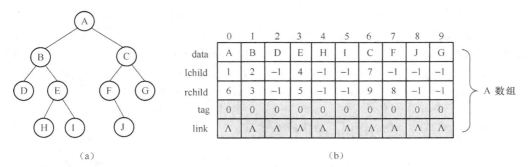

（a）　　　　　　　　　　　　　　　　（b）

图 5-21　算法 5.1 的实例

算法结束时，对应的二叉链表表示法（lchild−rchild 表示法）表示的二叉树已生成，其根结点由指针变量 root 指向。

算法 5.1　一般二叉树的顺序存储表示法转换成二叉链表表示法

exchange（A, n, root）

1. 循环　i 步长为 1，从 0 到 n-1，执行
   （1）若 A[i].tag = 0
   　　　则　p ← new BTnode;
   　　　　　A[i].link ← p; A[i].tag ← 1;
   　　　　　p->data ← A[i].data
   　　　否则 p ← A[i].link
   （2）若　A[i].lchild ≠ -1　　[有左子女]
   　　　则　j ← A[i].lchild;
   　　　　　pl ← new BTnode;
   　　　　　A[j].link ← pl; A[j].tag ← 1;
   　　　　　pl->data ← A[j].data；p->lchild ← pl
   　　　否则　p->lchild ← NULL
   （3）若　A[i].rchild ≠ -1　　[有右子女]
   　　　则　j ← A[i].rchild;
   　　　　　pr ← new BTnode;
   　　　　　A[j].link ← pr; A[j].tag ← 1;
   　　　　　pr->data ← A[j].data; p->rchild ← pr
   　　　否则　p->rchild ← NULL
2. root ← A[0].link;　　　　　　　　[根地址在 A[0].link 中　　]
3. [算法结束] ■

完整的 C/C++ 程序将结合二叉树的遍历问题在 5.7.3 小节一起给出。

5.3　二叉树的遍历算法

遍历是二叉树上最重要的运算之一，二叉树的遍历算法也是树形结构中其他运算的基础。本节集中讨论二叉树的遍历算法。

前面我们已经讲过，对二叉树的遍历就是按一定的次序访问二叉树的每个结点，使每个结点都被访问一次，而且只能被访问一次。在遍历过程中，对结点的访问具有更一般的意义，是根据实际问题的需要来确定的。可以是输出各结点的数据，也可以是对结点做其他的处理，如在下一节线索二叉树中的线索化算法就是对结点做添加线索的工作。不失一般性，在下面的遍历算法中，访问结点仅对结点的数据进行输出。另外，二叉树均以二叉链表表示法作为存储结构。

5.3.1　遍历二叉树的非递归算法

栈是实现递归最常用的数据结构，而二叉树恰是递归定义的数据结构，因此对于递归定义的二叉树进行遍历运算，最自然的实现方式是使用栈保存在遍历过程中遇到的当前结点（子树的根）的地址，以便以后从它的子树回来（上升）时能够找到它，继续进行下一步的操作。下面给出的前序、中序和后序遍历的三个非递归算法都是利用栈来实现的。

1. 前序遍历二叉树的非递归算法

　　基本思想是：从二叉树的根结点出发，沿左子树一直走到末端为止，在沿左链下降的过程中访问所遇的结点，并依次把所遇结点的地址推入栈中；当左子树中的结点全部处理完后，栈顶元素恰是当前子树的根地址，这个根的左子树已遍历完成，因此，从栈顶退出当前子树的根地址，并通过这个当前子树的根的右指针进入它的右子树；再按上述过程遍历它的右子树。如此重复直到栈空为止。

　　前序遍历二叉树的非递归算法如下。

　　进入算法时，二叉树已用二叉链表表示法存储，root 指向根。表目类型为指针的顺序栈为初态（即栈为空）。算法结束时，前序遍历完成（输出了前序序列的结点数据）。

```
const int MaxSize =100;
typedef  char datatype;
typedef  struct  node {
    datatype  data;                    // 数据域
    struct node *lchild, *rchild;      // 指向左、右子女的指针
} BTnode, *BinTree;
typedef  struct {
    BTnode* S[MaxSize];
    int top;
}SeqStack;
BinTree root;
BTnode* p;
SeqStack ST;
```

算法 5.2　前序遍历二叉树的非递归算法

　　　　　　　preOrderf(root)

1. p ← root;
2. 循环　当(p≠NULL) 或(非 StackEmpty(ST)) 时,执行
　　　　　若 p≠NULL
　　　　　则　print(p->data);　[访问子树根结点]
　　　　　　　　push(ST, p);　p ← p->lchild　[子树根的地址入栈并进入它的左子树]
　　　　　否则　pop(ST, p); p ← p->rchild　[子树根的地址出栈并进入它的右子树]
3. [算法结束]　█

C/C++ 程序如下：

```
void preOrderf (BinTree root) {
  BTnode* p;
  SeqStack ST;
  ClearStack(ST);
  p = root;
  while ((p!=NULL) || (!StackEmpty(ST)) )
    if (p!=NULL) {
      cout<< p->data;
      push(ST, p); p = p->lchild;
    }
    else {
      pop(ST,p); p = p->rchild;
    }
}
```

2. 中序遍历二叉树的非递归算法

使用栈实现中序遍历二叉树的基本思想与前序遍历类似，也是从二叉树的根结点出发，沿左子树一直走到末端为止，只是在沿左链下降的过程中，依次把所遇结点的地址推入栈中，但不访问所遇到的结点；当左子树中的结点全部处理完后，这时再弹出栈顶元素并访问当前子树的根，然后通过这个子树的根的右指针进入它的右子树；再按上述过程遍历它的右子树。如此重复直到栈空为止。

中序遍历二叉树的非递归算法如下。

存储结构的说明与算法 5.2 相同。

进入算法时，二叉树已用二叉链表表示法存储，root 指向根。表目为指针类型的顺序栈为初态（即栈为空）。算法结束时，中序遍历完成（这里是输出了中序序列的结点数据）。

算法 5.3　中序遍历二叉树的非递归算法

inOrderf(root)

1. p ← root;
2. 循环　当(p≠NULL) 或(非 StackEmpty(ST)) 时,执行
       若 p≠NULL
       则 push(ST, p);　p ← p->lchild　[子树根的地址入栈并进入它的左子树]
       否则 pop(ST, p);　　　[子树根的地址出栈]
             print(p->data);　[访问子树根结点]
             p ← p->rchild　　[进入子树根的右子树]
3. [算法结束] ∎

C/C++ 程序如下：

```
void inOrderf (BinTree root) {
  BTnode* p;
  SeqStack ST;
  ClearStack(ST);
  p = root;
  while ((p!=NULL) || (!StackEmpty(ST)) )
    if (p!=NULL) {
        push(ST, p); p = p->lchild;
      }
    else {
        pop(ST, p);
        cout<< p->data;
        p = p->rchild;
      }
}
```

请注意分析前序遍历与中序遍历两个算法之间的差别之处。

3. 后序遍历二叉树的非递归算法

使用栈实现后序遍历二叉树的算法要比前序和中序遍历复杂一些。在后序遍历中，遇到一个结点，把它推入栈中，去遍历它的左子树；遍历完它的左子树后，还不能马上访问处于栈顶的该结点，而是要按照它的右指针指示的地址去遍历该结点的右子树；遍历完它的右子树后才能从栈顶托出该结点并访问之。因此需要给栈中的每个元素加上一个特征位，以便当从栈顶弹出一个表目时区别是从栈顶元素的左子树回来（则要继续遍历右子树）还是从右子树回来的（该结点的左、右子树均已遍历，可以访问该结点）。沿左链下降时，将特征位置为 L（或 0），表示进入该结点的左子树，将从左边回来；沿右链下降时，将特征位置为 R（或 1），表示进入该结点的右子树，

将从右边回来。上升（即从栈顶弹出一个表目）时，若特征位为 L（左子树回来），则将特征位改为 R，再入栈，然后进入右子树；若特征位为 R（从右子树回来），则此时可以访问该结点。

存储结构说明如下。

```
const int MaxSize =100;
typedef  char datatype;
typedef  struct  node {
    datatype  data;                    // 数据域
    struct node *lchild, *rchild;      // 指向左、右子女的指针
} BTnode, *BinTree;

typedef struct  {
    enum {L,R} tag;
    BTnode* ptr;
}element;
typedef struct  {
    element S[MaxSize];
    int top;
} SeqStack;

BinTree  root;
BTnode*  p;
SeqStack  ST;
element  w;
```

后序遍历二叉树的非递归算法如下。

进入算法时，二叉树已用二叉链表表示法存储，root 指向根。表目类型为 element 的顺序栈为初态（即栈为空）。

算法结束时，后序遍历完成（输出了后序序列的结点数据）。

算法 5.4　后序遍历二叉树的非递归算法

　　　postOrderf(root)

1. p ← root;
2. 循环　当(p≠NULL) 或(非 StackEmpty(ST)) 时,执行
   若 p≠NULL
   则　w.ptr ← p; w.tag ← L;
   　　push(ST, w);　p → p->lchild　　　　[进入左子树]
   否则（1）　pop (ST, w); p ← w.ptr　　　[弹出栈顶元素]
   　　（2）若 w.tag＝L　　　　　　　　　[从左子树回来]
   　　　　则 w.tag ← R; push(ST, w);
   　　　　　　p ← p->rchild　　　　　　[进入右子树]
   　　　　否则 print(p->data);　　　　　[从右子树回来，访问结点]
   　　　　　　　p←NULL

3. [算法结束] ▮

C/C++ 程序如下：

```
void postOrderf ( BinTree root ) {
   BTnode* p;
   SeqStack ST;
   element w;
```

```
        ClearStack( ST );
        p = root;
        while ( (p!=NULL) || (! StackEmpty(ST)) )
          if (p!=NULL) {
              w.ptr = p; w.tag = L;
              push(ST, w); p = p->lchild;
            }
          else {
              pop(ST,w); p = w.ptr;
              if (w.tag = = L) {
                 w.tag = R; push (ST, w);
                 p = p->rchild;
               }
              else {
                 cout<< p->data;
                 p = NULL;
               }
            }
        }
```

5.3.2 遍历二叉树的递归算法

由于二叉树是由根、左子树和右子树三部分组成的。而且，二叉树与遍历运算均是递归定义的，因此，很容易写出它们的递归算法。

1. 前序遍历
前序遍历二叉树的递归算法如下。

算法5.5 前序遍历二叉树的递归算法
 	
        preOrder(p)
 	
1. 若p≠NULL
   则 print(p->data);
        preOrder(p->lchild);
        preOrder(p->rchild)
2. [算法结束] ▮
	C/C++ 程序：
	
	`preOrder ( BTnode* p ) {`
	`    if ( p!=NULL) {`
	`        cout<< p->data;`
	`        preOrder ( p->lchild );`
	`        preOrder ( p->rchild );`
	`    }`
	`}`

2. 中序遍历
中序遍历二叉树的递归算法如下。

算法5.6 中序遍历二叉树的递归算法
 	
        inOrder (p)
 	
1. 若p≠NULL
   则 inOrder (p->lchild);
        print(p->data);
        inOrder (p->rchild)
2. [算法结束] ▮
	C/C++ 程序：
	
	`inOrder ( BTnode* p ) {`
	`  if(p!=NULL) {`
	`    inOrder ( p->lchild );`
	`    cout<< p->data;`
	`    inOrder ( p->rchild );`
	`  }`
	`}`

3. 后序遍历
后序遍历二叉树的递归算法如下。

算法5.7 后序遍历二叉树的递归算法
postOrder (p)
1. 若p≠NULL
   则 postOrder (p->lchild);
      postOrder (p->rchild);
      print (p->data)
2. [算法结束] ■
	C/C++ 程序:
	``
	postOrder (BTnode* p) {
	    if (p!=NULL) {
	        postOrder (p->lchild);
	        postOrder (p->rchild);
	        cout<< p->data;
	    }
	}
	``

5.3.3 二叉树遍历的应用举例

利用二叉树的遍历可以实现许多有关二叉树的运算,例如计算二叉树的结点数目、求二叉树的高度、二叉树的复制等等。二叉树的遍历还经常用来解决实际问题。例如,我们可以把任意一个算术表达式用一棵二叉树来表示,下面的表达式的二叉树表示如图 5-22 所示。

$$(a+b\times(c-d))-e/f$$

在表达式的二叉树表示中,每个叶结点表示一个操作数(操作对象),每个分支结点表示一个运算符,而且它的左右子树分别是它的两个操作数。对该二叉树分别进行前序、中序和后序遍历,可以得到结点的前序、中序和后序三种序列,也是表达式的三种不同的表示形式,分别称为前缀表达式、中缀表达式和后缀表达式。

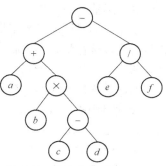

图 5-22 表达式的二叉树表示

结点的前序序列(前缀表达式): $- + a \times b - cd / ef$

结点的中序序列(中缀表达式): $a + b \times c - d - e / f$

结点的后序序列(后缀表达式): $abcd - \times + ef / -$

这三种形式的表达式共同特点是表达式中不再出现有括号。虽然中缀表达式和人们使用的表达式类似,但是由于中缀表达式中没有括号使其不能正确反映运算的实际顺序,所以用途不大。前缀表达式首先由波兰的逻辑学家 J.卢卡西维兹(J.Lukasiewicz)发现,因此,前缀表达式也称为波兰表达式,而后缀表达式称为逆波兰表达式。它们在编译系统中起着非常重要的作用。特别是后缀表达式(逆波兰表达式),因为它的符号(从前向后)出现的次序与表达式的计算次序一致,所以实际中使用最多的是后缀表达式(逆波兰表达式)。

以上介绍了二叉树的遍历算法,遍历算法时间代价和空间代价如何呢?

在遍历二叉树时,无论采用哪一种方式进行遍历,其基本操作都是访问结点,即每个结点都需处理一次,所以,对于具有 n 个结点的二叉树,遍历运算的时间复杂度均为 O(n)。在前序、中序和后序遍历二叉树的过程中,递归时栈所需的空间至多等于二叉树的深度 h 乘以栈元素所需的空间,在最坏的情况下,二叉树的深度等于结点的数目,因此空间复杂度为 O(n)。

5.4 线索二叉树

5.4.1 线索二叉树的概念

对于具有 n 个结点的二叉树,在二叉链表存储表示中,$2n$ 个指针域只有 $n-1$ 个用来指示结点的左右子女,而另外 $n+1$ 个均为空,这说明有一半的指针都是空的,这显然是浪费存储空间的。

应该想办法把这些空的指针域利用起来。在二叉链表存储表示的二叉树中，由于每个结点有两个分别指向其左子女和右子女的指针，因此寻找它的左、右子女结点很方便，但要找该结点"在某种次序下"的前驱结点和后继结点就比较困难。一般来说，这需要对二叉树遍历才能完成。我们知道，一棵二叉树按某种次序（前序、中序和后序）遍历，可以得到对应的结点的线性序列。也就是说，一棵二叉树在次序给定之后，结点在此次序下的前驱后继关系也就唯一地确定了。

例如，对于图 5-23 所示的二叉树，它的对称序序列为：

$$D\ B\ H\ E\ A\ F\ J\ I\ K\ C\ G$$

结点 F 的对称序前驱是 A，F 的对称序后继是 J。

A.J.Perlis 与 C.Thornton 提出了利用空的指针域来存放结点的前驱和后继信息的方法，即用指向结点在某种次序下的前驱结点和后继结点的指针来代替这些空的指针。这种附加的指向前驱、后继的指针称作线索，加进了线索的二叉链表存储表示的二叉树称作线索二叉树（Threaded Binary Tree），简称为线索树。对二叉树进行某种次序的遍历，在遍历的过程中添加线索使之变为线索二叉树的过程称为线索化。

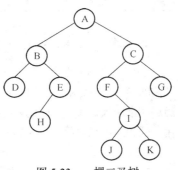

图 5-23　一棵二叉树

图 5-24 是图 5-23 所示二叉树的一个对称序线索二叉树。图中的实线表示原来的指针，虚线表示新添加的线索，原来为空的左指针与空的右指针分别被指向结点的对称序前驱和对称序后继的线索所代替。为了区分指针和线索，需要在每个结点里再增加两个标志位，分别指示左、右指针域里存储的是指针还是线索。这样，线索二叉树的结点结构为

lchild	ltag	data	rtag	rchild

其中：

$$ltag\begin{cases} 0 & lchild为左子女指针 \\ 1 & lchild为前驱线索 \end{cases}$$

$$rtag\begin{cases} 0 & rchild为右子女指针 \\ 1 & rchild为后继线索 \end{cases}$$

由于每个标志位只占 1 个二进制位，这样只需增加比较少的存储空间。图 5-25 是这种存储表示的一棵对称序线索二叉树。

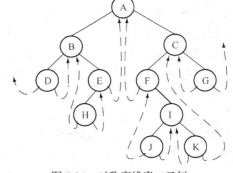

图 5-24　对称序线索二叉树

图 5-25 中结点 D 的左指针为空，表示 D 是对称序下的第一个结点，它没有中序前驱；结点 G 的右指针为空，表示 G 是对称序下的最后一个结点，它没有对称序后继。

5.4.2　二叉树的线索化

二叉树的线索化就是完成建立线索二叉树的工作。这里以建立对称序线索二叉树为例进行讨论，其他两种次序（前序和后序）与此完全类似。

对给出的一棵二叉链表表示法存储的二叉树，要将它按对称序线索化，其做法就是按对称序遍历此二叉树，在遍历的过程中用线索替代空的指针。

下面给出对称序线索化二叉树的算法。

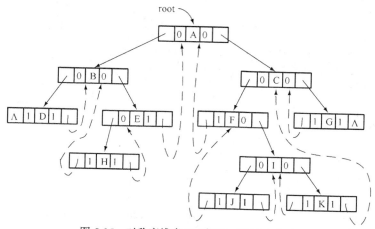

图 5-25 对称序线索二叉树的二叉链表表示

存储结构描述如下。

```
const int MaxSize = 100;
typedef  char datatype;
typedef  struct  node {
    datatype  data;                    // 数据域
    struct node *lchild, *rchild;      // 指向左、右子女的指针
    int  ltag, rtag;                   // 左右标志，0 表示指针，1 表示线索
} ThrBTnode, *ThrBinTree;
typedef  struct  {
    ThrBTnode* S[MaxSize];
    int top;
}SeqStack;
ThrBinTree root;
ThrBTnode *pre, *p;                    // *pre 为*p 的中序前驱
SeqStack ST;
```

进入算法时，二叉树用二叉链表表示法存储，指针 root 指向其根结点，ltag、rtag 值均为 0，序栈 ST 为空。算法结束时，二叉树中空的指针已被线索所代替。

算法 5.8　对称序线索化二叉树

　　　　inOrderThreadTree (root)

1. p ← root; pre ← NULL
2. 循环 当 (p≠NULL) 或 (非 StackEmpty(ST)) 时,执行
    　　若 p≠NULL
    　　则 push(ST,p); p ← p->lchild
    　　否则 （1）pop(ST, p)
    　　　　（2）若 p->lchild = NULL　[添加线索]
    　　　　　　则 p->lchild ← pre; p->ltag ← 1
    　　　　（3）若 pre ≠ NULL 且 pre->rlchild = NULL
    　　　　　　则 pre->rchild ← p; pre->rtag ← 1
    　　　　（4）pre ← p; p ← p->rchild
3. 若 pre ≠NULL
    　　则 pre->rtag ← 1　　[填补对称序最后一个结点的右标志]

4. [算法结束] ▮

C/C++ 程序如下：

```
void inOrderThreadTree ( ThrBinTree root ) {
    ThrBTnode *pre, *p;
    SeqStack ST;
    ClearStack(ST);
    p = root; pre = NULL;
    while ((p!= NULL) || (!StackEmpty(ST)) )
       if (p!= NULL) {
            push(ST, p); p = P->lchild;
       }
       else {
            pop(ST, p);
            if (p->lchild = = NULL) { p->lchild = pre; p->ltag = 1;}   // 添加线索
            if (pre!=NULL&&pre->rlchild = =NULL) {pre->rchild = p; pre->rtag = 1;}
            pre = p; p = P->rchild;
       }
    if (pre!=NULL)  pre->rtag = 1;
}
```

不难看出，此算法就是对中序遍历算法稍加改造，在访问结点时做了添加线索的工作。前序线索化和后序线索化都可以用同样的方法来实现。

显然，和中序遍历算法一样，算法执行过程中，对每个结点都访问一次，因此对于 n 个结点的二叉树，算法的时间复杂度也为 O（n）。

5.4.3 线索二叉树的遍历

建立了对称序线索二叉树之后，我们就可对它进行遍历，对一般的二叉树来说，前面讲的三种次序的遍历都是借助栈来完成的。但对于线索二叉树，由于有了线索的帮助，不用栈就可直接完成遍历操作。

一、中序遍历对称序线索二叉树

要按中序遍历对称序线索二叉树，首先从根结点出发沿着左链一直往下走，直至左指针为空，即找到"最左下"的结点，这就是对称序的第一个结点；然后反复找结点的对称序后继。由于有线索的帮助，使得后继结点很容易找到。一个结点的右指针域若是线索，则根据定义它就指向该结点在对称序下的后继；若不是线索，则它指向该结点的右子树的根，而该结点的对称序后继应是此右子树中的"最左下"结点。由此分析可容易写出下面的遍历算法。

存储结构描述与算法 5-8 类似。

进入算法时，指针 root 指向根结点。

算法5.9 对称序遍历对称序线索树 inOrderTraThrTree (root)	C/C++ 程序如下：

1. p ← root
2. 循环 当 p≠NULL 时，执行
   （1）循环 当p->ltag = 0 时，执行
        p ← p->lchild
	`inOrderTraThrTree ( ThrBinTree root ) {`
	`    ThrBTnode *p = root;`
	`    while(p!=NULL)  {`
	`        while(p->ltag ==0) p = p->lchild;`
	`        cout<< p->data;`
	`        while (p->rtag ==1 &&`
	`                p->rchild!=NULL) {`

（2）print(p->data)

（3）循环　当p->rtag = 1且

　　　　　p->rchild≠NULL时，执行

　　　　　p ← p->rlchild;

　　　　　print(p->data)

（4）p ← p->rchild

3.［算法结束］∎

```
        P = P->rlchild;
        cout<< P->data;
      }
    P = P->rchild;
    }
}
```

在对称序线索二叉树中，任意给出一个结点都能直接找出该结点的对称序后继，含在上边的算法之中（请读者从中摘选出），而在非穿线的二叉树中，这件事是不容易做到的。要想找到任一结点的对称序后继必须从头开始遍历整棵二叉树，直到访问到该结点及其后继。

在对称序线索二叉树中，找指定结点的对称序前驱也很容易，请读者自行完成。

二、前序、后序遍历对称序线索二叉树

在对称序线索二叉树中实现前序和后序遍历的关键可归结为找结点的前序后继和找结点的后序前驱问题。这两个问题解决了，前序和后序的遍历问题也就迎刃而解了。因此，我们这里只讨论如何在对称序线索二叉树中找结点的前序后继和结点的后序前驱的问题，而前序和后序遍历算法留作作业。

仔细观察可以发现，在对称序线索二叉树里的线索总是指向二叉树中层次更高的结点，也就是说，它们都是"向上"指向的。如果结点 x 的右线索指向它的祖先 y，则 x 是 y 的左子树中的"最右下"结点，即按对称序遍历该左子树它是最后一个被访问到的结点；如果结点 x 的左线索指向它的祖先 y，则 x 是 y 的右子树中的"最左下"结点，即按对称序遍历该右子树它是第一个被访问到的结点。

现在给出一个算法中要用到的结论：若一个树叶是某子树的对称序最后一个结点，则它一定是该子树的前序最后一个结点。

下面我们用反证法来证明这个结论。设树叶 x 是某子树的对称序最后一个结点，但它不是该子树的前序最后一个结点，这就是说在前序序列中还有某些结点处在 x 之后。如果这样，在子树中就必须有某个比结点 x 层次高的结点 y 存在，x 出现在 y 的左子树中，而前序序列中处于 x 之后的那些结点均出现在 y 的右子树中，但只要有这样的结点 y 存在，就一定有 y 及右子树上的所有结点在对称序序列中都处于结点 x 之后，这与 x 是对称序最后一个结点相矛盾。

现在我们来分析一下在对称序线索二叉树中找指定结点的前序后继的问题。分别对指定结点 x 是分支结点和指定结点 x 是树叶结点这两种情况来讨论。

当指定结点 x 是分支结点时，若指定结点 x 有左子女，则左子女就是它的前序后继（见图 5-26（a））；否则右子女是它的前序后继（见图 5-26（b））。在这种情况下，问题变得非常简单，不需要线索的帮助。

当指定结点 x 是树叶时，若指定结点 x 是"某结点 y"的左子树的"最右下"结点，且该结点 y 又有右子女，则指定结点 x 的前序后继就是该结点 y 的右子女（见图 5-27（a））；否则指定结点 x 没有前序后继（见图 5-27（b）、图 5-27（c））。

如图 5-27（b）所示为指定结点 x 虽然是结点 y 的左子树的"最右下"结点，但结点 y 没有右子女，这种情况下，指定结点 x 无前序后继；图 5-27（c）表示指定结点 x 根本不出于任何结

（a）指定结点 x 有左子女　　　　（b）指定结点 x 无左子女

图 5-26　指定结点 x 为分支结点的情况

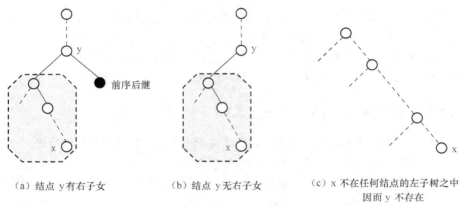

（a）结点 y 有右子女　　　（b）结点 y 无右子女　　　（c）x 不在任何结点的左子树之中
因而 y 不存在

图 5-27　指定结点 x 为树叶的情况

点的左子树之中，由于它是叶，因此指定结点 x 无论是在前序序列中，还是在对称序序列中都是最后一个被访问到的结点，故这时它也无前序后继。

综上，当指定结点 x 为树叶时，解决问题的关键在于找出上述的"某结点 y"。而我们知道指定结点 x 的右线索就是指向祖先 y 的。那么 x 也就是 y 的左子树中的对称序最后一个结点。由前边给出的结论可知：x 也是 y 的左子树中的前序最后一个结点。因此，指定结点 x 的右线索就是我们这里要找的某结点 y。于是利用对称序线索二叉树中的右线索就可以帮助我们来找指定结点 x 的前序后继了。

下面给出算法。

```
ThrBTnode *p,*q;
```

进入算法时，指针 root 指向根结点，指针 p 指向指定结点。

算法结束时，指定结点的前序后继由指针 q 指示。

算法 5.10　找指定结点的前序后继

　　FindPreSuccessor (p)

1. 若p->ltag = 0
　　则q ← p->lchild; return q
　　否则q ← p
2. 循环 当q->rtag = 1且
　　　　　　q->rchild≠NULL时，执行
　　　　　　q ← q->rchild
3. q ← q->rchild; return q
4. [算法结束]　∎

C/C++ 程序如下：

```c
ThrBTnode* FindPreSuccessor(ThrBTnode *p){
    ThrBTnode *q;
    if (p->ltag ==0) {q =p->lchild; return q;}
    else  q = p;
    while (q->rtag ==1 && q->rchild!= NULL)
        q = q->rchild;
    q = q->rchild;
    return q;
}
```

有了找结点的前序后继的算法,就可容易地写出在对称序线索二叉树中进行前序遍历的算法。类似地可以证明如下结论。

若一个树叶是某子树的对称序第一个结点,则它一定是该子树的后序第一个结点。

应用这一结论和类似与上述的分析就可以写出在对称序线索二叉树中找指定结点的后序前驱的算法。有了找结点的后序前驱的算法,也可以容易地写出在对称序线索二叉树中进行后序遍历的算法。

但是,对称序线索二叉树并不是对所有次序下的找前驱和后继问题都十分奏效。线索对于找结点的前序前驱和后序后继就不会提供太大帮助。

由上面的讨论可以清楚地看到,对于遍历运算,线索二叉树明显优于非穿线的一般二叉树。下面还会讲述在线索二叉树中插入新结点。

5.4.4　线索二叉树的插入

在对称序线索二叉树中插入新结点时,不仅要修改指针,还要修改相关的线索,以保证在插入新结点后线索仍把所有结点按对称序穿接在一起。

现在讨论如何将新结点 *r 插入到对称线索二叉树中,使得*r 在结点的对称序序列中正好排在指定结点*p 之后,即 *r 成为*p 的对称序后继。

插入的方法如下。

首先,将新结点*r 作为指定结点*p 的右子女,然后再分两种情况来考虑:

(1)如果指定结点*p 的 rchild 原来是线索,则指定结点*p 的右线索作为新结点*r 的右线索,*r 的 lchild 现为指向前驱*p 的左线索,参见图 5-28(b)中插入新结点 X 的情况。

(2)如果指定结点*p 的 rchild 是指针,则*p 的右子树作为新结点 *r 的右子树,该右子树的对称序第一个结点的 lchild 作为左线索指向*r,*r 的 lchild 作为左线索指向*p,参见图 5-28(b)中插入新结点 Y 的情况。

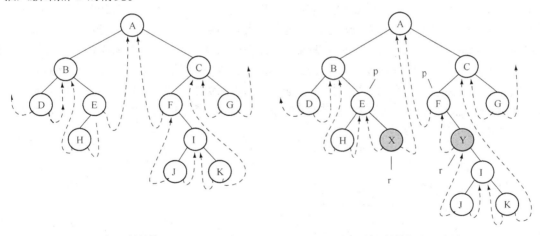

(a)　插入前　　　　　　　　(b)　插入新结点 X、Y 之后

图 5-28　在对称序线索二叉树中插入新结点

下面给出插入算法。

```
ThrBTnode *p,*r,*q;
```

进入算法时,指针 p 指向指定结点,r 指向欲插入的新结点,算法结束时,新结点*r 已作为*p 的右子女插入到对称序线索二叉树中。

算法 5.11 线索二叉树的插入

  InsertRight(p, r)

1. r->rchild ← p->rchild;

  r->rtag ← p->rtag;

  r->lchild ← p; r->ltag ← 1;

  p->rchild ← r; p->rtag ← 0

2. 若r->rtag = 0　[情况(2)]

  则（1）q ← r->rchild

  （2）循环　当q->ltag = 0时，执行

      q ← q->lchild

  （3）->lchild ← r

3. [算法结束] ∎

C/C++ 程序如下：

```
InsertRight (ThrBTnode *p, ThrBTnode *r ) {
    ThrBTnode *q;
    r->rchild = p->rchild; r->rtag = p->rtag;
    r->lchild = p; r-> ltag = 1;
    p->rchild = r; p-> rtag = 0;
    if ( r->rtag == 0 ) {
        q = r->rchild;
        while ( q ->ltag == 0 )
            q = q->lchild;
        q->lchild = r;
    }
}
```

5.5　堆

5.5.1　堆的定义

  设有 n 个关键字的序列为 $k_0, k_1, \cdots, k_{n-1}$，并把它们按完全二叉树的顺序存储方式存放在一个一维数组中，如果满足

$$k_i \leq k_{2i+1} \text{ 且 } k_i \leq k_{2i+2} \text{（或 } k_i \geq k_{2i+1} \text{ 且 } k_i \geq k_{2i+2}\text{）}, \quad (i=0,1,\cdots,\lfloor (n-2)/2 \rfloor),$$

则称之为堆（heap）。

  堆实质上是满足如下性质的完全二叉树：二叉树中任何分支结点的关键字均不大于（或均不小于）其左右子女（若存在）结点的关键字。对于关键字序列 35, 26, 48, 10, 59, 64, 17, 23, 45, 31，图 5-29（a）和图 5-29（b）分别给出了最小堆和最大堆的例子。前者任一非叶结点的关键字均小于或等于它的左、右子女的关键字，位于堆顶（即完全二叉树的根结点位置）的结点的关键字是整个序列中最小的，所以称它为最小堆（min heap），又称小根堆；后者任一非叶结点的关键字均大于或等于它的左、右子女的关键字，位于堆顶的结点的关键字是整个序列中最大的，所以称它为最大堆（max heap），又称大根堆。显然，堆的子树也是堆。以上所述的堆实际上是二叉堆（binary heap），类似地可定义 k 叉堆。

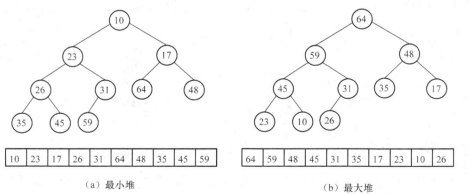

10	23	17	26	31	64	48	35	45	59

64	59	48	45	31	35	17	23	10	26

     （a）最小堆   （b）最大堆

图 5-29　堆的示例

不失一般性，下面以最小堆为例进行讨论，最大堆的情况完全可以仿照最小堆的情况来处理。

5.5.2 堆的构造

首先将初始的关键字序列按层次次序存放到用一维数组表示的一棵完全二叉树的各个结点之中（这时的完全二叉树一般来说还不是堆），显然，所有的 $i > \lfloor (n-2)/2 \rfloor$ 的结点 k_i 都是叶结点，因此以这样的 k_i 为根的子树均已经是堆；然后从 $i = \lfloor (n-2)/2 \rfloor$ 的结点 k_i 开始，逐步把以 $k_{\lfloor (n-2)/2 \rfloor}$，$k_{\lfloor (n-2)/2 \rfloor -1}$，$k_{\lfloor (n-2)/2 \rfloor -2}$，$\cdots$，$k_0$ 为根的子树排成堆，即完成了建堆的过程。

在考虑以 k_i 为根的子树排成堆时，以 k_{i+1}，k_{i+2}，$\cdots$，k_{n-1} 为根的子树已经是堆。所以这时若有 $k_i \leq k_{2i+1}$ 和 $k_i \leq k_{2i+2}$，则以 k_i 为根的子树也已是堆，不需做任何调整；否则就要对子树做适当调整以满足堆的定义。由于 k_i 为根的子树若是堆，根结点应是堆中值最小的结点，所以调整后 k_i 的值一定是原来 k_{2i+1} 和 k_{2i+2} 中较小的一个。不妨设 k_{2i+1} 较小，将 k_i 与 k_{2i+1} 交换位置。这样调整后有 $k_i \leq k_{2i+1}$ 和 $k_i \leq k_{2i+2}$，并且以 k_{2i+2} 为根的子树原来已经是堆，不需再做任何调整；只有以 k_{2i+1} 为根的子树由于 k_{2i+1} 与 k_i 的交换而使其根值发生了变化，因此有可能不满足堆的定义（但 k_{2i+1} 的左右子树均为堆）。这时可重复上述过程，考虑将以 k_{2i+1} 为根的子树排成堆，$\cdots$，如此一层一层地筛选下去，至多可能处理到树叶。它就象过筛一样，总是把最小的关键字逐层地筛选上来。因此，通常将该方法称之为"筛选法"。

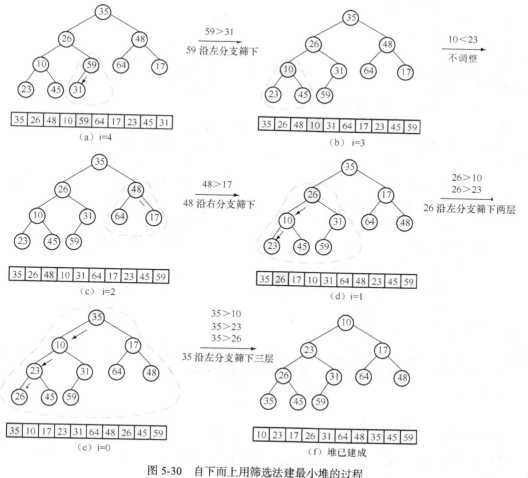

图 5-30 自下而上用筛选法建最小堆的过程

图 5-30 给出了对于关键字集合：

$$K = \{35, 26, 48, 10, 59, 64, 17, 23, 45, 31\}$$

用筛选法建堆的过程。其中 $n=10$，$\lfloor(n-2)/2\rfloor = 4$，所以应从 $k_4 = 59$ 开始进行处理。

由于建堆算法主要是调用筛选法的算法，所以下面先给出实现筛选法的算法。

设有关键字集合 $\{k_0, k_1, \cdots, k_{EndOfHeap}\}$，若对 $i = start+1, start+2, \cdots, \lfloor(n-2)/2\rfloor$ 均已满足

$$k_i \leq k_{2i+1} \text{ 和 } k_i \leq k_{2i+2}$$

算法 5.12 可将范围扩大到对 $i = start, start+1, start+2, \cdots, \lfloor(n-2)/2\rfloor$ 对于上式都成立。筛选算法（FilterDown）主要采用的是一个自上而下的调整过程。

类型定义和变量说明如下。

```
const int DefaultSize = 100;
typedef  int datatype;
typedef  struct {
    datatype  key;                 // 关键字
              …;                   // 其他属性字段
} node;
typedef  struct {
    node *Heap;                    // 存放最小堆中元素的一维数组
    int CurrentSize;               // 堆中当前元素个数
    int MaxHeapSize;
} minHeap;
minHeap mh;
int i, j, start, EndOfHeap;
node temp;
```

算法 5.12 筛选法

　　FilterDown(mh, start, EndOfHeap)

1. i ← start; j ← 2i+1; [j 是 i 的左子女位置]

   temp ← mh.Heap[i]

2. 循环 当 j<=EndOfHeap 时，执行

   （1）若 j < EndOfHeap 且

   　　　mh.Heap[j].key > mh.Heap[j+1].key

   　　则 j ← j+1

   （2）若 temp.key ≤ mh.Heap[j].key

   　　则 跳出循环　　[小则不调整]

   　　否则 mh.Heap[i] ← mh.Heap[j];

   　　　　　i ← j; j ← 2j+1

3. mh.Heap[i] ← temp

4. [算法结束] ∎

C/C++ 程序如下：

```
FilterDown(minHeap &mh,int start,int EndOfHeap){
    int i = start, j = 2*i+1;
    node temp = mh.Heap[i];
    while (j<=EndOfHeap) {
      if ((j<EndOfHeap) &&
        (mh.Heap[j].key>mh.Heap[j+1].key))
          j ++;
      if (temp.key<= mh.Heap[j].key)
        break;
      else { mh.Heap[i] = mh.Heap[j];
           i = j; j = 2*j+1; }
    }
      mh.Heap[i] = temp;
}
```

有了上述算法，就很容易写出建立最小堆的算法，下面是具体算法。

```
minHeap mh;
int i, CurrentPos, n;        // n 为关键字的数目
node item, A[n0];            // n0 为常量且 n≤n0
```

进入算法时，n 个关键字已存入数组 $A[0\cdots n-1]$ 之中。

算法结束后，数组 $A[0\cdots n-1]$ 已复制到数组 $Heap[0\cdots n-1]$ 中，表长 n 已存入 CurrentSize 中；含有 n 个关键字的数组 $Heap[0\cdots CurrentSize-1]$ 已经调整成最小堆。

算法 5.13　建立最小堆

MinHeap (mh, A[ ], n)

1. （1）若 DefaultSize < n
　　　　则 mh.MaxHeapSize ← n
　　　　否则mh.MaxHeapSize ← DefaultSize
　（2）mh.Heap ← new node[MaxHeapSize]
　（3）若 mh.Heap = NULL
　　　　则 print("Memory Allocation Error! ");
　　　　算法结束
2. （1）循环 i步长为1，从0到n-1，执行
　　　　mh.Heap[i] ← A[i]
　（2）mh.CurrentSize ← n
3. CurrentPos ←⌊(mh.CurrentSize −2)/2⌋
4. 循环 当CurrentPos ≥ 0时，执行

　FilterDown (mh, CurrentPos, mh.CurrentSize−1);
　CurrentPos ← CurrentPos −1
5. [算法结束] ▉

C/C++ 程序如下：

```
MinHeap ( minHeap &mh, node A[ ], int n ) {
int i;
int CurrentPos;
mh.MaxHeapSize = DefaultSize < n ? n :
                 DefaultSize ;
mh.Heap = new node[MaxHeapSize];
if (mh.Heap = = NULL) {
    cout<<" Memory Allocation Error! ";
    exit(1); }
for ( i = 0; i<n; i++)
    mh.Heap[i] = A[i];
mh.CurrentSize = n;
CurrentPos =( mh.CurrentSize −2)/2;
while (CurrentPos >= 0) {
    FilterDown(mh,CurrentPos, mh.Current
    Size −1);
    CurrentPos --;
  }
}
```

5.5.3　堆的插入与删除

1．堆的插入

通常的做法是：每次将新结点总是插在已经建成的最小堆后面，如图 5-31 所示。由于新结点插入后有可能破坏堆的性质，因此，还需要进行与 FilterDown 相反的路径，从下向上调整使得它所在的子树成为堆。

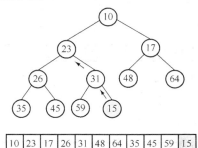

（a）插入关键码为15的结点

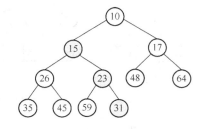

（b）向上调整

图 5-31　在堆中插入新元素

下面的插入算法调用了 FilterUp 算法，通过 FilterUp 算法完成从下向上的调整工作。

算法 5.14　堆的插入

Insert (mh, item)

1. 若mh.CurrentSize＝mh.MaxHeapSize
　则print（" Heap Full "）；算法结束
2. mh.Heap[mh.CurrentSize] ← item; [插入]

C/C++ 程序如下：

```
int Insert (minHeap &mh, node item ){
    if (mh.CurrentSize = = mh.MaxHeapSize)
       {cout << " Heap Full "; return 0; }
    mh.Heap[mh.CurrentSize] = item; //插入
    FilterUp(mh,mh.CurrentSize); // 向上调整
```

FilterUp (mh,mh.CurrentSize); [向上调整] mh.CurrentSize ← mh.CurrentSize+1; 3. [算法结束] ∎	mh.CurrentSize++; return 1; }

算法 5.15　从下向上调整
　　FilterUp (mh, m)
1. j ← m; i ← ⌊(j−1)/2⌋;
　temp ← mh.Heap[j]
　循环 当 j>0 时，执行
　　若 mh.Heap[i].key ≤ temp.key
　　则 跳出循环　　　[不调整]
　　否则 mh.Heap[j] ← mh.Heap[i];
　　　j ← i; i ← ⌊(j−1)/2⌋ [调整]
　mh.Heap[j] ← temp　　[回送]
2. [算法结束] ∎
	C/C++ 程序如下：
	`FilterUp ( minHeap &mh, int m ) {`
	`    int j = m, i = ( j−1)/2;`
	`    node temp = mh.Heap[j]`
	`    while ( j > 0 )`
	`        if(mh.Heap[i].key<=temp.key)break;`
	`        else { mh.Heap[j] = mh.Heap[i];`
	`            j = i; i = ( j−1)/2; }`
	`        }`
	`    mh.Heap[j] = temp;`
	`}`

2. 堆的删除

删除一般是在堆顶进行，把堆顶元素删除后，再把堆的最后一个元素移到堆顶，并将堆的当前元素个数减 1。由于用最后一个元素取代堆顶将可能破坏堆的性质，需要调用 FilterDown 算法从堆顶向下进行调整。图 5-32 给出了在堆中删除堆顶元素的过程。

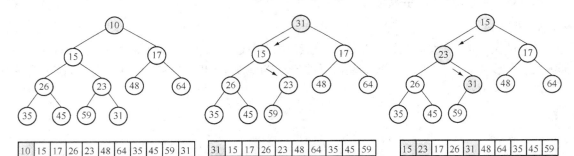

（a）删除堆顶元素　　　　　　　（b）堆尾元素移到堆顶　　　　　　（c）从堆顶向下调整

图 5-32　删除堆顶元素

下面是堆的删除算法。

算法 5.16　堆的删除
　　Delete (mh, item)
1. 若 mh.CurrentSize = 0
　则 print ("Heap Empty")；算法结束
2. item ← mh.Heap[0];
　mh.Heap[0] ← hm.Heap[mh.CurrentSize−1];
　mh.CurrentSize ← mh.CurrentSize−1;
　FilterDown(mh, 0, CurrentSize−1);
3. [算法结束] ∎
	C/C++ 程序如下：
	`void Delete ( minHeap &mh, node& item ) {`
	`    if (mh.CurrentSize == 0)`
	`        {cerr<<"Heap Empty"; return; }`
	`    item = mh.Heap[0];`
	`    mh.Heap[0] = mh.Heap[mh.CurrentSize`
	`            −1];`
	`    mh.CurrentSize−−;`
	`    FilterDown(mh, 0, mh.CurrentSize−1);`
	`}`

由于堆是一棵完全二叉树，而 n 个结点的完全二叉树其高度为 $h = \lceil \log_2(n+1) \rceil - 1$。堆的插入算法主要是调用了 FilterUp 算法，而 FilterUp 算法中循环语句的执行次数不会超过树的高度，因此堆的插入算法的时间复杂度为 O（$\log_2 n$）。同理，堆的删除算法主要是调用了 FilterDown 算法，而 FilterDown 算法中循环语句的执行次数也不会超过树的高度，因此堆的删除算法的时间复杂度也是 O（$\log_2 n$）。在构造堆的 MinHeap 算法中，调用了 $n/2$ 次 FilterDown 算法，所以其时间复杂度是 O（$\log_2 n$）。

许多应用要用到堆，比如，优先队列，即队列的扩充，队列的每个元素增加一个称为优先级的字段，优先队列虽然可以是线性结构的，但要有较高的效率，应把它组织成堆结构。元素入队时，相当于执行堆的插入算法；但在队头每次删除的总是堆顶具有最大优先级（最小优先级）的元素，因此可以把它称为最大（或最小）先级队列。再比如，堆排序是选择排序的一种典型排序，它也是利用堆来实现的，按非递增的次序排序要使用最小堆，而按非递减的次序排序要使用最大堆（详见第 8 章）。

5.6　哈夫曼树

树形结构有着十分广泛的应用。如上一节介绍的堆，它可以实现优先队列和堆排序。在第 9 章讲述的二叉排序树、B-树等更是树形结构的典型应用。本节我们讨论哈夫曼树以及它在编码问题中的应用。

5.6.1　扩充的二叉树

在讨论哈夫曼树之前，我们先给出几个相关的基本概念。首先引入扩充的二叉树。在原来的二叉树中出现空的子树时，就添加一个特殊的结点——空树叶。对于原来二叉树里度为 1 的分支结点，在它下面添加一个空树叶；对于原来二叉树的树叶，在它下面添加两个空树叶。图 5-33（b）是图 5-33（a）所示的二叉树所对应的扩充二叉树，其中图中用方形结点来表示空树叶。

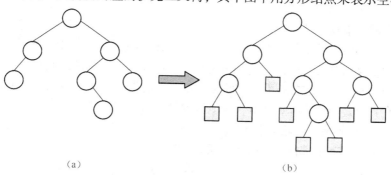

（a）　　　　　　　　　　　（b）

图 5-33　（b）是（a）的扩充二叉树

在以这种方法加上方形结点之后，这种结构处理起来会更方便，在第 9 章中我们还会遇到扩充二叉树。显然，每一个圆圈结点（以下称为内部结点）有两个子女，而每一个方形结点（以下称为外部结点）则没有子女，外部结点的个数等于内部结点的个数加 1。

在一棵二叉树中，由根结点到某结点的路径上的边的个数（或分支数）称为根到该结点的路径长度。扩充二叉树的外部路径长度 E 定义为从根到每个外部结点的路径长度之和。内部路径长度 I 定义为从根到每个内部结点的路径长度之和。

例如，在图 5-33（b）所示的扩充二叉树里　E = 3+3+2+3+4+4+3+3 = 25，
I = 0+1+1+2+2+2+3 = 11。

E 和 I 这两个量之间的关系为 E = I+2n　　（n 为内部结点的个数）

证明：（数学归纳法）

当 n = 1 时，I = 0 且 E = 2，此等式显然成立。

假设对于有 n 个内部结点的扩充二叉树此等式成立，即 $E_n = I_n + 2n$　（式1）。

往证对于有 $n+1$ 个内部结点的扩充二叉树此等式亦成立，即 $E_{n+1} = I_{n+1} + 2(n+1)$。

在有 $n+1$ 个内部结点的扩充二叉树中，删去一个在原来二叉树中作为树叶的路径长度为 k 的内部结点，转变成具有 n 个内部结点的扩充二叉树。由于删去了一个路径长度为 k 的内部结点，内部路径长度变为 $I_n = I_{n+1} - k$（式2）；又由于减少了两个路径长度为 $k+1$ 的外部结点、增加了一个路径长度 k 的外部结点，因而外部路径长度变为

$$E_n = E_{n+1} - 2(k+1) + k = E_{n+1} - k - 2$$

移项后得　　　　　　　$E_{n+1} = E_n + k + 2$

将式1代入得　　　　　$E_{n+1} = (I_n + 2n) + k + 2 = (I_n + k) + 2(n+1)$

代入式2得　　　　　　$E_{n+1} = I_{n+1} + 2(n+1)$　故 等式 E = I+2n 成立。【证毕】

5.6.2　哈夫曼树

这里要讨论的是一个与扩充二叉树及外部路径长度有关的问题，在第9章将介绍的最佳二叉排序树则是一个与扩充二叉树及内部路径长度有关的问题。

假设给定 m 个实数 $w_0, w_1, \cdots, w_{m-1}$，求一个具有 m 个外部结点的扩充二叉树，每个外部结点 k_i 都有一个 w_i 与之对应，作为它的权值，使得带权外部路径长度（Weighted Path Length）

$$WPL = \sum_{i=0}^{m-1} w_i l_i$$

为最小，其中 l_i 是根到外部结点 k_i 的路径长度。具有 WPL 最小的扩充二叉树称作哈夫曼树（Huffman tree），又称作最优二叉树。

例如，给定的一组权值是 2, 3, 4, 11，我们可以构造出如下三棵扩充二叉树。

它们的带权外部路径长度分别为 34, 53 和 40。由此可见，对于一组带有给定权值的叶结点，构造出的扩充的二叉树其带权的外部路径长度也不尽相同，可以验证，如图 5-34（a）所示的二叉树就是一棵哈夫曼树，即其带权的外部路径长度在所有权值为 2, 3, 4, 11 的四个外部结点的扩充二叉树中，它具有最小值。直观地看，权值越大的叶结点离根越近，二叉树的带权外部路径长度就越小。那么，如何构造一棵哈夫曼树呢？D.Huffman 首先给出了求具有最小 WPL 的扩充二叉树的算法，也称为 Huffman 算法。其基本方法是：

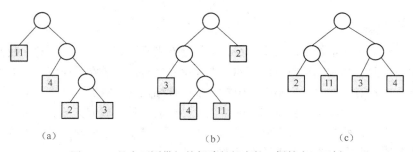

图 5-34　具有不同带权外部路径长度的三棵扩充二叉树

（1）根据给定的 m 个权值 $\{w_0, w_1, \cdots, w_{m-1}\}$ 构造 m 棵只含有一个叶结点的二叉树，从而得到一个二叉树的集合 $\{T_0, T_1, \cdots, T_{m-1}\}$；

（2）在 F 中选取两棵根结点权值为最小的二叉树作为左、右子树构造一棵新的二叉树，且置新的二叉树的根结点的权值为左、右子树根结点的权值之和；

（3）在集合 F 中删除作为左、右子树的两棵二叉树，同时将新得到的这棵二叉树加入到集合 F 中。

重复（2）、（3）步，直到 F 中只含一棵二叉树时为止，这棵二叉树便是哈夫曼树。

例如，对于一组给定的权值 $\{2, 3, 4, 11\}$，其构造过程如图 5-35 所示。与图 5-34 对比就可发现对于给定的一组权值 Huffman 树不是唯一的，但它们的 WPL 值却是唯一的。在 Huffman 树中不存在度为 1 的结点。对于每个分支结点都恰有两个子女的二叉树常称作正则二叉树（或严格二叉树）。下面给出 Huffman 算法。有关扩充二叉树的存储表示和算法中用到的变量说明如下。

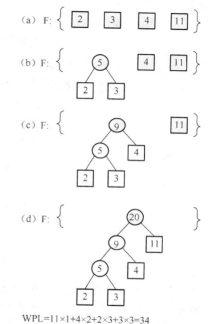

```
# define m 100          //外部结点的数目
# define n  2*m-1        //树中结点总数
typedef char datatype;  //可根据实际问题确定
typedef struct {
  int tag;              //标记位,标记是否已有父母结点
  datatype data;
  float weight;         // 权值(≥0)
  int lchild,rchild;    // 左、右子女指针
} HTnode;
HTnode  HT[n];
float  m1, m2;
int i, j, p1, p2;
```

WPL=$11 \times 1 + 4 \times 2 + 2 \times 3 + 3 \times 3 = 34$

图 5-35　哈夫曼树的构造过程

数组 HT 共有 $2m-1$ 个元素，前 m 个是外部结点，后 $m-1$ 个是内部结点。进入算法时，数据已存在数组 HT 中，tag 值均为 0，有父母时改为 1；lchild 和 rchild 分别为结点的左子女和右子女在数组中的下标，它们的初值均为-1。算法结束时哈夫曼树已生成，HT[$2m-2$] 是根结点。

算法 5.17　构造 Huffman 树

　　MakeHuffmanTree1（HT, m）

1. 循环i步长1, 从1到m-1, 执行

　（1）m1 ← +∞; m2 ← +∞;

　　　p1 ← 0; p2 ← 0 [准备找两个最小的权]

　（2）循环 j步长1, 从0到m+i-2, 执行

　　　若HT[j].weight<m1且HT[j].tag=0

　　　则m2←m1; p2←p1;

　　　　m1 ← HT[j].weight; p1←j

　　　否则若HT[j].weight<m2且HT[j].tag=0

C/C++程序:

```
Void MakeHuffmanTree1(HTNODE&HT[],int m)
  { float ml,m2; }
  int i,j,pl,p2;
  for(i=1;i<=m-1;i++){
    ml=m2=32767;
    pl=p2=0;
    for(j=0;j<m+i-1;j++)
    if(HT[j].weight<m1&&HT[j].tag==0)
       {m2=m1;p2=p1;
        ml=HT[j].weight;p1=j;}
    else if(HT[j].weight<m2&&HT[j].
        tag=0)
        {m2=HT[j].weight;p2=j;}
    HT[p1].tag=1;HT[p2].tag=1;
```

则m2←HT[j].weight; p2←j （3）HT[p1].tag ← 1; HT[p2].tag ← 1 [删子树] （4）HT[m-1+i].weight←HT[p1].weight + HT[p2].weight; [生成新子树] HT[m-1+i].lchild ← p1; HT[m-1+i].rchild ← p2 2. [算法结束] ▮	HT[m-1+i].weight=HT[p1].weight+ HT[p2].weight; HT[m-1+i].child=p1 HT[m-1+i].rchild=p2; } }

例如，对于给定的一组权 2,4,6,9,13,15,18,22,27,33,38,45，构造 Huffman 树的过程如图 5-36 所示。首先组合 2+4，并寻找 6,6,…,45 的解，然后组合 6+6 等。

<u>2</u> <u>4</u> 6 9 13 15 18 22 27 33 38 45

  <u>6</u> 9 13 15 18 22 27 33 38 45   6

    <u>9</u> 13 15 18 22 27 33 38 45   <u>12</u>

     <u>13</u> <u>15</u> 18 22 27 33 38 45   21

       <u>18</u> 22 27 33 38 45   <u>21</u> 28

        <u>22</u> <u>27</u> 33 38 45   28 39

         <u>33</u> 38 45   <u>28</u> 39 49

          <u>38</u> 45   <u>39</u> 49 61

            <u>45</u>   <u>49</u> 61 77

                <u>61</u> <u>77</u> 94

                   <u>94</u> <u>138</u>

                     232

图 5-36　构造 Huffman 树的过程

图 5-36 所示为数组 HT[0…2m-2]的 weight 字段在构造 Huffman 树过程中的变化情况。图中的每一行对应于构造 Huffman 树过程中的一步。第一行表示初始状况，数组的前 12 个元素中有初始给定的各外部结点的权值；在权 2 和 4 下面的横线，表示选中的当前最小的两个权，用一个内部结点作为这两个结点的父母，得到图 5-36 中第二行对应的情况，由于权为 2 和权为 4 的结点已经有了父母，在图中不需再把它们画出来，而它们的父母为数组的第 12 个元素是一个权为 2+4 = 6 的新的内部结点。然后下一趟选中的两个最小权是下面画有横线的 6 和 6，再按上述方法进行处理，…，最后，数组的第 22 个元素代表整棵扩充二叉树的根结点，它的权值是 232。构造出来的 Huffman 树如图 5-37 所示。

分析算法可知，算法 5.17 的执行时间不超过 O（n^2）。如果把 t 叉树定义为结点的有限集合，它或者为空集或者由一个根和 t 个有序的不相交的 t 叉树组成，则 Huffman 算法可以推广到 t 叉树。

算法 5.17 的执行时间主要花费在找权的最小值和次最小值上，下面给出的算法 5.18 应用上一节讲的最小堆的相关算法，它可使 Huffman 算法的时间复杂度降低到 O（$n\log_2 n$）。

算法 5.18 生成的 Huffman 树不再存储在数组 HT 中，而是用链接存储结构的 lchild-rchild 法来表示。用数组 W[0…m-1] 存放初始数据，它的每个元素含有三个字段：key、data 和 ptr，key 来存放权值，data 用来存放数据，ptr 用来存放对应的 lchild-rchild 表示法形式的结点的地址。下面是存储结构的描述。

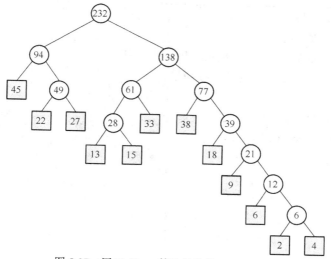

图 5-37　用 Huffman 算法构造的 Huffman 树

```
const int m=12;              // 外部结点的数目
typedef char datatype;       // 可根据实际问题确定
typedef struct node1 {
  float key;                 // 权值(≥0)
  datatype data;             // 结点数据
  struct node1 *lchild, *rchild;  //左右子女指针
} HTnode;
const int DefaultSize=10;
typedef struct {
  float key;                 // 权值(≥0)
  datatype data;
  HTnode *ptr;               // 存放对应的 lchild-rchild 表示法形式的结点的地址，初值均为空
} node;
typedef struct {
    node *Heap;              // 存放最小堆中元素的一维数组
    int CurrentSize;         // 堆中当前元素个数
    int MaxHeapSize;
} minHeap;
minHeap mh;
node W[m];
int i, j, start, EndOfHeap;
node temp, item, first, second;
HTnode *root, *p;
```

算法 5.18　利用堆构造 Huffman 树	C/C++程序:

算法 5.18　利用堆构造 Huffman 树

　　MakeHuffmanTree2（W[], m, root）

1. [生成lchild-rchild表示法形式的外部结点]

　　循环　i步长1, 从0到m-1, 执行

　　　　p←new HTnode; W[i].ptr ←p

　　　　p→key ←W[i].key; p→data ←W[i].data;

　　　　p→lchild ←NULL; p→rchild ←NULL

2. MinHeap(mh,W[ ],m);　[生成最小堆]

C/C++程序:
```
MakeHuffmanTree2(nodeW[],intm,
                 Htnode*&root)
  {minHeap mh;
  node item,first,second;
  HTnode*p;
  int i;
  for(i=0;i<m-1;i++){
      P=new HTnode;W[i].ptr=p;
      p->key=W[i].key;p->data=W[i].data;
```

3. 循环i步长1，从1到m-1，执行

  （1）[找两个最小的权]

      Delete(mh,first); Delete(mh,second)

  （2）[生成lchild-rchild表示法形式的内部结点]

      p←new HTnode;

      p->key ←first.key + second.key;

      p->lchild ←first.ptr;

      p->rchild ←second.ptr;

      item.key ←p->key;   item.ptr ←p

  （3）Insert(mh, item)

4. Delete(mh,first); root ←first.ptr;

5. [算法结束] ▮

```
    p->lchild=NULL;p->rchild=NULL;
}
MinHeap(mh,W[],m);
For(i=1;i<=m-1;i++){
  Delete(mh,first);Delete(mh,second);
  p=new HTnode;
  p->key=first.key+second.key;
  p->lchild=first.ptr;
  p->rchild=second.ptr;
  item.key=p->key;item.ptr=p;
  Insert(mh,item);
}
Delete(mh,first);
root=first.ptr;
}
```

5.6.3　哈夫曼树的应用举例

哈夫曼树（最优二叉树）有很多实际的应用，用它可以解决一类有关最佳化或最小化的问题。

一、哈夫曼树在判定问题中的应用

在求解一些判定问题时，利用哈夫曼树可以得到最佳判定算法。例如，要编写一个把考试成绩由百分制转换成五级分制的程序。写出此程序并不困难，只使用条件语句就可完成。代码如下。

```
if ( a < 60 ) b ="bad";
else if ( a < 70 ) b ="pass";
    else if ( a < 80 ) b ="general";
        else if ( a < 90 ) b ="good";
            else b ="excellent";
```

这个判定过程可以用图 5-38（a）的判定树来表示。如果上述程序需多次使用，且每次的数据量又非常大，就要考虑它的效率问题了，即其操作所需的时间。因为在实际学习中，学生的成绩在五个等级上的分布是不均匀的。假设成绩分布如下表所示。

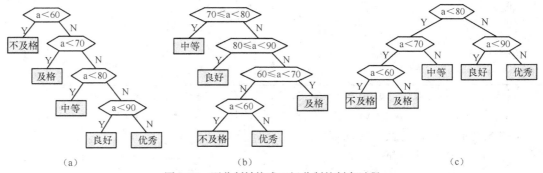

（a）　　　　　　　　　　（b）　　　　　　　　　　（c）

图 5-38　百分制转换成五级分制的判定过程

分数	0～59	60～69	70～79	80～89	90～100
比例数	0.05	0.20	0.35	0.30	0.10

则 80% 以上的数据需要进行三次或三次以上的比较才能得出结果。假定以 5, 20, 35, 30 和 10 为权值来构造哈夫曼树，则可得到如图 5-38（b）所示的判定过程，它可以使大部分的数据经过较少的比较得到结果。但由于每个判定框有两次比较，将这两次比较分开，就可得到如图 5-38（c）所示的判定树。假设有 10000 个输入数据，若按图 5-38（a）的判定过程进行操作，则总共需进行 31000 次比较；若按图 5-38（c）的判定过程进行操作，则总共仅需进行 22000 次比较。

二、哈夫曼树在编码问题中的应用

在数据通信中，经常需要将传送的电文转换成由二进制数字 0 和 1 组成的串。对字符集中的不同的字符可以采用 0、1 的不同排列来表示它们。这也称为对这个字符集进行编码（coding）。如果所有的字符编码长度相同，则称为等长编码；否则称为不等长编码。等长编码的优点是易于接收端将代码还原成字符，这种还原操作称为译码（decoding）。

ASCII 码就是一种等长编码，它的所有字符都需要相同大小的空间。如果每个字符的使用频率都相等，则等长编码是空间效率最高的一种方法。但实际的情况是，每个字符的使用频率并不相同，图 5-39 给出了典型英语文献的字母表中的各个字母出现的相对频率。通过这个表，可以看到字母 'E' 的出现频率是字母 'P' 的 6 倍，却是字母 'Z' 的 60 倍，相差十分悬殊。在 ASCII 码中，单词 "DEED" 和 "MUCK" 需要相同的空间（4 个字节）。像 "DEED" 这样经常出现的单词似乎应该比 "MUCK" 这类相对较少出现的单词占用更少的存储空间，才能使总的存储空间变小。如果某些字符比其他字符更常用，是否可以利用这一点来缩短代码呢？其代价是其他字符可能需要较长的代码来表示。如果这些字符很少出现，那么这样做是值得的。这种思想也是目前广泛使用的文件压缩的核心。Haffman 编码是一种

字母	频率	字母	频率
A	77	N	67
B	17	O	67
C	32	P	20
D	42	Q	5
E	120	R	59
F	24	S	67
G	17	T	85
H	50	U	37
I	76	V	12
J	4	W	22
K	7	X	4
L	42	Y	22
M	24	Z	2

注："频率(Frequency)"表示每1000个字母中出现的次数，不区分大小写

图 5-39　26 个字母在英语文献中出现的相对频率

变长编码，它可有效地解决在数据通信中的二进制编码问题。

设　　　$D = \{ d_0, d_1, \cdots, d_{m-1} \}$

　　　　$W = \{ w_0, w_1, \cdots, w_{m-1} \}$

D 为欲编码的字符集，W 为 D 中各字符出现的频率，要对 D 里的字符进行二进制编码，使得

（1）通信编码的总长度为最短；

（2）若 $d_i \neq d_j$，则 d_i 的编码不可能是 d_j 的编码的开始部分（前缀），这样就使得译码可以一个一个地进行，不需要在字符与字符之间添加分隔符。

利用 Haffman 算法可这样进行编码：以 $d_0, d_1, \cdots, d_{m-1}$ 作为外部结点，用 $w_0, w_1, \cdots, w_{m-1}$ 作为对应的外部结点的权，来构造具有最小带权外部路径长度的扩充二叉树（Haffman 树）。把从每个结点到左子女的边标上数字 0、到右子女的边标上数字 1。从根到每个叶结点的路径上的数字连接起来得到的数字序列就是这个叶结点所代表的字符的编码。

例如：D = { d₀, d₁, …, d₁₁ }

W = { 2, 4, 6, 9, 13, 15, 18, 22, 27, 33, 38, 45 }

则用 Haffman 算法构造出的 Haffman 编码树如图 5-40 所示。

由此得到的各字符的二进制编码如下：

d_0: 1111110

d_1: 1111111

d_2: 111110

d_3: 11110

d_4: 1000

d_5: 1001

d_6: 1110

d_7: 010

d_8: 011

d_9: 101

d_{10}: 110

d_{11}: 00

明显可以看出，出现频率越大的字符其编码越短。

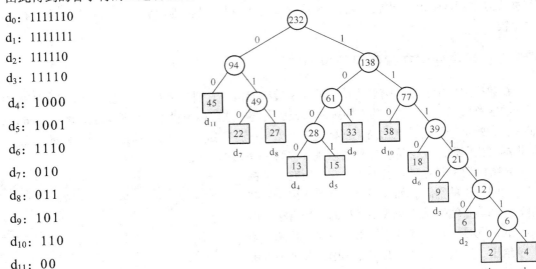

图 5-40   Huffman 编码树

用 Haffman 算法构造出的这棵扩充二叉树给出了各字符的编码，同时还可以用它来译码。其过程是：依次读入文件的二进制码，从这棵二叉树的根出发，若当前读到的是 0，则走向左子女，否则走向右子女，一旦到达某一叶子时便译出相对应的字符；然后重新从根出发继续译码，直至整个文件结束。

感兴趣的读者可自行写出对文件进行编码和解码的算法。

Haffman 算法还可以应用到外排序的问题上，外排序中可用两路合并（一般情况可以 k 路合并）的方法将若干个已排好序的顺串按一定的顺序两两合并成一个排好序的顺串，这时可用 Haffman 算法确定一个最佳合并顺序。

将每一个已排好序的顺串视为一个外部结点，顺串中的记录个数看作结点的权，按 Haffman 算法构造出来的具有最小带权外部路径长度的扩充二叉树就对应一个最佳合并顺序，即需要移动记录个数最少的合并顺序。这种扩充的二叉树称为最佳归并树，当然，在实际使用中，还存在有在此基础上进一步拓广和扩充的多种形式。

5.7   应用举例

5.7.1   判定树的应用—伪币鉴别问题

以比较运算（即判断选择）为主要操作的算法，其流程可以绘成一棵树，这棵树称为算法的判定树，简称判定树或决策树（decision tree）。比如，用于描述人—机对弈的博弈树，用于描述体育淘汰制比赛的竞赛树等都属于判定树。在数据挖掘中，它还可以应用于分类问题。

判定树只是算法的一种描述形式，它的结点不存储数据元素，而是存储判定信息，表示一次比较（或比较的对象）。如果每次比较（或判定）都产生两个分支，那么对应的判定树就是二元判定树，如果产生多个分支，那么对应的判定树就是多元判定树。在第 9 章介绍的折半查找算法则对应一棵二叉判定树。

比如，将三个元素 a, b, c 排序，图 5-41 给出了这个排序算法的判定树。

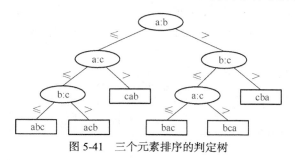

图 5-41　三个元素排序的判定树

判定树的一个典型例子是伪币鉴别问题。

假定有 8 枚硬币编号为 a,b,c,d,e,f,g,h，其外观完全相同，但其中有一枚是伪币，真币重量相等，而伪币重量与真币重量却不同。现要求用天平作为工具，用最少的比较次数把伪币挑出来，并指出伪币比真币重还是轻。

用图 5-42 所示的三元判定树，三次比较就能把伪币挑出来，其中叶结点给出答案，答案标出伪币的编号，并指出它比真币是重还是轻。借助于鉴别伪币的判定树，不难写出相应的算法。

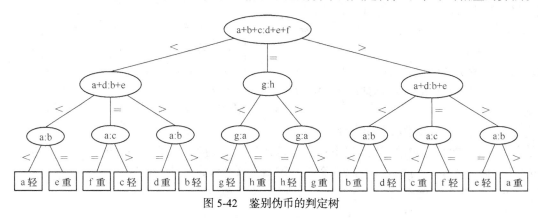

图 5-42　鉴别伪币的判定树

5.7.2　集合的表示与并查集

集合是一种常用的数据表示方法。假设集合 S 由若干个元素组成，可以按某一规则（如等价关系）把集合 S 划分为若干个互不相交的子集。例如，S = { a, b, c, d, e, f, g, h, i, j, k }，被划分成如下三个互不相交的子集：

S_1 = { a, f, g, h }
S_2 = { b, e, i, j }
S_3 = { c, d, k }

集合 S = { S_1, S_2, S_3 } 就被称为集合 S 的一个划分。

集合常见的运算有：集合的交、并、补、差以及判定一个元素是否是集合中的元素等。为了有效地对集合执行这些操作，可以用树形结构来表示集合。用树（森林）中的一个结点表示集合中的一个元素，树（森林）的结构采用前面讲述的双亲表示法进行顺序存储，用指向其双亲的指针 parents 来形成链接关系。例如，集合 S_1、S_2 和 S_3 可表示为如图 5-43（a）所示的森林，对应的存储结构用双亲表示法顺序存储在一维数组之中。如图 5-43（b）所示。

从图示不难看出，每个集合用一棵树表示。集合中每个元素的名字分别存放在树的结点中，此外，树的每一个结点还有一个指向其双亲结点的指针。

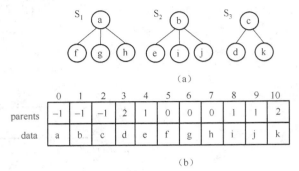

图 5-43　集合的树形双亲表示

由于在很多问题中主要涉及的是对集合的合并和查找，因此将这种集合称为并查集（union-find sets）。常常在使用中以森林来表示。并查集是一种简单的用途广泛的集合，它支持以下三种操作。

（1）合并两个不相交集合；

（2）查找某个单元素所在的集合；

（3）将并查集中 s 个元素初始化为 s 个只有一个单元素的子集合。

下面我们讨论并查集的合并与查找操作。

要合并两个集合，只需将其中的一棵树成为另一棵树的根的子树。例如，上述集合 S_1 和 S_2 的并集，可以表示为

$S_1 \cup S_2 = \{\, a, b, e, f, g, h, i, j \,\}$

其结果用树结构表示如图 5-44（a）所示。对应的树（森林）的双亲表示法如图 5-44（b）所示。

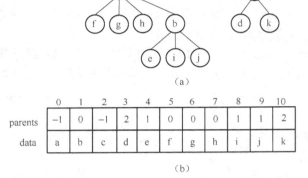

图 5-44　集合 S_1 与 S_2 合并后的树形双亲表示

如果要查找某个元素所在的集合，只要从该元素对应的结点开始沿指向双亲结点的指针 parents 向上搜索直到树的根（对应的双亲域 parents 的值为-1），通过根结点就可得到所求的这个元素应属于的集合名。

下面给出集合利用树结构实现的合并与查找操作的算法。

类型定义和变量说明如下。

```
const int MaxSize = 100;
typedef char datatype;
typedef struct {
    datatype data;          // 元素数据
    int parents;            // 双亲域
} elememt;
typedef struct {
    elememt node [MaxSize]; // 存放集合元素的一维数组
    int n;                  // 集合元素个数
} SetArray;
SetArray S;
int i, j;
datatype x;
```

下面是集合合并的具体算法。

算法 5.19　集合合并

Union (S, i, j)

[S.node[i]和S.node[j]分别为S的互不相交的]

[两个子集Si与Sj的根结点,求并集$S_1 \cup S_2$]

1. 若　S. node [i].parents ≠ -1 或
　　　S. node [j].parents ≠ -1
　　则　print (" 调用参数有误 ")
　　否则S. node [i].parents ← j

2. [算法结束] ∎

C/C++ 程序如下:
```cpp
void Union ( SetArray &S, int i, int j ) {
// S.node[i]和S.node[j]分别为S的互不相交的
// 两个子集Si与Sj的根结点,求并集S1∪S2
    if (( S. node [i].parents!=-1) ||
       ( S. node [j].parents!=-1) )
          cout << " 调用参数有误 " <<endl;
    else
       S. node [i].parents = j;
    return;
}
```

集合查找操作的算法请见算法 5.20。

算法 5.20　查找

Find (S, x)

[在数组S.node中查找值为x的所属的集合]

[若找到则返回根结点在数组S.node中的序号]

[否则返回值为-1]

1. i ← 0

2. 循环　当i<S.n且S.node[i].data ≠x时,执行
　　　i ++

3. 若i >S.n
　　则return −1

4. j ← i

5. 循环　当S.node[i]. parents ≠-1时,执行
　　　j ← S. node [j].parents

6. return　j

7. [算法结束] ∎

C/C++ 程序如下:
```cpp
int Find ( SetArray S, datatype x ) {
// 在数组S.node中查找值为x的所属的集合
// 若找到则返回根结点在数组S.node中的序号
// 否则返回值为-1
  int i = 0, j;
  while ( ( i<S.n) && ( S.node [i].data!=x) )
     i++;
  if ( i >S.n )  return -1
  j = i;
  while ( S.node [i]. parents !=-1 )
     j = S. node [i].parents;
    return j;
}
```

5.7.3　建立二叉树及遍历

前边讲述的算法 5.1 可以将一般二叉树的顺序存储表示法转换成二叉链表表示法,利用该算法可以完成建立二叉链表表示的二叉树的工作。再通过使用遍历二叉树的递归算法可对已有的二叉树进行遍历。下面给出一个完整的 C/C++ 程序,该程序完成的功能是:将一般二叉树顺序存储表示法表示的二叉树转换成二叉链表表示法表示的二叉树,并在此基础上用递归算法对二叉树进行三种次序的遍历。

程序的运行结果是输出了二叉树结点的前序、中序和后序序列。
```cpp
#include <iostream.h>
# include <stdlib.h>
typedef char datatype;
typedef struct node{
    datatype data;
```

```
            struct node *lchild,*rchild;
    } BTnode, *BinTree;
    typedef struct elem {
        datatype data;
        int lchild, rchild;
        int tag;
        BTnode* link;
    } element;
    void CreateBinaryTree (BinTree& root);
    BinTree exchange (element* A,int n);
    void preorder ( BTnode* p );
    void inorder ( BTnode* p );
    void postorder ( BTnode* p );
    void main ( ) {
        BinTree root;
        CreateBinaryTree(root);
        cout<<endl<<"结点的前序序列是: ";
        preorder(root);
        cout<<endl<<"结点的中序序列是: ";
        inorder(root);
        cout<<endl<<"结点的后序序列是: ";
      postorder(root);
        cout<<endl;
    }
    void CreateBinaryTree(BinTree& root){
        int i,n;
        element* A;
        cout<<"请输入结点数(n>0): " ;      cin>>n;
        A = new element[n];
        cout<<endl<<"请输入顺序存储二叉树的结点数据(data-lchild-rchild)..."<<endl;
        for ( i=0; i<n; i++) {
            cout<<"node "<<i<<" : ";
            cin>> A[i].data >> A[i]. lchild >> A[i].rchild;
            A[i].tag=0; A[i].link=NULL;
        }
        root =exchange(A, n);
    }
    BinTree exchange(element* A,int n) {
        BTnode *p,*pl,*pr;
        int i,j;
        for (i=0; i<n; i++) {
            if (A[i].tag == 0) {
                    p = new BTnode; A[i].link=p;
                    A[i].tag=1; p->data=A[i].data;
                }
            else p=A[i].link;
            if (A[i].lchild != -1) {
                    j = A[i].lchild;
                    pl = new BTnode;
                    A[j].link = pl;A[j].tag = 1;
                    pl->data = A[j].data; P->lchild=pl;
                }
            else p->lchild = NULL;
            if (A[i].rchild != -1) {
                    j = A[i].rchild;
```

```
            pr = new BTnode;
            A[j].link = pr;A[j].tag=1;
            pr->data = A[j].data; P->rchild = pr;
        }
        else p->rchild = NULL;
    }
    return A[0].link;
}
void preorder ( BTnode* p ) {
    if (p!=NULL){
        cout<< p->data;
        preorder ( P->lchild);
        preorder ( P->rchild);
    }
}
void inorder ( BTnode* p ) {
    if (p!=NULL){
        inorder ( P->lchild);
        cout<< p->data;
        inorder ( P->rchild);
    }
}
void postorder ( BTnode* p ) {
    if (p!=NULL){
        postorder ( P->lchild);
        postorder ( P->rchild);
        cout<< p->data;
    }
}
```

程序的运行结果为：（参见图 5-21 的实例）

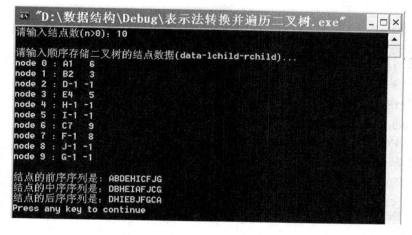

5.8   本章小结

本章介绍了树和二叉树的定义、性质和有关术语，树和森林与二叉树的相互转换，遍历运算。讨论了树和二叉树的存储结构、遍历算法、线索二叉树、堆、哈夫曼树及哈夫曼编码等内容。

【本章重点】 掌握二叉树的遍历算法及其有关应用。

【本章难点】 使用本章所学到的有关知识设计出有效算法，解决树与二叉树相关的应用问题。

【本章知识点】

1. 树形结构的概念

（1）树的逻辑结构特征。

（2）树的不同表示方法。

（3）树的常用术语及含义。

（4）二叉树的递归定义及树与二叉树的差别。

（5）二叉树的性质，了解相应的证明方法。

（6）树、森林与二叉树之间的相互转换。

（7）树形结构的遍历。

2. 树形结构的存储

（1）树和二叉树的链式存储方法、特点及适用范围。

（2）树和二叉树的顺序存储方法、特点及适用范围。

3. 二叉树的遍历算法

（1）二叉树的三种遍历算法，理解其执行过程。

（2）确定三种遍历所得到的相应的结点访问序列。

（3）以遍历算法为基础，设计有关算法解决应用问题。

4. 线索二叉树

（1）二叉树线索化的目的及实质。

（2）在中序线索树中查找给定结点的中序前趋和中序后继的方法。

（3）查找给定结点的前序后继和后序前驱的方法。

（4）在中序线索树进行三种次序的遍历。

5. 堆

（1）堆的定义。

（2）堆的构造。

（3）堆的插入与删除的方法。

6. 哈夫曼树

（1）扩充的二叉树、哈夫曼树、内部路径长度和外部路径长度等概念。

（2）哈夫曼算法的基本思想与主要策略。

（3）构造哈夫曼树的方法及求带权外部路径长度（WPL）。

（4）哈夫曼编码。

习　题

1. 设有一棵树的逻辑结构为 tree＝（D,R），其中

K＝{ A,B,C,D,E,F,G,H,I,J,K,L }

R＝{ r }

r＝{ <A,B>,<A,C>,<A,D>,<B,E>,<B,F>,<C,G>,<D,H>,<D,I>,<E,J>,<E,K>,<E,L>}

请用树形表示法画出此树，指出哪个结点是根，哪些结点是分支结点，哪些结点是树叶，确定各结点层数、度数，以及树的度和树的深度。

2. 对于三个结点 A、B、C，各有多少棵不同的有向树、有序树？请把它们画出来。

3. 对于三个结点 A、B、C，有多少棵不同的二叉树？请把它们画出来。

4. 一棵度为 2 的树与一棵二叉树有何区别。

5. 请分别画出具有 3 个结点的树和 3 个结点的二叉树的所有不同形态。

6. 请将第 1 题的树转换成对应的二叉树。

7. 已知一棵度为 m 的树中有 n_1 个度为 1 的结点，有 n_2 个度为 2 的结点，…，有 n_m 个度为 m 的结点，试问该树中有多少个叶结点？

8. 高度为 h 的完全二叉树至少有多少个结点？至多有多少个结点？

9. 对于下面的二叉树，分别写出结点的前序、对称序和后序序列。

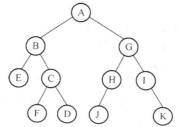

10. 将第 9 题的二叉树转换成对应的森林，分别写出结点的先根序列和后根序列。

11. 试分别找出满足以下条件的所有二叉树：

（1）二叉树的前序序列与对称序序列相同；

（2）二叉树的对称序序列与后序序列相同；

（3）二叉树的前序序列与后序序列相同。

12. 以下命题是否为真？若真请给出证明。

二叉树的所有叶结点，在前序序列、对称序序列以及后序序列中都按相同的相对位置出现。

13. 证明：如果 u 和 v 是一棵树上的结点，那么 u 是 v 的祖先，当且仅当在先根次序下 u 在 v 之前，并且在后根次序下 u 在 v 之后。

14. 设树中含有的分支结点的个数为 n，与它对应的二叉树中其右子树为空的结点数为 m，试求出两者之间的关系式，并试证明之。

15. 已知一棵二叉树的前序序列为 ABECDFGHIJ，中序序列为 EBCDAFHIGJ，试画出这棵二叉树。

16. 画出下图所示二叉树的二叉链表表示法（lchild-rchild 表示法）的存储表示与树（森林）的三叉链表（三重链表）的存储表示。

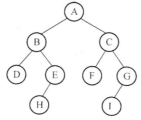

17. 分别画出 16 题图所示二叉树的前序、对称序、后序线索二叉树。

18. 分别画出 16 题图所示二叉树所对应森林的双亲表示法和子女-兄弟表示法的存储表示。

19. 设计一个算法，将一个用子女-兄弟表示法表示的森林转换为二叉链表的存储表示。

20. 设计一个算法，将一个用层次次序顺序存储的二叉树转换为二叉链表的存储表示。

21. 已知一棵完全二叉树存放在一个一维数组 T[n] 中，T[n] 中存放的是各结点的值。试设计一个算法，从 T[0] 开始顺序读出各结点的值，建立该二叉树的 lchild-rchild 法的存储表示。

22. 写出按层次次序遍历二叉链表表示法表示的二叉树的算法。

23. 写出按层次次序遍二叉链表表示法表示的森林的算法。

24. 设计一个算法，将用二叉链表表示法表示的二叉树的每个结点的左、右子女交换位置。

25. 设计一个求二叉链表表示法表示的二叉树高度的算法。

26. 设计一个求二叉链表表示法表示的二叉树宽度的算法，所谓宽度是指二叉树的各层上具有最多结点数的那一层上的结点总数。

27. 写出在对称序线索二叉树中找指定结点的后序前驱的算法。

28. 写出按前序遍历对称序线索二叉树的算法。

29. 写出按后序遍历对称序线索二叉树的算法。

30. 用线索二叉链表作为存储结构，编写在前序线索二叉树中查找指定结点*p 的前序后继的算法。

31. 用线索二叉链表作为存储结构，编写在后序线索二叉树中查找指定结点*p 的后序前驱的算法。

32. 判断以下序列是否是最小堆？如果不是，则把它们调整为最小堆。

（1）{ 15, 35, 70, 40, 90, 80, 85 }

（2）{ 40, 20, 70, 30, 90, 10, 50, 100, 60, 80 }

（3）{ 3, 90, 45, 6, 16, 45, 33, 88 }

33. 给定一组权 W = { 3, 5, 8, 17, 26, 35, 44, 67, 82, 95 }，构造 Huffman 树，并计算它的带权外部路径长度。

34. 试证明 Huffman 树的所有圆形结点（内部结点）值的和等于整个扩充二叉树的带权外部路径长度。

35. 推广最优二叉树的 Huffman 构造方法得到最优 t 叉树，对于权 3, 5, 8, 17, 26, 35, 44, 67, 82, 95 构造最优三叉树。

第6章
图

图（Graph）是一种更为复杂的非线性数据结构，在数学、物理、化学、生物、工程和计算机科学等许多领域中，图结构都有着非常广泛的应用。

本章首先介绍图的有关概念，然后介绍图的存储方法，最后讨论图的有关算法。

6.1　图的概念

在图结构中，对结点的前驱和后继的个数都不加限制，结点和结点之间的关系可以是任意的。在图中，结点习惯地称为顶点。

图 G 由两个集合 V 和 E 组成，记作 $G = (V, E)$，其中 V 是顶点（vertex）的非空有穷集合；E 是边（edge）的有穷集合，而边是 V 中的顶点偶对。通常，也把图 G 中的顶点集和边集记作 $V(G)$ 和 $E(G)$。

若图 G 中表示每一条边的顶点的偶对都是无序的，则称此图为无向图（undirected graph）。在无向图中，边的顶点偶对通常用圆括号括起来。(V_i, V_j) 与 (V_j, V_i) 这两个顶点偶对是表示着同一条边。

若图 G 中表示每一条边的顶点的偶对都是有序的，则称此图为有向图（directed graph）。在有向图中，边的顶点偶对通常用尖括号括起来，$<V_i, V_j>$ 表示一条有向边，V_i 称为边的始点，V_j 称为边的终点。$<V_i, V_j>$ 与 $<V_j, V_i>$ 这两个顶点偶对是表示着两条不同的边。

图 6-1 给出了 4 个图，其中前两个是无向图，后两个是有向图。

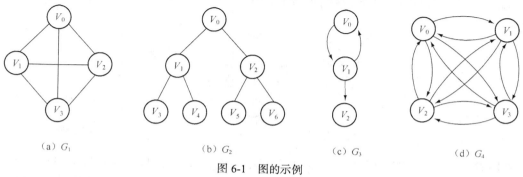

图 6-1　图的示例

$V(G_1) = \{ V_0, V_1, V_2, V_3 \}$

$E(G_1) = \{ (V_0, V_1), (V_0, V_2), (V_0, V_3), (V_1, V_2), (V_1, V_3), (V_2, V_3) \}$

$V（G_2）= \{ V_0, V_1, V_2, V_3, V_4, V_5, V_6 \}$

$E（G_2）= \{ （V_0, V_1）,（V_0, V_2）,（V_1, V_3）,（V_1, V_4）,（V_2, V_5）,（V_2, V_6） \}$

$V（G_3）= \{ V_0, V_1, V_2 \}$

$E（G_3）= \{ <V_0, V_1>, <V_1, V_0>, <V_1, V_2> \}$

$V（G_4）= \{ V_0, V_1, V_2, V_3 \}$

$E（G_4）= \{<V_0, V_1>, <V_0, V_2>, <V_0, V_3>, <V_1, V_0>, <V_1, V_2>, <V_1, V_3>, <V_2, V_0>, <V_2, V_1>, <V_2, V_3>, <V_3, V_0>, <V_3, V_1>, <V_3, V_2> \}$

在下面的讨论中，我们不考虑顶点到其自身的边，即若（V_i, V_j）或<V_i, V_j>是图 G 的一条边，则要求 $V_i \neq V_j$。此外，也不允许一条边在图中重复出现。换句话说，我们这里只讨论简单的图。

按照上述规定，容易得到以下一些结论。

（1）任何一个具有 n 个顶点的无向图，其边数小于等于 n（n-1）/2。我们把边数等于 n（n-1）/2 的无向图称为无向完全图（undirected complete graph），简称完全图。图 6-1 中的 G_1 是一个含有 4 个顶点的完全图。在一个具有 n 个顶点的有向图中，其边数小于等于 n（n-1）。其边数恰好等于 n（n-1）的有向图称为有向完全图（directed complete graph）。图 6-1 中的 G_4 就是一个含有 4 个顶点的完全图。

（2）若（V_i, V_j）∈ E，则称 V_i, V_j 是相邻顶点（adjacente vertex），或称 V_i 与 V_j 相邻接；而边（V_i, V_j）则是与 V_i 和 V_j 相关联的边。在图 6-1 的 G_2 中，与顶点 V_1 相关联的边有（V_0, V_1），（V_1, V_3），（V_1, V_4）。若<V_i, V_j>是有向图的一条边，则称顶点 V_i 邻接到顶点 V_j，顶点 V_j 邻接于顶点 V_i，而边<V_i, V_j>是与顶点 V_i 和 V_j 相关联的。在图 6-1 的 G_3 中，与顶点 V_1 相关联的边有（V_0, V_1），（V_1, V_0），（V_1, V_2）。

（3）顶点 v 的度（degree）是与该顶点相关联的边的数目，记作 D（v）。若 G 为有向图，则把以顶点 v 为始点的边的数目，称为 v 的出度（out degree），记作 OD（v）；把以顶点 v 为终点的边的数目，称为 v 的入度（in degree），记作 ID（v）。显然，D（v）= OD（v）+ID（v）。在图 6-1 的 G_1 中，顶点 V_1 的度为 3；在图 G_3 中，顶点 V_1 的出度为 2、入度为 1，它的度为 3。

设图 G 有 n 个顶点，e 条边，它们和顶点的度数有如下关系：

$$e = \frac{1}{2}\sum_{i=1}^{n} D(v_i)$$

设有两个图 G =（V,E）和 G' =（V',E'），若 V' ⊆ V，E' ⊆ E，则称图 G' 是图 G 的子图（subgraph）。例如图 6-2 给出无向图 G_1 的若干子图；图 6-3 给出有向图 G_3 的若干子图。

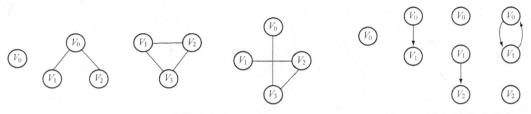

图 6-2　图 G_1 的若干子图　　　　　　　　图 6-3　图 G_3 的若干子图

在图 G =（V,E）中，如果存在顶点序列 $V_p, V_{i_1}, V_{i_2}, \cdots, V_{i_m}, V_q$，使得（$V_p, V_{i_1}$），（$V_{i_1}, V_{i_2}$），$\cdots$，（$V_{i_m}, V_q$）均在 E（G）中（若对于有向图，则使得<$V_p, V_{i_1}$>，<$V_{i_1}, V_{i_2}$>，$\cdots$，<$V_{i_m}, V_q$>均在 E（G）中），则称从顶点 V_p 到顶点 V_q 存在一条路经（path）。路经长度定义为该路经上边的数目。若一条路经上除顶点 V_p 和 V_q 可以相同外，其他顶点均不相同，则称此路经为简单路经。起点和终点重合（$V_p = V_q$）的路

经称为回路或环（cycle）。起点和终点重合（$V_p = V_q$）的简单路经称为简单回路或简单环。例如，在图 G_1 中，顶点序列 V_0, V_1, V_2, V_3 是一条从顶点 V_0 到顶点 V_3 长度为 3 的简单路经；顶点序列 V_0, V_1, V_3, V_0, V_1 是一条从顶点 V_0 到顶点 V_1 长度为 4 的路经，但不是简单路经。在图 G_1 中，顶点序列 V_0, V_1, V_3, V_2, V_0 是一条长度为 4 的简单环。在图 G_3 中，顶点序列 V_0, V_1, V_2 是一条长度为 2 的有向路经，顶点序列 V_0, V_1, V_0 是一条长度为 2 的有向简单环。而顶点序列 V_0, V_1, V_2, V_1 则不是路经。

在一个有向图中，若存在一个顶点 V_0，从该顶点有路经可以到达图中其他所有顶点，则称此图为有根的有向图，V_0 称作图的根。

在无向图 $G = (V,E)$ 中，如果从顶点 V_i 到顶点 V_j 有路径（显然从顶点 V_j 到顶点 V_i 也一定存在路径），则称顶点 V_i 和 V_j 是连通的。若图 G 中任何一对顶点 V_i 和 $V_j(V_i \neq V_j)$ 都是连通的，则称此图是连通图（connected graph）。例如，图 G_1 和 G_2 都是连通的，而图 6-4 中的 G_5 则是不连通的。无向图的的极大连通子图称为此图的连通分支。连通分支又称为连通分量（connected component）。G_5 中存在两个连通分量 H_1 和 H_2。

在有向图 $G = (V,E)$ 中，若对于 G 中的任何两个不同的顶点 V_i 和 V_j，都存在 V_i 到 V_j 及 V_j 到 V_i 的（有向）路经，则称图 G 是强连通图（strongly connected graph）。有向图的极大强连通子图称为此图的强连通分支（量）。图 6-5 给出了 G_3 的两个强连通分量。

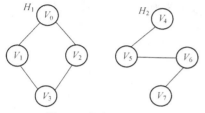

图 6-4　非连通图 G_5

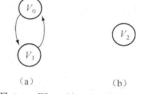

图 6-5　图 G_3 的两个强连通分量

连通图的生成树（spanning tree）是它的极小连通子图，对于 n 个顶点的连通图，它的生成树应含有 $n-1$ 条边。

给图的每一条边都添加上一个数字作为权，则称为带权的图。带权的连通图又称为网络（network）。通常权是具有某种意义的数，比如它们可以表示两个顶点之间的距离、行车的时间等，一般可理解为与实际问题相关的代价或耗费。图 6-6 给出了一个网络的例子。

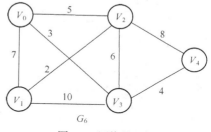

图 6-6　网络的示例

6.2　图的存储表示

图的存储表示有多种，下面介绍常用的三种。

6.2.1　邻接矩阵表示法

在图的邻接矩阵表示中，除了一个存储各个顶点信息的顶点表外，还有一个用来表示各个顶点之间关系的矩阵，称之为邻接矩阵（adjacency matrix）。若设图 $G = (V,E)$ 是一个有 n 个顶点的图，则图的邻接矩阵是一个二维数组 $A[n][n]$，它的定义为：

$$A[i][j]=\begin{cases} 1 & \text{若}（V_i,V_j）\text{或}\langle V_i,V_j\rangle \in E \\ 0 & \text{否则} \end{cases}$$

例如，图 6-7 中的无向图 G_7 和有向图 G_8 的邻接矩阵分别为 A_1 和 A_2。

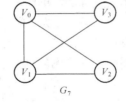

$$A_1=\begin{bmatrix} 0 & 1 & 1 & 1 \\ 1 & 0 & 1 & 1 \\ 1 & 1 & 0 & 0 \\ 1 & 1 & 0 & 0 \end{bmatrix}$$

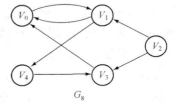

$$A_2=\begin{bmatrix} 0 & 1 & 0 & 0 & 0 \\ 1 & 0 & 0 & 0 & 1 \\ 0 & 1 & 0 & 1 & 0 \\ 1 & 0 & 0 & 0 & 0 \\ 0 & 0 & 0 & 1 & 0 \end{bmatrix}$$

图 6-7　无向图 G_7 和有向图 G_8

对于带权的图（或网络），其邻接矩阵中为 1 的元素其值可用对应边的权值来代替，它的邻接矩阵可定义为：

$$A[i][j]=\begin{cases} w_{ij} & \text{若}（V_i,V_j）\text{或}\langle V_i,V_j\rangle \in E \\ 0 & \text{若}i=j \\ \infty & \text{否则} \end{cases}$$

例如，图 6-8 给出了网络 G_6 所对应的邻接矩阵 A_3。

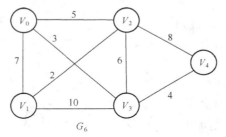

$$A_3=\begin{bmatrix} 0 & 7 & 5 & 3 & \infty \\ 7 & 0 & 2 & 10 & \infty \\ 5 & 2 & 0 & 6 & 8 \\ 3 & 10 & 6 & 0 & 4 \\ \infty & \infty & 8 & 4 & 0 \end{bmatrix}$$

图 6-8　带权的图和它的邻接矩阵

用邻接矩阵表示法来存储图，除了存储用于表示顶点间邻接关系的邻接矩阵外，还需要用一个顺序表来存储顶点的数据。其存储描述如下。

```
# define MaxVertexNum 50        // 顶点个数的最大值，应根据实际问题而定
typedef char vertextype;        // 顶点的类型，应根据实际问题而定
typedef int edgetype;           // 边的权值，也应根据实际问题而定
typedef struct {
    vertextype vex[MaxVertexNum];              // 顶点表
    edgetype edge[MaxVertexNum][MaxVertexNum]; // 邻接矩阵
    int n, e;               // 图中当前的顶点个数和边的个数
} AMGraph;
AMGraph  G;
```

对于有 n 个顶点、e 条边的图 G 来说，若 G 为有向图，则需要一个包括 n 个顶点的顺序表和一个 $n \times n$ 的邻接矩阵，因此它的存储量为 $n + n \times n = n^2 + n = O(n^2)$。若 G 为无向图，同样也需要一个包括 n 个顶点的顺序表，但由于无向图的邻接矩阵是对称阵，因此只要存储邻接矩阵的下三角（或上三角）就可以了。其存储量应为 $n + \dfrac{1}{2}(n \times n) = \dfrac{1}{2}n^2 + n = O(n^2)$。

用邻接矩阵表示图，容易判断图中任意两个顶点之间是否有边相连，并容易求得各个顶点的度数。对于无向图，邻接矩阵的第 i 行（或第 i 列）非 0 元素的个数就是第 i 个顶点的度数。对于有向图，邻接矩阵的第 i 行非 0 元素的个数就是第 i 个顶点的出度，第 i 列非 0 元素的个数就是第 i 个顶点的入度。

用邻接矩阵表示图，容易判断图中任意两个顶点 V_i 和 V_j 之间是否有长度为 m 的路径，这只需要判断 A^m 的第 i 行、第 j 列的元素是否为 0 即可。

6.2.2　邻接表表示法

用邻接矩阵表示图，占用存储空间的大小只与图中的顶点个数有关，而与边的数目无关，对于一个 n 个顶点的图来说，若其边数比 n^2 少得多，那么它的邻接矩阵中就会出现大量的零元素，如果存储这些零元素，将耗费大量的存储空间。

邻接表是对邻接矩阵的一种改进，它占用存储空间的大小不仅与顶点的个数有关，而且与边的条数也有关。同是 n 个顶点的图，如果边数很少，则占用的存储空间也很少。

邻接表（adjacency list）是图的一种链式存储结构，它由一个顺序存储的顶点表和 n 个单链表形式的边表组成。

顶点表中的每个表目对应于图的一个顶点，每个表目包括两个域：一个用来存放顶点的数据；另一个是指向此顶点的边表的指针。

图中的每个顶点都有一个边表，一个顶点的边表中的每个表目对应于与该顶点相关联的一条边。每个表目包括两个域（根据需要可增加域的个数，如存放边的权值等）：一个是用来存放与此边相关联的另一个顶点的序号；另一个是指向边表的下一个表目的指针。

图 6-9 给出了无向图 G_9 及它的邻接表表示。

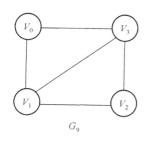 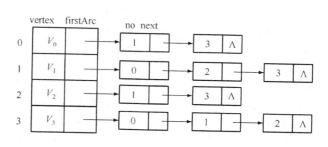

图 6-9　无向图 G_9 和它的邻接表表示

从图 6-9 中可以看到，同一条边在邻接表中出现了两次，这是因为无向图中的 (V_i, V_j) 与 (V_j, V_i) 是表示着同一条边。但在邻接表中，一个出现在顶点 V_i 的边表中，另一个出现在顶点 V_j 的边表中。对于有 n 个结点、e 条边的无向图，它的邻接表需要 n 个表目存储顶点信息，$2e$ 个表目存储边的信息，所以总的存储量为 $n + 2e = O(n+e)$。

用邻接表表示有向图时，根据需要可以存储每个顶点的出边表（即以该顶点为始点的边表），也可以存储每个顶点的入边表（即以该顶点为终点的边表）。带有出边表的邻接表仍称为邻接表；而带有入边表的邻接表则称为逆邻接表。若只存储邻接表或逆邻接表之一，则所需的存储量为 $n + e = O(n+e)$。当 e 远小于 n^2（即 $e \ll n^2$）时[1]，用邻接表要比用邻接矩阵表示节省存储空间。图 6-10 给出了有向图 G_{10} 及它的邻接表与逆邻接表表示。

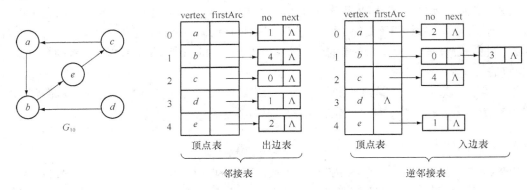

图 6-10　有向图 G_{10} 和它的邻接表、逆邻接表表示

在无向图的邻接表中，顶点 V_i 的度则是第 i 个链表（边表）中的结点个数。而对于有向图，在邻接表表示中，第 i 个边表（即出边表）上的结点个数是顶点 V_i 的出度，求 V_i 的入度较为困难，需遍历各顶点的边表。若有向图采用逆邻接表表示，则与邻接表表示相反，求 V_i 的入度容易，而求顶点的出度较为困难。

在邻接矩阵表示中，很容易判断两顶点之间是否有边；但是在邻接表表示中，需要扫描该顶点的边表，最坏情况下要花费的时间为 O（n）。

用邻接表表示法来存储图，其存储描述如下。

```
#define MaxVertexNum 50     // 顶点个数的最大值，应根据实际问题而定
typedef char vertextype;    // 顶点的类型，应根据实际问题而定
typedef struct edge {       // 边表的表目类型
    int no;                 // 顶点序号
    float weight;           // 权值（ 对于带权的图有此项 ）
    struct edge *next;      // 指向边表下一条边的指针
} edgetype;
typedef struct {            // 顶点表的表目类型
    vertextype vertex;          // 顶点数据
    edgetype *firstArc;         // 指向边表的头指针
} vertexNode;;
typedef struct {
    vertexNode vex[MaxVertexNum];  // 顶点表
    int n, e;                      // 图中当前的顶点个数和边的数目
} ALGraph;
ALgraph G;
```

---

[1] 设图 G 有 n 个顶点、e 条边。对于有向图有：$0 \leqslant e \leqslant n(n-1)$；对于无向图有：$0 \leqslant e \leqslant n(n-1)/2$。
　将 $e \ll n(n-1)$（$e \ll n(n-1)/2$）的有向图（无向图）称为稀疏图（sparse graph）；
　将 e 接近于 $n(n-1)$（$n(n-1)/2$）的有向图（无向图）称为稠密图（dense graph）。

6.2.3　邻接多重表表示法

在无向图的邻接表中可以看到，每一条边（V_i, V_j）在边表中用两个表目来表示，一个在 V_i 的边表中，一个在 V_j 的边表中。在较复杂的问题中，有时需要对被搜索或处理过的边做标记（如访问标志或删除标志等），以免重复处理。若用邻接表表示，需要同时给一条边的边表的两个表目做标记，而这两个表目又不在一个边表中，因此处理起来十分不便。若改用下面介绍的邻接多重表（adjacency multilist）作为图的存储结构，就可简化上述问题的处理。

在邻接多重表中，图中的每条边用一个边结点来表示，它由如下所示的五个域组成。

mark	ivex	jvex	ilink	jlink

其中，mark 为标志域，用以标记该边是否被处理或被搜索过；ivex 和 jvex 为该边相关联的两个顶点的序号，它们反映了这两个顶点在顶点表中的位置；ilink 是链接指针，用以指向与 V_i 相关联的下一条边；jlink 是也链接指针，用以指向与 V_j 相关联的下一条边。这样，由两个指针将多重表的边结点连成了 n 条链，这 n 条链就对应于邻接表表示中的 n 个顶点的边链表，表示每条边的多重表的边结点参加其中的两条链，也就是参加进它的两个顶点相关联的两个边表之中。在需要时，还可在结点中设置一个该边所具有的权值的域 weight。

在这种表示中，除了增加一个 mark 域外，所需的存储量与表示无向图的邻接表相同。存储顶点信息的顶点表与前述的邻接表的描述相同。

图 6-11 是无向图 G_7 的邻接多重表表示的例子。

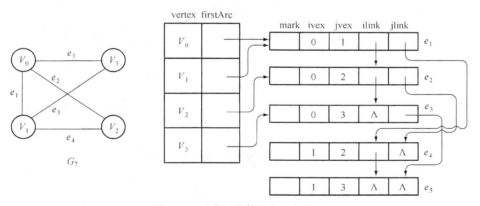

图 6-11　无向图的邻接多重表表示

如果想搜索所有与顶点 V_0 相关联的边，只需在顶点表找到 V_0，然后通过该顶点表目的 firstArc 指针找到与它相关联的第一条边 e_1，再通过边结点 e_1 中的 ilink 指针找到与它相关联的第二条边 e_2，再通过边结点 e_2 中的 ilink 指针找到与它相关联的第三条边 e_3，边结点 e_3 中的 ilink 指针为空，表明再没有与该顶点相关联的其他边了。另一方面，如果想搜索所有与顶点 V_1 相关联的边，只需在顶点表找到 V_1，然后通过该顶点表目的 firstArc 指针找到与它相关联的第一条边 e_1，再通过边结点 e_1 中的 jlink 指针找到与顶点 V_1 相关联的第二条边 e_4，再通过边结点 e_4 中的 ilink 指针找到与顶点 V_1 相关联的第三条边 e_5，由于边结点 e_5 中的 ilink 指针为空，表明再没有与顶点 V_1 相关联的其他的边了。由此可以看出，从某一顶点出发沿链搜索，不仅能找到所有与该顶点相关联的边，而且还可以找出它的所有邻接顶点。

对于有向图也可以采用邻接多重表来表示，存储有向图的邻接多重表通常称为十字链表或正交链表（orthogonal linked list）。这种表示法与存储无向图的邻接多重表稍有不同，它实际上是将有向图的邻接表与逆邻接表结合在一起。这时在顶点表中设置两个指针域，第一个指向以此顶点为始点的第一条边，第二个指向以此顶点为终点的第一条边。

顶点表中的每个表目具有如下的结构：

vertex	firstIn	firstOut

它相当于出边表和入边表的表头结点。

十字链表的边结点（表目）与无向图的情况类似，只是指针的含义略有不同，第一个指针 ilink 指向始点与本边始点相同的下一条边，第二个指针 jlink 指向终点与本边终点相同的下一条边。显然，仅用表中的第一条链便得到有向图的邻接表（出边表），而用第二条链便得到有向图的逆邻接表（入边表）。

邻接多重表表示法所用的存储空间的大小与邻接表示法相同。根据需要边结点中还可增设权值域（weight）。

图 6-12 给出了图 G_8 的邻接多重表（十字链表）表示。

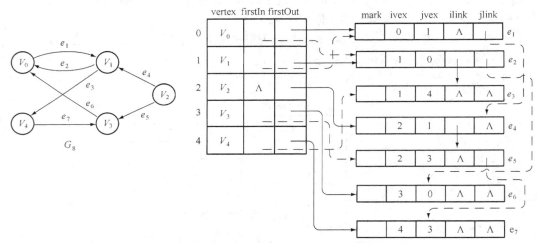

图 6-12 有向图 G_8 的邻接多重表（十字链表）表示

6.3 图的遍历

与树形结构的遍历类似，对于给定的图 G 和其中的任意一个顶点 V_0，从 V_0 出发按一定的次序系统地访问 G 中的所有顶点，且每个顶点只被访问一次，就叫做图的遍历（traversing graph）。它是许多图的算法的基础。

然而，图的遍历要比树形结构的遍历复杂得多。由于图中的任一顶点都可能与其余的顶点相邻接，因此在访问了某顶点之后，有可能顺着某条边又访问到已被访问过的顶点。例如，对于图 6-13 所示的无向图 G_1，它的每个顶点都和其余的三个顶点相邻接。在访问了 V_0, V_1, V_2 之后，顺着边（V_2, V_0）又可以访问到 V_0。所以，在图的遍历的过程中，必须记下每个被

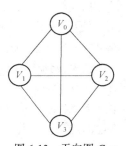

图 6-13 无向图 G_1

访问过的顶点，以免同一顶点被访问多次。

在算法中可设置一个标志顶点是否被访问过的辅助数组 visited $[0\cdots n-1]$，它的初始状态为 0（false），一旦某个顶点 V_i 被访问，便将 visited $[V_i]$ 置为 1（true）。当然也可以直接在顶点表中增加 mark 字段来取代辅助数组 visited。

对于图的遍历主要有两种方法：

（1）深度优先遍历，也称为深度优先搜索（depth first search, DFS）；

（2）广度优先遍历，也称为广度优先搜索（breadth first search, BFS）。

它们对无向图和有向图均适用。下面分别讨论这两种遍历方法。

6.3.1　深度优先遍历

图的深度优先遍历（depth first traversal）类似于树的先根遍历。它的方法是：访问顶点 V_0，然后选择一个 V_0 邻接到的且未被访问过的顶点 V_1，再从 V_1 出发进行深度优先遍历；当遇到一个所有邻接于它的顶点都已被访问过了的顶点 V_i 时，则返回到已访问的顶点序列中最后一个拥有未被访问的相邻顶点的顶点 V_s，再从 V_s 出发继续深度优先遍历；当 V_0 可达的顶点都已被访问过时，以 V_0 为出发点的遍历完成。若这时图中还有未被访问的顶点，则从中再选一个未被访问的顶点作为出发点，重复上述的过程，直到图 G 中的所有顶点都已被访问过为止。

显然，上述的遍历定义是递归的，且是针对有向图来叙述的，但对无向图也完全适用，只需把定义中的"邻接到"、"邻接于"换成"邻接"即可。图 6-14（1）给出了对有向图（从顶点 a 出发）进行深度优先遍历的示例；图 6-15（1）给出了对无向图（从顶点 V_0 出发）进行深度优先遍历的示例。

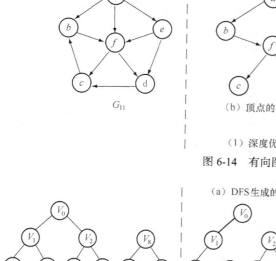

图 6-14　有向图遍历的示例

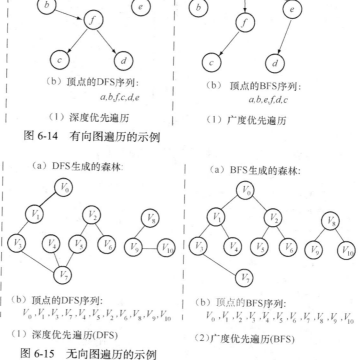

图 6-15　无向图遍历的示例

对图进行深度优先遍历时，首先访问的顶点称为出发点，又称为源点。按访问顶点的先后次序得到的顶点序列称为该图顶点的深度优先遍历序列，简称为顶点的 DFS 序列。一个图顶点的 DFS 序列不一定是唯一的，这是由于有时符合条件的顶点可能有多个。这里我们约定：当可供选择的顶点有多个时，序号较小的顶点优先。在邻接表的边表的表目也是按顶点序号的递增序排列。在上述规定下，只要给定了出发点，遍历后得到的结果就是唯一的了。

若图是连通的无向图或强连通的有向图，则从图的任何一个顶点出发都可以系统地访问遍所有顶点；若图是有根的有向图，则从根出发也可以系统地访问遍所有顶点。在这些情况下，图的所有顶点加上遍历时所经过的边所构成的子图称作图的生成树。图 6-14（1）中的（a）就是对有向图 G_{11}（从顶点 a 出发）进行深度优先遍历后得到的一棵生成树。

对于不连通的无向图和非强连通的有向图，从任意顶点出发一般不能系统地访问遍所有的顶点，而只能得到以此顶点为根的连通分支的生成树。要访问其他顶点则需要在没有访问过的顶点中找一个顶点作为出发点再进行遍历，这样最后得到的则是生成森林。如图 6-15 所示。

下面给出深度优先遍历的算法。图用邻接表法来表示。顶点表和边表的表目（结点）中都有一个访问标记字段，它们的初始状态为 0（false），算法结束时，顶点表的表目的标记字段都已改成 1（true）；边表中生成树（林）的边所对应表目的标记字段也变成 1（true）。图 6-16 给出了对应无向图 G_{13} 的存储表示，有阴影的标记字段算法结束时为 1（true）。

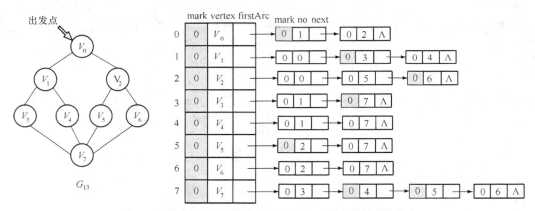

图 6-16　无向图 G_{13} 的邻接表表示及 DFS 算法执行后的状态

用邻接表表示法来存储图，其存储描述如下。

```
# define MaxVertexNum 20        // 顶点个数的最大值，应根据实际问题而定
typedef char vertextype;        // 顶点的类型，应根据实际问题而定
typedef struct  edge {          // 边表的表目类型
    int mark;                   // 边标记字段
    int no;                     // 顶点序号
    struct edge *next;              // 指向边表下一条边的指针
}edgetype;
typedef struct {                // 顶点表的表目类型
    int mark;                   // 顶点访问标记字段
    vertextype vertex;          // 顶点数据
    edgetype *firstArc;         // 指向边表的头指针
}vertexNode;;
```

```
typedef struct {
    vertexNode vex[MaxVertexNum];  // 顶点表
    int n, e;                      // 图中当前的顶点个数和边的数目
}ALGraph;
ALGraph  G;
edgetype  *p;
```

由于对于一般的图，从任意顶点出发可能不会访问所有顶点，而只能得到以源点为根的连通分支的生成树（这部分工作对应于算法 6.1）。因此，还需要有算法 6.2，它对图中的所有顶点进行测试，选择新的出发点并调用算法 6.1，以确保访问遍所有顶点。同时，它还具有求图的连通分支的功能。

算法 6.1　深度优先搜索的递归算法
　　　DFS(G, i)
1.　G.vex[i].mark ← 1;
　　　[访问顶点 V_i]
　　p ← G.vex[i].firstArc
　　　[取顶点 V_i 边表的头指针]
2.　循环 当　p≠NULL 时，执行
　　（1）若 G.vex[p->no].mark = 0
　　　　[顶点 V_i 的邻接点未访问过]
　　　　则 p-> mark ← 1;[边打标记]
　　　　DFS (G, p->no)
　　　　[以 V_i 的邻接点作为出发点]
　　（2）p ← p->next
　　　　[找 V_i 的下一个邻接点]
3.　[算法结束] ∎
	C/C++ 程序如下：
	<pre>void DFS (ALGraph &G , int i) {
	    edgetype *p;
	    G.vex[i].mark = 1;
	    // cout<< G.vex[i].vertex;
	    p = G.vex[i].firstArc;
	    while (P != NULL) {
	      if (G.vex[p->no].mark = = 0) {
	          p-> mark = 1;
	// cout<<'('<<G.vex[i].vertex<<','<< G.vex[p->no].vertex
	<<')';
	          DFS (G, p->no);
	      }
	      p = p->next;
	    }
	}</pre>

算法 6.2　深度优先遍历图的算法
　　　DFS_Component(G)
1.　循环 i 步长1，从0到G.n-1，执行
　　若 G.vex [i].mark = 0
　　　[顶点 V_i 未访问过]
　　则 DFS(G, i) [以 V_i 为源点进行DFS]
2.　[算法结束] ∎
	<pre>void DFS_Component (ALGraph &G) {
	    int i;
	    for (i = 0; i < G.n; i++)
	      if (G.vex [i].mark = = 0)
	          DFS (G, i); // cout <<endl;
	}</pre>

6.3.2　广度优先遍历

图的广度优先遍历（breadth first traversal）类似于树的层次遍历。它的方法是：访问顶点 V_0，然后依次访问 V_0 邻接到的所有未被访问过的顶点 $V_1, V_2, \cdots, V_t$，再依次访问 $V_1, V_2, \cdots, V_t$ 邻接到的所有未被访问过的顶点，如此进行下去，当 V_0 可达的顶点都已被访问过时，以 V_0 为出发点的遍历完成。若这时图中还有未被访问的顶点，则从中再选一个未被访问的顶点作为出发点，重复上述的过程，直到图 G 中的所有顶点都已被访问过为止。

上述的遍历定义也是针对有向图来叙述的，对于无向图，也只需把定义中的"邻接到"、"邻

接于"换成"邻接"即可。图 6-14（2）给出了对有向图（从顶点 a 出发）进行广度优先遍历的示例；图 6-15（2）给出了对无向图（从顶点 V_0 出发）进行广度优先遍历的示例。

下面给出广度优先遍历的算法。图也是用邻接表法来表示。顶点表和边表的表目（结点）中也都有一个访问标记字段，它们的初始状态为 0（false），算法结束时，顶点表表目的标记字段都已改成 1（true）；边表中生成树（林）的边所对应的表目的标记字段也都变成 1（true）。图 6-17 给出了对应无向图 G_{13} 的存储表示，有阴影的标记字段算法结束时为 1（true）。

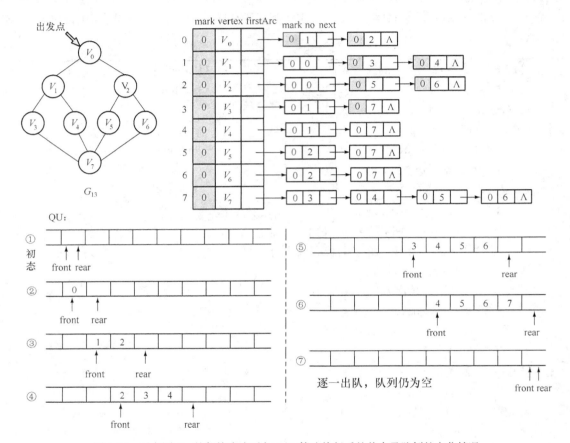

图 6-17　无向图 G_{13} 的邻接表表示与 BFS 算法执行后的状态及队例的变化情况

存储结构的描述与深度优先遍历的算法相同，但需要额外增加一个队列。这是因为在广度优先遍历的过程中，若 w_1 在 w_2 之前被访问，则 w_1 的那些未被访问的邻接顶点也在 w_2 的那些未被访问的邻接顶点之前被访问，即应遵循先来先处理的原则。这里使用了一个前面讲过的循环队列，只需将队列表目的数据类型 datatype 改为整型 int，因为队列中存放的是顶点的序号，以顶点的序号值作为下标到顶点表中就能找到对应的顶点。顺便指出的是，深度优先遍历的 DFS 算法是一个递归算法，因此它的实现需要一个栈结构。

对于有 n 个顶点、e 条边的图 G 来说，用邻接表作为存储结构，遍历算法都需对顶点表中的所有顶点访问一次，对边表中的表目至多扫描一次，因此，其时间复杂度为 O($n+e$)。若用邻接矩阵作为存储结构，则查找每一个顶点的所有的边，所需的时间为 O(n)，而遍历图中的所有顶点所需的时间为 O(n^2)。

算法 6.3 广度优先搜索的算法

BFS(G, i)

1. G.vex[i].mark ← 1;

   [访问顶点 V$_i$]

   EnQueue (QU, i)

   [顶点 V$_i$ 的序号入队]

2. 循环 当 非QueueEmpty (QU) 时, 执行

   （1）DeQueue (QU, k);

   p ← G.vex[k].firstArc

   （2）循环 当 p ≠ NULL 时, 执行

   ⅰ）若G.vex[p->no].mark = 0

   则 G.vex[p->no].mark ← 1;

   p-> mark ← 1;

   EnQueue (QU, p->no)

   ⅱ）p ← p->next

   [找V$_i$ 的下一个邻接点]

3. [算法结束] ∎

C/C++ 程序如下:

```c
void BFS (ALGraph &G , int i ) {
    edgetype *p;  int k;
    SeqQueue QU; ClearQueue ( QU );
    G.vex[i].mark = 1;
    EnQueue (QU, i );
    while ( !QueueEmpty (QU ) ) {
        DeQueue ( QU, k );
        p = G.vex[k].firstArc;
        while ( p != NULL ) {
            if (G.vex[P->no].mark = = 0 ) {
                G.vex[P->no].mark = 1;
                p-> mark = 1;
                EnQueue (QU, P->no);
            }
            P = P->next;
        }
    }
}
```

算法 6.4 广度优先遍历图的算法

BFS_Component (G)

1. 循环 i 步长1, 从 0 到 G.n-1, 执行

   若G.vex[i].mark = 0

   [顶点V$_i$ 未访问过]

   则 BFS(G, i) [以V$_i$为源点进行BFS]

2. [算法结束] ∎

```c
void BFS_Component ( ALGraph &G ) {
    int i;
    for ( i = 0; i < G.n; i++ )
        if ( G.vex [ i ].mark = = 0)
            BFS (G, i );  // cout <<endl;
}
```

6.4 最小（代价）生成树

对于有 *n* 个顶点的连通图, 它的生成树应含有 *n*-1 条边, 这是它的极小连通子图。也就是说, 若边数少于 *n*-1, 则图不是连通的; 若边数多于 *n*-1, 则图中一定存在回路。图的生成树不是唯一的, 采用不同的遍历方法, 不同的顶点出发或存储结构中顶点的排列顺序不同都可能得到不同的生成树。

对于带权的连通图（网络）, 如何找出一棵各边权值总和为最小的生成树? 这就是求最小（代价）生成树（Minimum Cost Spanning Tree）问题。这个问题很有实际意义。例如, 在 *n* 个城市之间要修筑高速公路或架设通信线路, 至少要修筑 *n*-1 条公路或架设 *n*-1 条线路才能把这 *n* 个城市联系起来。我们知道, 类似这样的工程耗资是巨大的, 这时自然会考虑: 怎样设计才能使得总的造价为最少? 假设图的顶点表示城市, 边表示连接两个城市之间的公路或通信线路。边的权可以用来表示两个城市之间的公路或通信线路的长度或造价。那么如何选择 *n*-1 条公路或线路, 使得修建的总长度最短或总造价最小呢? 这就需要构造该图的最小（代价）生成树。图 6-18 是带权的

连通图（网络）及最小生成树的例子。

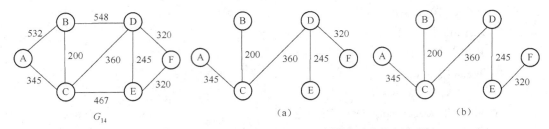

图 6-18　常权的连通图（网络）和它的两棵最小（代价）生成树

构造最小（代价）生成树（简称最小生成树）的方法有多种，其中比较典型的有两种：普里姆（Prim）算法和克鲁斯卡尔（Kruskal）算法。它们都是采用了一种逐步求解的贪心法（greedy approach）[❷]的策略。构造最小生成树的大多数算法都利用了下面的性质。

设 $G = (V, E)$ 是一个带权的连通图，U 是顶点集 V 的一个真子集。若 (u, v) 是 G 中所有一个顶点在 $U(u \in U)$ 里、而另一个顶点不在 U（即 $v \in V-U$）里的边中权值最小的一条边，则一定存在 G 的一棵最小生成树包括此边 (u, v)。

上述性质简称为 MST 性质，可用反证法证明如下：

假设 G 的任何一棵最小生成树都不包含边 (u,v)。设 T 是 G 的一棵最小生成树，由于树是连通的，一定存在 u 到 v 的一条路径，不包含此边 (u,v)。现将边 (u,v) 添加到这棵最小生成树 T 上，而产生一个回路，并且在这个回路上存在一条与 (u,v) 不同的边 (u',v')，使得 $u' \in U$，$v' \in V-U$，如图 6-19 所示。把边 (u',v') 删去，就得到了另一棵生成树 T'，它包含边 (u,v)。由条件知 $w((u,v)) \leqslant w((u',v'))$，所以 T' 的各边权值之和 $\leqslant T$ 的各边权值之和（$w(T') \leqslant w(T)$）。故 T' 是一棵包含边 (u,v) 的一棵最小生成树，这与假设矛盾。【证毕】

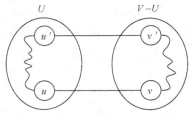

图 6-19　包含边 (u, v) 的回路

6.4.1　普里姆算法

普里姆（Prim）算法的基本方法是：从带权的连通无向图的任意一个顶点开始，把这个顶点加入到生成树中，然后在其一个顶点在生成树里、另一个顶点不在生成树里的诸条边中，选一条权值最小的边（不止一条时可从中任选一条），并把这条边和不在生成树里的顶点加入到生成树中。如此重复处理，直到图中的 n 个顶点 $n-1$ 条边全部进入生成树中为止。

构造出的最小生成树可能不是唯一的。例如图 6-18（a）和图 6-18（b）就是网络 G_{14} 的两棵不同的最小生成树，但它们的权值之和是相等的。

Prim 算法可概略地描述如下：

```
PrimMST（G, T）{
    // T 是边的集合，U 是顶点的集合；
    // u,v 是顶点，设任意顶点为 v₀
    T = Φ; U = {v₀};
    while （U≠V）{
```
找出一条满足 $u \in U$ 且 $v \in V-U$ 的权最小的边 (u,v)；

---

❷ greedy approach 也有译为贪婪法。

```
        T = TU{ (u, v) };    // 集合的并运算
        U = UU{ v };
    }
}
```

下面给出一个构造最小生成树的具体算法。

设带权的连通无向图 $G =(V, E)$ 有 n 个顶点，边的权均为正数。图用邻接矩阵法来表示。若 (V_i, V_j) $\in E$，则邻接矩阵中对应元素 edge[i][j] 的值为此边的权；否则说明 V_i, V_j 之间没有边，edge[i][j] 的值用机器的最大数来表示，图示中用 ∞ 来表示。矩阵的主对角线全为 0，表示各顶点还没有进入到生成树之中。在算法的执行过程中，如果顶点 V_i 进入了生成树，就将邻接矩阵的主对角线元素 edge[i][i] 置成 1。在构造最小（代价）生成树的过程中，还需设置一个辅助数组 B[0…n-1]，它的表目含有两个字段：lowcost 与 nearvex。

（1）B[i].nearvex 中存放不在生成树中的顶点 V_i 距离生成树中当前最近的顶点 V_j 的序号 j；

（2）B[i].lowcost 中存放不在生成树中的顶点 V_i 距离生成树中当前最近的顶点 V_j 的权值。

初始时，B[i]. lowcost = edge[k, i]（即 V_k 到各顶点 V_i 的权值）；

显然此时 B[i].nearvex 均为 k（$i = 0, 1, 2, \cdots, n-1$）。

图的邻接矩阵存储表示在前面已经给出过，因为权值为实型更具有一般性，所以只需将那里说明的类型 edgetype 由 "int" 改成 "float" 即可。

算法中需补加的变量说明如下。

```
AMGraph G;
typedef struct {
edgetype lowcost;  // 权值
int nearvex;       // 顶点的序号
} node;
node B[MaxVertexNum];
float min;
int i, k, p, num;
```

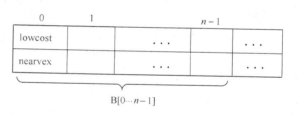

算法 6.5　用 Prim 方法构造网络的最小生成树

　　　　PrimMST (G, k, B[ ])

1. 循环，i 步长为1，从 0 到 G.n-1，执行

　　B[i]. lowcost ← G..edge[k, i] ;

　　B[i].nearvex ← k

2. G..edge[k][k] ← 1;　num ← 1　　　　[V_k 进入生成树中]

3. 循环，当 num ≤ G..n-1时，执行　　[选n-1条符合条件的边]

　（1）min ← +∞

　（2）循环，i 步长为 1，从 0 到 G..n-1，执行

　　　　若 G.edge[i][i] = 0 且 B[i].lowcost < min

　　　　则 p ←i; min ← B[i].lowcost

　（3）G..edge[p][p] ← 1　　[V_p 进入生成树中]

　（4）循环，i 步长为1，从 0 到 G..n-1，执行　　[选尽可能短的边，即修改B[i] 的值]

　　　　若 G.edge[i][i] = 0 且G..edge[p][i] < B[i].lowcost

　　　　则 B[i].lowcost ← G..edge[p][i];

　　　　　　B[i].nearvex ← p

（5）num ← num + 1

4. 循环，i 步长为1，从0到G..n-1，执行 [输出B 的边集及权值，即可构造出最小生成树]

        若 B[i].lowcost ≠ 0

        则 j ← B[i].nearvex；

            cout <<'(' << G.vex[j] << ', ' << G.vex[i] << ") ,"<< B[i].lowcost; <<endl ;

5. [算法结束] ∎

C/C++ 程序如下：

```
void PrimMST(AMGraph &G , int k , node& B[ ] ) {
    float min;
    int i, j, p, num;
    for ( i = 0; i <= G..n-1; i++ ) {
      B[i]. lowcost = G..edge[k, i] ;
      B[i].nearvex = k;
    }
    G..edge[k][k] = 1; num = 1;        // Vk 进入生成树中：edge[k][ k] = 1
    while ( num <= G..n-1 ) {               // 选n-1条符合条件的边
        min = MAXNUM;
        for ( i = 0; i <= G..n-1; i++ )
            if ((G..edge[i][i] == 0) && ( B[i]. lowcost < min ) ) {
                p = i; min = B[i].lowcost ;
            }
        G..edge[p][ p] = 1;             // Vp进入生成树中
        for ( i = 0; i <= G..n-1; i++)    // 选尽可能短的边，即修改B[i] 的值
            if ((G..edge[i][ i] == 0) &&(G..edge[p][ i] < B[i].lowcost )) {
                B[i].lowcost = G..edge[p][i];
                B[i].nearvex = p ;
            }
        num ++;
    }
    for ( i = 0; i <= G..n-1; i++ )   // 输出B 的边集及权值，即可构造出最小生成树
      if ( B[i].lowcost != 0 ) {
          j = B[i].nearvex;
          cout << ' (' << G..vex[j] << ' , ' << G..vex[i] << " ) , " << B[i].lowcost; <<endl ;
      }
}
```

上述算法内出现了双重循环，每层循环执行不超 n 次，因此，整个算法的时间复杂度为 $O(n^2)$。从 Prim 算法的时间复杂度可知，Prim 算法的的时间代价只与图中的顶点个数有关，而与边的个数无关，所以它适合于求稠密图的最小生成树问题。图 G_{15} 的算法执行过程如图 6-20 所示。

6.4.2　克鲁斯卡尔算法

由上一小节讲述的内容可知，构造最小生成树的依据主要有两条：

（1）在网络中选择 $n-1$ 条边来连接网络的 n 个顶点；

（2）尽可能地选取权值为最小且不构成回路的边。

克鲁斯卡尔（Kruskal）提出了一种按边的权值递增的顺序来构造最小生成树的方法。

用文字形式描述的产生最小生成树的步骤如下：（T 表示边的集合）

1. 设 T 的初态为空集。

2. 当 T 中边数小于 $n-1$ 时做以下工作：

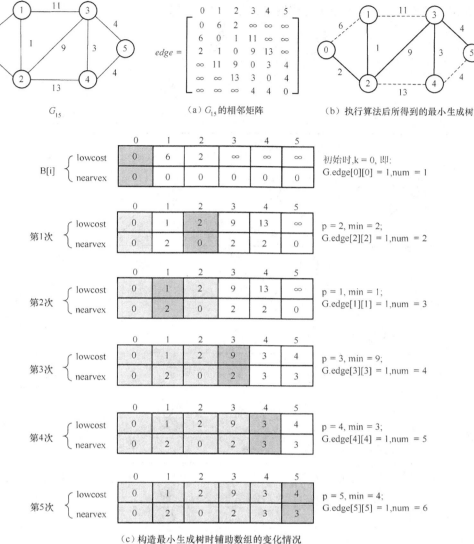

图 6-20　网络 G_{15} 和用 Prim 算法构造最小生成树的过程

（1）从 E（G）中选权值为最小的边（u,v）并删除；

（2）若（u,v）不和 T 中的边一起构成回路，

　　　则将边（u,v）加入到 T 中。

克鲁斯卡尔算法用伪代码可描述为：

```
KruskalMST（G, T）{
    T =Φ;
    按权值的非递减次序将 E（G）中的边排序到 E［0..e-1］中; //e 为边的个数
    while （|T| < n-1 ） {   //  |T| 为 T 中边的个数
        到 E［0..e-1］中找出一条权最小的边（u, v）并从 E［0..e-1］中删除;
        if （(u,v)加入 T 中不构成回路）
            T = T∪{(u,v) };   // 集合的并运算
        else  舍弃（u,v）;
    }
}
```

Kruskal 算法求图 G_{15} 的最小生成树的过程详见图 6-21。

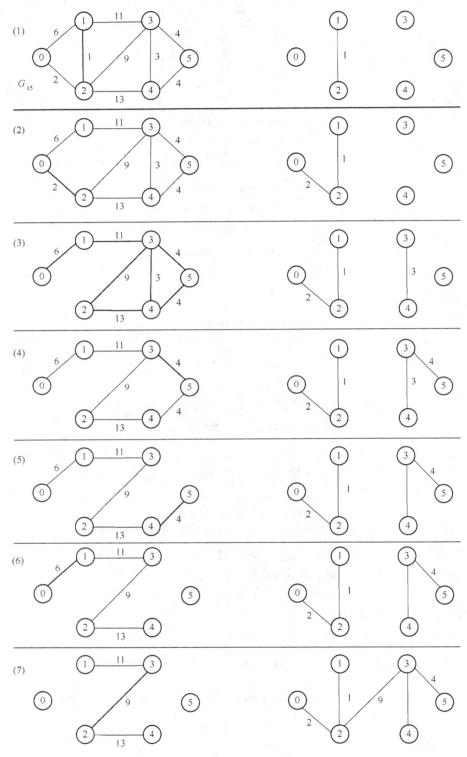

图 6-21 用 Kruskal 算法构造最小生成树的过程图

克鲁斯卡尔算法的时间开销与图中的边数有关，主要的时间花费在对边的排序上，而排序常采用堆排序的方法，对于有 e 条边的图来说，排序算法的时间代价为 O（$e\log_2 e$）。由于克鲁斯卡尔算法的时间代价与边的个数相关，因此，它适合于对稀疏图来求最小生成树的问题。

6.5 最短路径问题

在交通网络中，一个行车的的司机常常要考虑这样的问题：甲、乙两地之间是否有路相通？在有多条通路的情况下，则哪一条最短？用计算机求解这一问题，可以用带权的图来表示 n 个城市的的交通运输网络。图中顶点表示城市，边表示城市间的公路，每条边上所附带的权值表示公路的长度或运输所花费的时间、运费等，视具体问题而定。以上提出的问题就是带权有向图中求最短路径的问题，即求两个顶点间的长度最短的路径。这里的路径长度是指路径上边的权值之总和，而不是路径上边数的总和。运输线路往往是有方向性的。例如，汽车的上坡和下坡、轮船的顺水和逆水，所花费的时间和代价就不相同。由于这种路径具有方向性，所以在讨论该问题时通常采用带权的有向图表示。

本节分两种情况讨论最短路径问题，一是求一个顶点到其他各顶点的最短路径；二是求每一对顶点之间的最短路径。

6.5.1 单源最短路径

从图中某个顶点 V_0 到其他各顶点的最短路径问题称为单源最短路径（single-souce shortest paths）问题，其中顶点 V_0 称为出发点，又称为源点。

迪杰斯特拉（E.W.Dijkstra）提出了一个按路径长度的递增次序，逐步产生最短路径的算法。首先求出长度最短的一条最短路径，然后再求出长度次短的一条最短路径，如此进行下去，直到从源点 V_0 出发可以到达的所有顶点的最短路径全部被求出时为止。

例如，对于图 6-22 所示的带权有向图 G_{16}，设 V_0 为源点（出发点），所求出的 V_0 到其他各顶点的最短路径如图 6-23 所示。

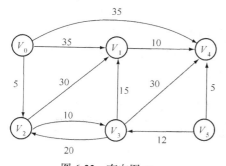

图 6-22 有向图 G_{16}

源点	终点	最短路径长度	最短路径
V_0	V_1	30	$V_0V_2V_3V_1$
	V_2	5	V_0V_2
	V_3	15	$V_0V_2V_3$
	V_4	35	V_0V_4
	V_5	∞	无

图 6-23 有向图 G_{16} 的 V_0 到其他各顶点的最短路径

具体的做法是：设顶点集合 S 存放已经求出最短路径的顶点。初始时，集合 S 中只有一个源点 V_0，以后每求出一条最短路径 $<V_0,\cdots,V_p>$，就将 V_p 加入 S 之中，直到 V_0 可以到达的所有顶点都进入到 S 之中为止。

为实现算法，需引入两个辅助向量 dist 与 path。

（1）辅助向量 dist 的每个分量 dist[i]表示当前找到的从源点 V_0 到终点 V_i 的最短路径的长度。

它的初始状态为：若从源点 V_0 有到顶点 V_i 的边，则 dist[i] 为该边上的权值；否则置 dist[i] 为 $+\infty$。显然，从源点 V_0 出发的第一条长度最短的最短路径的长度为：

$$\text{dist}[p] = \min \{ \text{dist}[i] \mid V_i \in V - \{ V_0 \} \}$$

而此路径为 $<V_0, V_p>$。

那么，下一条长度次最短的最短路径应该是哪一条呢？假设该次最短的最短路径的终点是 V_k，则可想而知，它或者是 $<V_0, V_k>$，或者是 $<V_0, V_p, V_k>$。其长度或者是有向边 $<V_0, V_k>$ 上的权值，或者是有向路径 $<V_0, V_p, V_k>$ 上边的权值之和，即 dist[p] 与有向边 $<V_p, V_k>$ 上的权值之和。

一般情况下，假设 S 是已求得的最短路径的终点的集合，下一条欲求的最短路径的终点为 V_k（$V_k \in V-S$），则可证明：下一条最短路径或者是弧 $<V_0, V_k>$ 或者是从 V_0 出发中间只经过 S 中的顶点就可到达终点 V_k 中长度较短的一条。用反证法证明如下：

假设此路径上有一个顶点不在 S 中，则说明存在一条终点不在 S 中而长度比此路径更短的路径，然而这是不可能的。因为我们是按最短路径长度递增的次序来产生最短路径的，所以，长度比这条路径短的所有最短路径均已产生，而且它们必在 S 中，故与假设矛盾。

因此，在一般情况下，下一条欲求的最短路径的长度必是：

$$\text{dist}[p] = \min \{ \text{dist}[i] \mid V_i \in V-S \}$$

在每次求得一条最短路径之后，其终点 V_p 加入集合 S 中，然后需对所有的 $V_i \in V-S$，修改 dist[i]：

$$\text{dist}[i] = \min \{ \text{dist}[i], \text{dist}[p] + \text{edge}[p][i] \}$$

其中，edge[p][i] 是边 $<V_p, V_i>$ 上的权值。

（2）辅助向量 path 的每个分量 path[i] 表示在最短路径上该顶点的前一个顶点的序号，沿着顶点 V_i 对应的 path[i] 进行追踪，就能得到 V_0 到 V_i 的最短路径。

设有带权的有向图用邻接矩阵 G.edge 表示，若 $<V_i,V_j>$ 是图中的边，则 G.edge[i][j] 的值等于边上所带的权值，否则 G.edge[i][j] 为 $+\infty$（在程序中用机器可表示的最大正数）。开始时，G.edge[i][i] 等于 0，处理中用 G.edge[i][i] 等于 1 标志 V_i 已经进入集合 S。

算法用到的存储结构补充说明如下。

```
const float MAXNUM = 机器可表示的、问题中不可能出现的大正数;
const MaxVertexNum = 100;        // 图中顶点个数的最大值
AMGraph G;            // 需将邻接矩阵 edge[][] 的类型 edgetype 改为 float 类型
float dist [MaxVertexNum];       // 存放源点 V0 到其他各顶点的最短路径长度
int path [MaxVertexNum];         // 存放在最短路径上该顶点的前一个顶点的序号
float  min;
int  v, i, k, p;
```

进入算法时，源点的序号在变量 v 中。

算法 6.6 在带权有向图中求单源最短路径的 Dijkstra 算法

　　　　DijkstraShortestPath(G, v, dist [], path [])

1.（1）循环 i 步长为1，从0到G.n-1，执行

　　　　　　dist[i] ← G.edge[v][i];

　　　　　　若 dist[i] $\neq$ $+\infty$

　　　　　　则path[i] ← v

　　　　　　否则path[i] ← -1　　[-1代表空]

　　（2）G.edge[v][v] ← 1;　　　　[源点加入到集合 S 中]

2. 循环 k步长为1, 从0到G.n-2, 执行　　　[逐个把其余顶点加入到集合S中]

　　（1）[在集合V-S中找dist[i] 值最小的顶点]

　　　　ⅰ）min ← +∞;　p ← -1　　　[置选最小值的初值]

　　　　ⅱ）循环 i 步长为1, 从0到G.n-1, 执行

　　　　　　若　G.edge[i][i] = 0 且 dist[i] < min

　　　　　　则　p ← i; min ← dist[i]

　　（2）[把找到的顶点加入到集合S 之中]

　　　　　　若　p = -1　　[再选不出可以往集合S加入的顶点]

　　　　　　则　算法结束

　　　　　　否则　G.edge[p][p] ← 1

　　（3）[修改集合V-S中dist[i]的值]

　　　　　　循环 i 步长为1, 从0到G.n-1, 执行

　　　　　　若　G.edge[i][i] = 0 且　dist[i] > dist[p] + G.edge[p][i]

　　　　　　则　dist[i] ← dist[p] + G.edge[p][i];

　　　　　　　　path[i] ← p

3. [算法结束]　▊

C/C++ 程序如下：

```
int DijkstraShortestPath(AMGraph &G , int v, float &dist [], int &path [] ) {
float min;
int i, k, p;
for ( i=0 ; i < G.n; i++) {
    dist[i] = G.edge[v][i];
    if (dist[i] < MAXNUM )
        path[i] = v;
    else
        path[i] = -1;
}
G.edge[v][v] = 1;
for ( k=0 ; k < G.n-1; i++ ) {
    min = MAXNUM;  p = -1;
    for ( i =0; i < G.n; i++ )
        if ( G.edge[i][i] = = 0 && (dist[i] < min ) {
            p = i;  min = dist[i];
        }
if (p = = -1) { cout<<"No vertex can be added in S "<<endl; return 0; }
G.edge[p][p] = 1;
for ( i = 0; i < G.n; i++ )
    if ( G.edge[i][i] = = 0 && dist[i] > dist[p] + G.edge[p][i] ) {
            dist[i] = dist[p] + G.edge[p][i];
            path [i] = p;
    }
}
return 1;  // n个顶点均进入S中
}
```

容易看出，Dijkstra 算法的时间复杂度为 O（n^2），占用的辅助空间为 O（n）。

图 6-24 给出了带权的有向图 G_{16} 和它的邻接矩阵，图 6-25 是算法执行过程中数组 dist 和数组 path 的变化情况（对于有向图 G_{16}，源点为 V_0）。

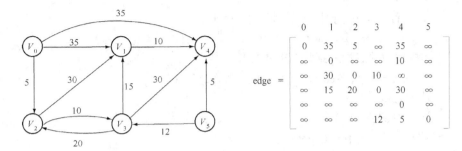

图 6-24 有向图 G_{16} 和它的邻接矩阵

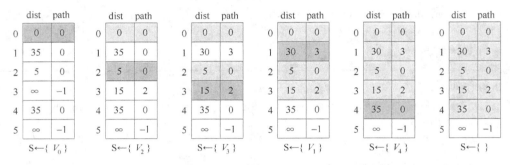

图 6-25 Dijkstra 算法执行过程中 dist 数组和 path 数组的变化

沿着最后得到的 path 数组进行追朔，就可得到最短路径。例如，从 V_0 到 V_1 的最短路径为 V_0，V_2, V_3, V_1（追朔的过程是：1→3→2→0），且最短路径长度为 30。

6.5.2 每对顶点间的最短路径

对于 n 个顶点的带权有向图，要求每一对顶点之间的最短路径（all-pairs shortest paths），显然可调用 Dijkstra 算法。具体方法是：每次以不同的顶点作为源点，用 Dijkstra 算法求出从该源点到其他各顶点的最短路径，这样不断地变换源点，反复执行 n 次 Dijkstra 算法，就可求得每一对顶点之间的最短路径。总的时间复杂度为 O（n^3）。

这里要介绍的是由弗洛伊德（Floyd）提出的另一种算法，称之为 Floyd 算法。这个算法的时间复杂度仍为 O（n^3），但形式上要比 Dijkstra 算法简单些。

Floyd 算法仍使用前面定义的邻接矩阵来表示带权的有向图 $G = (V, E)$。其基本思想是：递推地产生一个 $n \times n$ 矩阵序列 $A^{(0)}$, $A^{(1)}$, …, $A^{(k)}$, …, $A^{(n-1)}$，其中，$A^{(k)}[i][j]$ 表示从顶点 V_i 到顶点 V_j 的路径上所经过的中间顶点序号不大于 k 的最短路径长度。初始时设置 $A^{(-1)}$ 且 $A^{(-1)}[i][j]$ = G.edge[i][j]（$i, j = 0, 1, …, n-1$），最后，$A^{(n-1)}[i][j]$ 等于从顶点 V_i 到顶点 V_j 的路径上所经过的中间顶点序号不大于 $n-1$ 的最短路径长度。递推地产生 $A^{(0)}$, $A^{(1)}$, …, $A^{(k)}$, …, $A^{(n-1)}$ 的过程，就是逐步允许越来越多的顶点作为路径的中间顶点，直到所有顶点都允许作为路径的中间顶点了，即

$A^{(n-1)}$ 中表示最后所求的结果。

一般地，若 $A^{(k-1)}$ 已求出，怎样由它求出 $A^{(k)}$ 呢？从顶点 V_i 到顶点 V_j 中间顶点序号不大于 k 的最短路径有两种情况：一种是中间不经过顶点 V_k，那么就有 $A^{(k)}[i][j] = A^{(k-1)}[i][j]$；另一种情况是中间经过顶点 V_k，这时 $A^{(k)}[i][j] < A^{(k-1)}[i][j]$，这条从 V_i 经由 V_k 到 V_j 中间顶点序号不大于 k 的最短路径由两段组成，一段是从 V_i 到 V_k 中间顶点序号不大于 $k-1$ 的最短路径，另一段是从 V_k 到 V_j 中间顶点序号不大于 $k-1$ 的最短路径，其路径长度应为这两段路径长度之和，因此

$$A^{(k)}[i][j] = A^{(k-1)}[i][k] + A^{(k-1)}[k][j]$$

依次递推，直到求出 $A^{(n-1)}$。

下面给出计算每一对顶点间的最短路径长度的弗洛伊德算法。

在算法中，带权的有向图用邻接矩阵来表示，由于 $A^{(-1)} = G.edge$，所以进入算法时，首先将邻接矩阵 $G.edge$ 的值赋给 $A^{(-1)}$（即作为 A 的初值）。此外算法中还用到一个矩阵 path，在算法的执行过程中，path[i][j] 是从顶点 V_i 到 V_j 中间顶点序号不大于 k 的最短路径上 V_j 的前一个顶点的序号。算法结束后，根据 path[i][j] 的值进行追朔，就可以得到从顶点 V_i 到 V_j 的最短路径；而 $A[i][j]$（$=A^{(n-1)}[i][j]$）的值就是从顶点 V_i 到顶点 V_j 的最短路径长度。

存储描述如下。

```
const float MAXNUM = 机器可表示的、问题中不可能出现的大正数;
const int MaxVertexNum = 100;  // 图中顶点个数的最大值
AMGraph G;    // 需将邻接矩阵 edge[ ][ ] 的类型 edgetype 改为 float 类型
float A[MaxVertexNum][ MaxVertexNum];
int path[MaxVertexNum][ MaxVertexNum];
int i, j, k;
```

算法 6.7　求带权图中每对顶点间的最短路径

　　　　　　Floyd(G, A[][], path[][])

1. 循环 i 步长为1，从0到G.n-1，执行　　　[矩阵 $A^{(-1)}$ 与 $path^{(-1)}$ 的初始化]

　　循环 j 步长为1，从0到G.n-1，执行

　　（1）A[i][j] ← G.edge[i][j]

　　（2）若 i ≠ j 且 A[i][j] < MAXNUM

　　　　则 path[i][j] ← i　　　[从 V_i 到 V_j 的有路径(边)]

　　　　否则 path[i][j] ← -1　　　[从 V_i 到 V_j 的没有路径(边)]

2. 循环 k 步长为1，从0到G.n-1，执行　　　[产生 $A^{(k)}$ 与 $path^{(k)}$]

　　循环 i 步长为1，从0到G.n-1，执行

　　　循环 j 步长为1，从0到G.n-1，执行

　　　　若 A[i][k] + A[k][j] < A[i][j]

　　　　则 A[i][j] ← A[i][k] + A[k][j];

　　　　　　path[i][j] ← path[k][j]

3. [算法结束] ▌

C/C++ 程序如下：

```
void Floyd ( AMGraph &G , float &A[][], int &path[][] ) {
    int i, j, k;
    for ( i=0; i < G.n; i++ )
```

```
       for ( j = 0 ;  j < G.n; j++ ) {
          A[i][j] = G.edge[i][j];
          if ( i !=  j && A[i][j] < MAXNUM )
              path[i][j] = i;
          else
              path[i][j] = -1;
      }
   for ( k = 0 ;  k < G.n; k++ )
       for ( i = 0 ;  i < G.n;  i++ )
          for ( j = 0 ;  j < G.n;  j++ )
              if ( A[i][k] + A[k][j] < A[i][j] ) {
                    A[i][j] = A[i][k] + A[k][j];
                    path[i][j] = path[k][j];
              }
   }
```

用 Floyd 算法求图 6-26 所示的带权有向图 G_{17} 的每一对顶点间的最短路径及最短路径长度的
过程如图 6-27 所示。

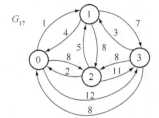

$$G.edge = \begin{matrix} & 0 & 1 & 2 & 3 \\ 0 & 0 & 1 & 8 & 12 \\ 1 & 4 & 0 & 8 & 7 \\ 2 & 2 & 5 & 0 & 11 \\ 3 & 8 & 3 & 8 & 0 \end{matrix}$$

图 6-26　带权的有向图 G_{17} 和它的邻接矩阵

$$A^{(-1)} = \begin{matrix} & 0 & 1 & 2 & 3 \\ 0 & 0 & 1 & 8 & 12 \\ 1 & 4 & 0 & 8 & 7 \\ 2 & 2 & 5 & 0 & 11 \\ 3 & 8 & 3 & 8 & 0 \end{matrix}$$

$$path^{(-1)} = \begin{matrix} & 0 & 1 & 2 & 3 \\ 0 & -1 & 0 & 0 & 0 \\ 1 & 1 & -1 & 1 & 1 \\ 2 & 2 & 2 & -1 & 2 \\ 3 & 3 & 3 & 3 & -1 \end{matrix}$$

$$A^{(0)} = \begin{matrix} & 0 & 1 & 2 & 3 \\ 0 & 0 & 1 & 8 & 12 \\ 1 & 4 & 0 & 8 & 7 \\ 2 & 2 & 3 & 0 & 11 \\ 3 & 8 & 3 & 8 & 0 \end{matrix}$$

$$path^{(0)} = \begin{matrix} & 0 & 1 & 2 & 3 \\ 0 & -1 & 0 & 0 & 0 \\ 1 & 1 & -1 & 1 & 1 \\ 2 & 2 & 0 & -1 & 2 \\ 3 & 3 & 3 & 3 & -1 \end{matrix}$$

$$A^{(1)} = \begin{matrix} & 0 & 1 & 2 & 3 \\ 0 & 0 & 1 & 8 & 8 \\ 1 & 4 & 0 & 8 & 7 \\ 2 & 2 & 3 & 0 & 10 \\ 3 & 8 & 3 & 8 & 0 \end{matrix}$$

$$path^{(1)} = \begin{matrix} & 0 & 1 & 2 & 3 \\ 0 & -1 & 0 & 0 & 1 \\ 1 & 1 & -1 & 1 & 1 \\ 2 & 2 & 0 & -1 & 1 \\ 3 & 3 & 3 & 3 & -1 \end{matrix}$$

图 6-27　对于图 G_{17}Floyd 算法的执行过程

$$A^{(2)} = \begin{array}{c c} & \begin{array}{c c c c} 0 & 1 & 2 & 3 \end{array} \\ \begin{array}{c} 0 \\ 1 \\ 2 \\ 3 \end{array} & \begin{array}{|c c c c|} \hline 0 & 1 & 8 & 8 \\ 4 & 0 & 8 & 7 \\ 2 & 3 & 0 & 10 \\ 7 & 3 & 8 & 0 \\ \hline \end{array} \end{array}$$

$$path^{(2)} = \begin{array}{c c} & \begin{array}{c c c c} 0 & 1 & 2 & 3 \end{array} \\ \begin{array}{c} 0 \\ 1 \\ 2 \\ 3 \end{array} & \begin{array}{|c c c c|} \hline -1 & 0 & 0 & 1 \\ 1 & -1 & 1 & 1 \\ 2 & 0 & -1 & 1 \\ 1 & 3 & 3 & -1 \\ \hline \end{array} \end{array}$$

$$A^{(3)} = \begin{array}{c c} & \begin{array}{c c c c} 0 & 1 & 2 & 3 \end{array} \\ \begin{array}{c} 0 \\ 1 \\ 2 \\ 3 \end{array} & \begin{array}{|c c c c|} \hline 0 & 1 & 8 & 8 \\ 4 & 0 & 8 & 7 \\ 2 & 3 & 0 & 10 \\ 7 & 3 & 8 & 0 \\ \hline \end{array} \end{array}$$

$$path^{(3)} = \begin{array}{c c} & \begin{array}{c c c c} 0 & 1 & 2 & 3 \end{array} \\ \begin{array}{c} 0 \\ 1 \\ 2 \\ 3 \end{array} & \begin{array}{|c c c c|} \hline -1 & 0 & 0 & 1 \\ 1 & -1 & 1 & 1 \\ 2 & 0 & -1 & 1 \\ 1 & 3 & 3 & -1 \\ \hline \end{array} \end{array}$$

图 6-27 对于图 G_{17}Floyd 算法的执行过程（续）

算法结束后，由矩阵 path 可推得任何一对顶点之间的最短路径。例如求从 V_2 到 V_3 的最短路径，由 path[2][3] = 1 可知 V_3 的前一个顶点是 V_1，由 path[2][1] = 0 可知 V_1 的前一个顶点是 V_0，由 path[2][0] = 2 可知 V_0 的前一个顶点是 V_2，因此，从 V_2 到 V_3 的最短路径为 V_2 ,V_0 ,V_1 ,V_3，其最短路径长度为 A[2][3] 的值 10。

6.6　拓扑排序

拓扑排序（topological sort）是将有向图 G 的所有顶点排成一个线性序列，使得对图中的任何一对顶点 V_i 和 V_j，若存在一条从 V_i 到 V_j 的路径，则 V_i 在此线性序列中必排在 V_j 之前。通常将这样的线性序列称为满足拓扑次序（topological order）的序列，简称为拓扑序列（topological sequence）。根据有向图 G，求得拓扑序列的过程称为拓扑排序。

拓扑排序的定义也可以从数学的角度给出：

由某个集合上的一个偏序[1]得到该集合上的一个全序[2]的操作称之为拓扑排序。直观地可解释为，偏序是指集合中仅有部分元素之间可比较，而全序指集合中全体元素之间均可比较。

一个有向图经常用来表示各项活动（或事件）的先后（或优先）关系。在实际中，有向图可以用来表示工程的施工图，产品的生产流程图，学生的课程安排图等。有向图的顶点表示一项活动（或一个事件），即对应一项子工程或一门课程等，有向图的边表示两个活动之间的次序关系。如边$<V_i, V_j>$表示子工程或课程 V_i 必须在 V_j 之前完成。对有向图的顶点进行拓扑排序，对应于实际问题就是给各项子工程（或各门课程）排出一个线性的顺序关系，如果条件限制这些工作必须串行的话，那就应该按拓扑排序得到的次序去进行。

例如，计算机专业学生的学习可视为一项工程，每一门课程的学习就是整个工程中的一个活动。图 6-28（a）给出了若干门必修的课程，其中有的课程有先修课程，即以必须学完某些课程才能学习此课程为先决条件，有的课程则没有，可以并行地学习。由先决条件定义了各课程之间的先后关系，这种先后关系可以用有向图来表示，如图 6-28（b）所示。

这种用顶点表示活动，用边表示活动之间的先后（或优先）关系的有向图称为用顶点表示活动的网络（Activity On Vertex network），简称 AOV 网。

---

[1] 若集合 X 的关系 R 是自反的、反对称的和传递的，则称 R 是集合 X 上的偏序（partial order）关系。
[2] 设 R 是集合 X 上的偏序关系，若对每个 x, y∈X 必有 xRy 或 yRx，则称 R 是 X 上的全序（full order）关系。

课程代号	课程名称	先修课程
C_0	高等数学	无
C_1	程序设计基础	无
C_2	离散数学	C_0，C_1
C_3	数据结构	C_1，C_2
C_4	程序设计语言	C_1
C_5	编译原理	C_3，C_4
C_6	操作系统	C_3，C_8
C_7	普通物理	C_0
C_8	计算机原理	C_7

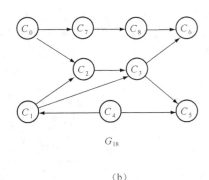

G_{18}

(a)　　　　　　　　　　　　　　　(b)

图 6-28　学生的课程关系图

在 AOV 网中，不应该出现回路（有向环），因为存在回路则意味着某项活动的开始要以自己的完成作为先决条件。显然这是自相矛盾的。图 6-29 给出具有三个顶点的回路。这种情况若出现在程序中，则称为死锁或死循环，是应该必须避免的。因此对给定的 AOV 网应首先判断网中是否存在回路，检测的办法是对 AOV 网构造其顶点的拓扑序列，若网中的所有顶点都在拓扑序列中，则该 AOV 网中必定不存在环（回路）。

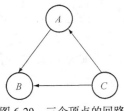

图 6-29　三个顶点的回路

一个无环（不含回路）的有向图称为有向无环图（Directed Acyclic Graph），简称 DAG。DAG 有广泛的应用背景。它在计算机系统设计、数据挖掘、计算机应用领域（如工程规划、项目管理等）都有着重要的应用。

例如，对图 6-28（b）给出的有向图进行拓扑排序，可以得到如下的拓扑序列：

C_0, C_1, C_2, C_3, C_4, C_5, C_7, C_8, C_6

或　　C_0, C_7, C_8, C_1, C_4, C_2, C_3, C_5, C_6

从这个例子可以看到，一个 DAG 图的拓扑序列不是唯一的。但任何一个 DAG 图，其顶点都可以排在拓扑序列之中。下面给出进行拓扑排序的方法。

（1）在有向图中选择一个没有前驱（入度为 0）的顶点并输出；

（2）从有向图中删去该顶点及它的所有出边。

重复执行以上两步，直到出现以下的情况之一时为止：

① 所有顶点均已输出，即拓扑排序完成；

② 剩下的图中再没有入度为 0 的顶点可选，即图中存在有向环。

图 6-30 给出了一个例子，按上述方法逐步地完成拓扑排序。最后可以得到的一个拓扑序列为 a, b, c, d, e, f, g。

AOV 网的拓扑排序可以在有向图的不同存储结构上来实现。

1. 在邻接矩阵表示上的实现

进入算法时，已将邻接矩阵 G.edge 作为矩阵 A 的初值赋给 A，矩阵 A 的列数与 G.edge 相同，但行数比 G.edge 多一行，即算法中用 A 的第 n 行来存储顶点在拓扑序列中的序号值，序号值的取值范围是 $1 \cdots n$，$A[n][j]$ 的初值为 0（$j = 0, 1, \cdots, n-1$）。例如 $A[n][j] = 5$，则表示经拓扑排序后顶点 V_j 在拓扑序列中排在第 5 位。找入度为 0 的顶点就是在矩阵中找全 0 的列；删除某个顶点的出边就是把矩阵中对应这个顶点的行置成全 0。

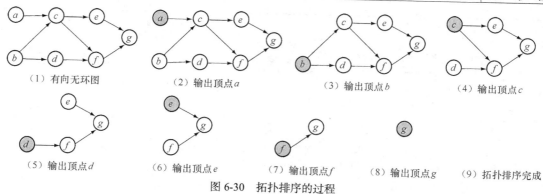

图 6-30　拓扑排序的过程

进行拓扑排序的步骤是：

（1）取 1 作为起始的序号值；

（2）找一个没有得到序号值的全 0 的列，如果没有则停止执行（这时若矩阵所有的列都已得到了序号值则表示拓扑排序完成；否则说明图中存在环）；

（3）把新的序号值赋给找到的列；

（4）把找到的列的对应的行置成全 0，即若找到的是第 p 列，则就把第 p 行置成全 0；

（5）序号值增 1，转到第（2）步。

算法结束后，矩阵的每列得到一个序号值，就是该列对应顶点在拓扑序列中的序号。

存储描述如下。

```
AMGraph G;      // 邻接矩阵 G.edge[][]
int A[MaxVertexNum+1][MaxVertexNum];
int k, i, j, p, s;
```

算法 6.8　AOV 网在邻接矩阵表示上实现拓扑排序

Topological_1(G, A[][])

1. 循环 k 步长为 1，从 1 到 G.n，执行

　　（1）循环 j 步长为 1，从 0 到 G.n−1，执行

　　　　　若　A[G.n][j] = 0

　　　　　则　i ）　s ← 0

　　　　　　　ii ）　循环 i 步长为 1，从 0 到 G.n−1，执行

　　　　　　　　　　　s ← s+A[i][j]

　　　　　　　iii ）　若 s = 0

　　　　　　　　　　则　p ← j; 跳出循环

　　（2）若 s = 0

　　　　　则　i ）　循环 j 步长为 1，从 0 到 G.n−1，执行

　　　　　　　　　　　A[p][j] ← 0

　　　　　　　ii ）　A[G.n][p] ← k

　　　　　否则　跳出循环

2. [算法结束]　∎

C/C++ 程序如下：

```
void Topological_1(AMGraph G, int &A[][]) {
    int k, i, j, p, s;
```

```
    for ( i = 0;  i < G.n; i++ )                    //  邻接矩阵G.edge[ ] [ ] 赋给矩阵A[ ] [ ]
        for (j=0;  j < G.n; j++ )
            A[i][j] = G.edge[i][j];
    for ( j=0;  j < G.n; j++ ) A[G.n][j] = 0;   // 矩阵A的第n行（序号值）初值全为0
    for ( k=1;  k <= G.n;  k ++ ) {                 // 开始拓扑排序
        for ( j=0;  j < G.n; j++ ) {
            if (A[G.n][j] = = 0 ) {
                s = 0;
                for ( i =0;  i <G.n; i++ )  s = s + A[i][j];
                if (s = = 0 ) {p = j; break; }
            }
            if (s = = 0 ) {
                for ( j=0;  j < G.n; j++ )  A[p][j] = 0;
                A[G.n][p] = = k;
            }
            else  break;
        }
    }
```

如图 6-31 所示，对于有向图 G_{18}，算法执行后矩阵 A 的第 n 行（得到的序号值）为：

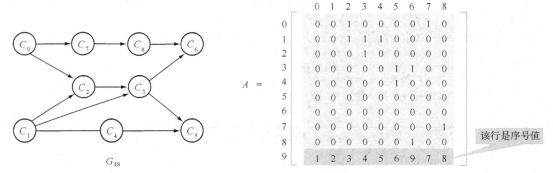

图 6-31　对于有向图 G_{18} 算法 6.8 执行后矩阵 A 第 n 行的状态

得到的拓扑序列是：

$$C_0, C_1, C_2, C_3, C_4, C_5, C_7, C_8, C_6$$

在 AOV 网的邻接矩阵表示上进行拓扑排序，其算法简单，但效率并不高。要花费 $O(n^2)$ 的时间才能找到全 0 的列。从而导致整个算法的时间复杂度为 $O(n^3)$。较为实用的算法是下面要介绍的在邻接表表示上进行拓扑排序的算法，其时间复杂度可提高到 $O(n+e)$。

2. 在邻接表表示上的实现

这里介绍的拓扑排序的算法是 AOV 网采用邻接表存储表示。为了便于查找入度为 0 的顶点，在顶点表中增设一个 inDegree 字段，用来记录各个顶点的入度，并用这些入度为 0 的顶点的 inDegree 字段构造一个（静态）链接存储方式的栈，把所有入度为 0 的顶点都压入栈中，这样每次找入度为 0 的顶点就不必检测整个顶点表，只要从栈顶弹出一个顶点即可。对于从栈顶弹出的入度为 0 的顶点，检查它的出边表，对每条出边的终点，把它在顶点表里对应的表目的 inDegree 字段值减 1，若顶点的入度为 0，则把它压入栈中。

用该方法进行拓扑排序，算法开始时首先建立入度为 0 的顶点的栈，需要检测顶点表的所有顶点一次，排序中每个顶点输出一次，每条边要被检测一次，因此，算法的时间复杂度为 $O(n+e)$。

用邻接表表示法来存储图，其存储结构描述如下。

```
# define MaxVertexNum 20        // 顶点个数的最大值, 应根据实际问题而定
typedef char vertextype;        // 顶点的类型, 应根据实际问题而定
typedef struct edge {           // 边表的表目类型
    int no;                     // 顶点序号
    struct edge *next;          // 指向边表下一条边的指针
}edgetype;
typedef struct {                // 顶点表的表目类型
    int inDegree                // 顶点的入度
    vertextype vertex;          // 顶点数据
    edgetype *firstArc;         // 指向边表的头指针
}vertexNode;
typedef struct {
    vertexNode vex[MaxVertexNum]; // 顶点表
    int n, e;                    // 图中当前的顶点个数和边的数目
}ALGraph;
ALGraph G;
edgetype *p;
int i, count;
int top, k;
```

进入算法时, AOV 网已存储在邻接表中, 其中各顶点的入度值已填入对应的 inDegree 字段里。算法结束时, 进入拓扑序列的顶点均已被输出, inDegree 字段的值随着栈的动态变化被改变。

算法 6.9 AOV 网在邻接表表示上实现拓扑排序

Topological_2(G)

1. top ← −1;   [将入度为0的顶点初始地建立起一个栈, top为栈顶]
   循环 i 步长为1, 从0到G.n−1, 执行
       若 G.vex[i].inDegree = 0
       则 G.vex[i].inDegree ← top;
           top ← i
2. count ← 0   [记录进入拓扑序列的顶点个数, 初始值为0]
3. 循环 当 top ≠ −1时, 执行
   （1）k ← top; top ← G.vex[top].inDegree
   （2）print(G.vex[k].vertex); count ← count + 1
   （3）p ← G.vex[k].firstArc
   （4）循环 当 p ≠ NULL时, 执行
           j ← p->no;
           G.vex[j].inDegree ← G.vex[j].inDegree −1;
           若G.vex[j].inDegree = 0
           则 G.vex[j].inDegree ← top; top ← j;
           p ← p->next
4. 若 count < G.n
   则 print("Network have circles. ")
5. [算法结束]

C/C++ 程序如下：

```
void Topological_2 ( ALGraph &G ) {
    edgetype *p;
    int  i, count;
    int  top, k;
    top = -1;
    for ( i=0; i < G.n; i++)
        if (G.vex[i].inDegree == 0) {
            G.vex[i].inDegree = top;
            top = i;
        }
    count = 0;
    while ( top != -1 ) {
        k = top;  top = G.vex[top].inDegree;
        cout<< G.vex[k].vertex; count++;
        p = G.vex[k].firstArc;
        while ( p != NULL ) {
            j = p->no;
            G.vex[j].inDegree --;
            if (G.vex[j].inDegree == 0 ) {
                G.vex[j].inDegree = top;  top = j;
            }
            p = p->next;
        }
    }
    if (count < G.n )
        cout<< "Network have circles.."<<endl;
}
```

用算法 6.9 对于图 6-28 所示的有向图 G_{18} 进行拓扑排序，其初始的邻接表存储形式如图 6-32 所示。

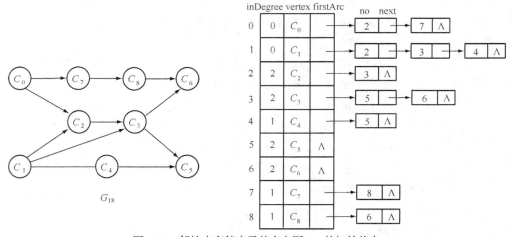

图 6-32 邻接表存储表示的有向图 G_{18} 的初始状态

算法 6.9 执行后，输出的拓扑序列是

$$C_1, C_4, C_0, C_7, C_8, C_2, C_3, C_6, C_5$$

从以上两个算法可以看出，同样的一种运算，由于存储结构的不同，其算法的运行效率也相差很大，也就是说，存储结构会对算法的时间复杂度产生直接影响。因此，对于一个实际问题，数据的逻辑结构确定之后，要根据所要进行的操作来选择更合适且有效的存储结构。

6.7　关键路径

与 AOV 网相对应的是 AOE 网（Activity On Edge network），即用边表示活动的网。AOE 网是一个带权的有向无环图，图中的有向边表示活动（activity），边上的权值表示活动的持续时间（duration time）；用顶点表示事件（event），表示它的所有入边代表的活动均已完成，它的出边代表的活动可以开始的一种状态。通常用 AOE 网来估算工程的进度。

例如，如图 6-33 所示是一个 AOE 网的例子。网中包括 11 项活动 $a_1, a_2, \cdots, a_{11}$，9 个事件 $V_0,$ $V_1, \cdots, V_8$。事件 V_0 表示整个工程的开始，事件 V_8 表示整个工程的结束。其他每个事件 V_i 表示在它之前的活动都已完成、在它之后的活动可以开始。如事件 V_4 表示活动 a_4 和 a_5 已经完成，活动 a_7 和 a_8 可以开始。与每个活动相联系的数（边的权）是执行该活动所需要的时间。比如活动 a_1 需要 6 天完成，a_2 需要 4 天完成。

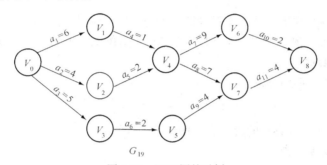

图 6-33　AOE 网的示例

通常这些时间仅仅是估计值，整个工程一开始，活动 a_1、a_2 和 a_3 就可并行地进行，事件 V_4 的状态发生后，活动 a_7 和 a_8 才能进行。当活动 a_{10} 和 a_{11} 完成后，整个工程就完成了。

由于整个工程只有一个开始点和完成点，故在正常情况下，网中是无环的，网中只有一个入度为 0 的顶点（即开始点）和一个出度为 0 的顶点（即完成点），并把开始点称为源点（source），把完成点称为汇点（sink, converge）。

AOE 网在工程估算方面非常有用，例如，人们通过 AOE 网可以了解到：

（1）完成整个工程至少需要多长时间？

（2）为缩短完成工程所需的时间，应该加快哪些活动的进度？或者说，哪些活动是影响整个工程进度的关键？

在 AOE 网中有些活动必须按先后顺序进行，如活动 a_1 和 a_4；而有些活动则可并行地进行，如活动 a_1 和 a_2。由于从源点到汇点的有向路径可能不止一条，这些路径的长度（即路径上所有活动的持续时间之和）也可能不同，但只有当各条路径上的所有活动都完成了，整个工程才算完成。因此，完成整个工程所需的时间取决于从源点到汇点的最长路径长度，这条路径长度最长的路径就叫做关键路径（critical path），关键路径上的所有活动都是关键活动（即不按期完成就会影响整个工程完成的活动）。例如，图 6-33 所示的 AOE 网络中，其关键路径有两条，它们分别是：$V_0, V_1,$

V_4, V_6, V_8 和 V_0, V_1, V_4, V_7, V_8, 关键活动包括: a_1, a_4, a_7, a_8, a_{10}, a_{11}。这两条关键路径的长度都是 18, 因此这个工程至少需要 18 天才能完成。

在 AOE 网中要找出关键路径, 就必须先找出关键活动, 分析关键路径的目的也是为了找出关键活动。找到了关键活动就可以适当调度, 投入较多的人力和物力用在关键活动上, 以保证整个工程的按期(或提前)完成。

下面先定义几个与计算关键活动有关的量。

(1)事件 V_i 的可能的最早发生时间 Ve[i]: 是从源点 V_0 到顶点 V_i 的最长路径长度。Ve[i] 决定了以顶点 V_i 为始点的边所代表的活动可以开始的最早时间。

(2)事件 V_i 的允许的最迟发生时间 Vl[i]: 是在保证汇点 V_{n-1} 在 Ve[$n-1$] 时刻完成的前提下, 事件 V_i 的允许的最迟发生时间。它等于 Ve[$n-1$] 减去从 V_i 到 V_{n-1} 的最长路径长度。

(3)活动 $a_k(=<V_i,V_j>)$的可能的最早开始时间 e[k]: 等于事件 V_i 的可能的最早发生时间 Ve[i]。

(4)活动 $a_k(=<V_i,V_j>)$的允许的最迟开始时间 l[k]: 等于事件 V_j 的允许的最迟发生时间 Vl[j]$-w(<V_i,V_j>)$, 其中 $w(<V_i,V_j>)$ 表示边 $<V_i,V_j>$ 的权, 也即活动 a_k 的持续时间。

(5)活动 a_k 的时间余量: 活动 a_k 所允许的最迟开始时间和可能的最早开始时间之差(l[k]$-$e[k]), 时间余量又称为松弛时间(slack time)。显然, 时间余量为 0 的活动 a_k(l[k]= e[k])是关键活动。

为了找出关键活动, 需要求得各个活动的 e[k]与 l[k], 以判断是否 l[k] = e[k]。而为了求得 e[k] 与 l[k], 就要先求得各个顶点 V_i 的 Ve[i]和 Vl[i]。求 Ve[i]和 Vl[i]可分两步进行。

(1)求 Ve[i]的递推公式。

从 Ve[0] = 0 开始, 向前递推

$$\text{Ve}[j]=\max_j\{\text{Ve}[i]+w(<V_i,V_j>) \mid <V_i,V_j> \in T\}, \quad j = 1, 2, \cdots, n-1;$$

其中, T 是所有以顶点 V_j 为终点的边$<V_i,V_j>$的集合。

(2)求 Vl[i] 的递推公式。

从 Vl[$n-1$]=Ve[$n-1$]开始, 反向递推

$$\text{Vl}[i]=\min_i\{\text{Vl}[j]-w(<V_i,V_j>) \mid <V_i,V_j> \in T\}, \quad i = 0, 1, 2, \cdots, n-2;$$

其中, T 是所有以顶点 V_i 为始点的边$<V_i,V_j>$的集合。

以上两个递推公式的计算必须分别在拓扑有序和逆拓扑有序的前提下进行。也就是说, 在计算 Ve[j]时, 所有以顶点 V_j 为终点的边$<V_i,V_j>$的始点 V_i(包括 V_i 的所有前驱顶点)的 Ve[i]都已求出。反之, 在计算 Vl[i]时, 所有以顶点 V_i 为始点的边$<V_i,V_j>$的终点 V_j(包括 V_j 的所有后继顶点)的 Vl[j]都已求出。

当求出了 AOE 网中每个顶点 V_i 的 Ve[i]和 Vl[i]后, 接下来就可以计算每一个活动 a_k 的可能的最早开始时间 e[k]和允许的最迟开始时间 l[k]。

设活动 a_k($k = 1,2, \cdots, $ e)对应带权的有向边$<V_i,V_j>$, 它的持续时间即为边上的权值 $w(<V_i,V_j>)$, 则有:

e[k] = Ve[i];

l[k] = Vl[j]$-w(<V_i,V_j>)$, $k = 1, 2, \cdots, $e;

然后再通过判断是否 e[k] = l[k], 就可找出关键活动, 从而求得关键路径。

计算关键路径的算法的步骤如下:

(1)输入 AOE 网的 n 个顶点和 e 条带权的有向边, 建立邻接表结构;

（2）从源点 V_0 出发，令 Ve[0]＝0，按拓扑序列的顺序计算每个顶点的 Ve[j]（$j＝1, 2, \cdots, n{-}1$）。若网中存在环，则不能继续求关键路径；

（3）从汇点 V_{n-1} 出发，令 Vl[$n{-}1$]＝Ve[$n{-}1$]，按拓扑序列逆序的顺序计算每个顶点的 Vl[i]（$i＝0, 1, \cdots, n{-}2$）；

（4）根据各顶点的 V_i 的 Ve[i] 和 Vl[i]值，求各有向边的 e[k] 和 l[k]；

（5）输出关键活动 a_k（e[k] ＝ l[k] 即为关键活动）。

下面给出求关键活动及关键路径的算法。在算法中，AOE 网用邻接表表示，假定在求关键路径之前已经对各顶点实现了拓扑排序，顶点表中的顶点次序是按拓扑有序的顺序存放的。算法在求 Ve[i]（$i＝0, 1, \cdots, n{-}1$）时按拓扑有序的顺序的计算；在求 Vl[i]（$i＝n{-}1, n{-}2, \cdots, 0$）时按逆拓扑有序的顺序计算。最后扫描一遍邻接表，计算 e[ ] 和 l[ ]。

```
ALGraph G;
edgetype *p;
float Ve[MaxVertexNum], Vl[MaxVertexNum];  // 事件最早、最迟发生时间
int i, j, k;
float e, l;
```

算法 6.10　AOE 网中求关键路径

　　　　　　　CriticalPath(G)

1. 循环 i 步长为1，从0到G.n−1，执行　　　　[Ve数组初始化]
　　　Ve[i] ← 0

2. 循环 i 步长为1，从0到G.n−1，执行　　　[顺向计算事件可能的最早发生时间Ve[j]]
　　（1）p ← G.vex[i].firstArc
　　（2）循环 当p ≠ NULL时，执行
　　　　　ⓐ j ← p–>no
　　　　　ⓑ 若 Ve[i] + p–>weight > Ve[j]
　　　　　　则 Ve[j] ← Ve[i] + p–>weight
　　　　　ⓒ p ← p–>next

3. 循环 i 步长为1，从0到G.n−1，执行　　　[逆向计算事件允许的最迟发生时间Vl[i]]
　　　Vl[i] ← Ve[n−1]

4. 循环 i 步长为−1，从G.n−2到0，执行　　　[按逆拓扑有序顺序处理]
　　（1）p ← G.vex[i].firstArc
　　（2）循环 当p ≠ NULL时，执行
　　　　　ⓐ j ← p–>no
　　　　　ⓑ 若 Vl[j] − p–>weight < Vl[i]
　　　　　　则 Vl[i] ← Vl[j] − p–>weight
　　　　　ⓒ p ← p->next

5. 循环 i 步长为1，从0到G.n−1，执行　　　[逐个顶点求各活动的e[k]和l[k]]
　　（1）p ← G.vex[i].firstArc
　　（2）循环 当p ≠ NULL时，执行
　　　　　ⓐ j ← p–>no
　　　　　ⓑ e ← Ve[i]; l ← Vl[j] − p–>weight

        ⓒ 若 l = e

        则 print ("<",G.vex[i].vertex, ",", G.vex[j].vertex, ">", "is critical activity.")

        ⓓ p ← p–>next

6. [算法结束] ▎

C/C++ 程序如下：

```
void CriticalPath(ALGraph &G ) {
    edgetype *p;
    int i, j, k;
    float e, l;
    float *Ve = new float[G.n], *Vl = new float[G.n];   // 事件最早、最迟发生时间
    for ( i = 0; i < G.n; i++ )  Ve[i] = 0;
    for ( i = 0; i < G.n; i++ ) {        // 顺向计算事件可能的最早发生时间Ve[j]
        p = G.vex[i].firstArc;
        while (p != NULL ) {
            j = p–>no;
            if (Ve[i] + p–>weight > Ve[j]) Ve[j] = Ve[i] + p–>weight;   // 计算 Ve[j]
            p = p–>next;
        }
    }
    for ( i = 0; i < G.n; i++ )  Vl[i] = Ve[n-1];
    for ( i = G.n-2; i >= 0; i-- ) {  // 逆向计算事件允许的最迟发生时间Vl[i]
        p = G.vex[i].firstArc;
        while (p != NULL ) {
            j = p–>no;
            if (Vl[j] – p–>weight < Vl[i] )  Vl[i] = Vl[j] – p–>weight;   // 计算 Vl[i]
            p = p–>next;
        }
    }
    for ( i = 0; i < G.n; i++ ) {     // 逐个顶点求各活动的e[k]和l[k]
        p = G.vex[i].firstArc;
        while ( p != NULL ) {
            j = p–>no;
            e = Ve[i];  l = Vl[j] – p–>weight;
            if ( l = e )              // 关键活动, 输出
                cout<<"<"<<G.vex[i].vertex<<","<<G.vex[j].vertex<<">"<<"is    critical
activity."<<endl;
            p = p–>next;
        }
    }
}
```

在按拓扑排序的顺序求 Ve[i]和逆拓扑排序的顺序求 Vl[i]时，所需时间为 O（$n+e$），求各个活动的 e[k]和 l[k]时，所需时间也为 O（$n+e$），因此，算法总的时间复杂度为 O（$n+e$）。

图 6-34（a）所示是前面给出的有 9 个顶点和 11 项活动的 AOE 网，其邻接表表示如图 6-34（b）所示。求得的 2 个数组 Ve、Vl 及各边的 e[k]和 l[k] 如图 6-35 所示。由此可求得的关键活动为 a_1, a_4, a_7, a_8, a_{10}, a_{11}。

找出关键活动后，只要将所有的非关键活动从 AOE 网络中删掉，这时从源点到达汇点的所有路径都是关键路径。当关键路径只有一条时，加快关键路径上的任意关键活动，能够加速整个

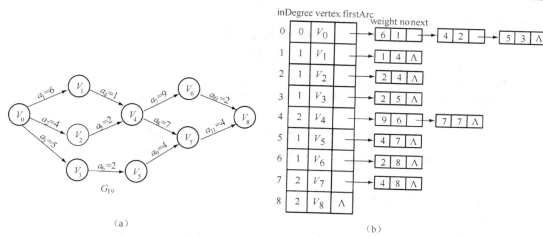

（a）

图 6-34 AOE 网及其邻接表表示

事件V_i	V_0	V_1	V_2	V_3	V_4	V_5	V_6	V_7	V_8
可能的最早发生时间 $Ve[i]$	0	6	4	5	7	7	16	14	18
允许的最迟发生时间 $Vl[i]$	0	6	5	8	7	10	16	14	18

活动 a_k	a_1	a_2	a_3	a_4	a_5	a_6	a_7	a_8	a_9	a_{10}	a_{11}
可能的最早开始时间 $e[k]$	0	0	0	6	4	5	7	7	7	16	14
允许的最迟开始时间 $l[k]$	0	1	3	6	5	8	7	7	10	16	14
活动的时间余量 $(l[k]-e[k])$	0	1	3	0	1	3	0	0	3	0	0
关键活动	是			是			是	是		是	是

图 6-35 AOE 网络中各事件及各活动的相关量的计算

工程的完成。但当 AOE 网中存在多条关键路径的情况下，加快任意关键活动不一定能够加速整个工程的完成，只有加快那些处在所有关键路径上的公共关键活动，才能提前完成整个工程。

6.8 本章小结

本章介绍了图的基本概念、常用的存储结构以及图的应用算法。

【本章重点】 掌握图的遍历、求最小生成树，求最短路径以及拓扑排序。

【本章难点】 图的应用算法：图的遍历、求最小生成树、求最短路径、拓扑排序以及求关键路径等运算的具体实现。

算法方面要求掌握这些算法的基本思想及时间性能。

【本章知识点】

1. 图的概念

（1）图的逻辑结构特征。

（2）图的常用术语及含义。

2. **图的存储结构**

（1）邻接矩阵和邻接表这两种存储结构的特点及适用范围。

（2）根据应用问题的特点和要求选择合适的存储结构。

3. **图的遍历**

（1）连通图及非连通图的深度优先搜索和广度优先搜索两种遍历算法，其执行过程以及时间分析。

（2）确定两种遍历所得到顶点访问序列和相应的生成树或生成森林。

（3）两种遍历所使用的辅助数据结构（栈或队列）在遍历过程中所起的作用。

4. **最小生成树**

（1）生成树与最小生成树的概念。

（2）MST 性质。

（3）Prim 算法和 Kruskal 算法的基本思想、时间性能及这两种算法各自的特点。

（4）对给定的连通图，跟就根据 Prim 和 Kruskal 算法构造出最小生成树。

5. **最短路径**

（1）最短路径的含义。

（2）求单源最短路径的 Dijkstra 算法的基本思想和时间性能。

（3）对于给定的有向图，根据 Dijkstra 算法画出求单源最短路径的过程示意图。

（4）求每对顶点间最短路径的弗洛伊德（Floyd）算法的基本思想和时间性能。

（5）对于给定的有向图，根据 Floyd 算法画出求单源最短路径的过程示意图。

6. **拓扑排序**

（1）拓扑序列、拓扑排序与 AOV 网、DAG 的概念。

（2）拓扑排序的基本思想和步骤。

（3）拓扑排序不成功的原因。

（4）对给定的有向图，若拓扑序列存在，则应能够写出一个或多个拓扑序列。

7. **关键路径**

（1）问题的背景与 AOE 网、关键路径、关键活动等概念。

（2）求关键路径算法的基本思想和步骤。

（3）对于给定的 AOE 网，根据算法能够求出其关键路径。

习　题

1. 如图 6-36 所示的带权有向图，写出其邻接矩阵、邻接表和邻接多重表表示。

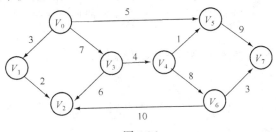

图 6-36

2. 根据图 6-37 所示的邻接矩阵画出对应的有向图。

3. 试述无向完全图与无向连通图两者之间的关系。

4. 如图 6-38 所示的有向图，试写出：

（1）从顶点 a 出发进行深度优先遍历所得到的顶点序列和生成树（林）；

（2）从顶点 d 出发进行广度优先遍历所得到的顶点序列和生成树（林）。

图 6-37

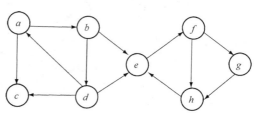

图 6-38

5. 对于用邻接表法存储的带权的连通图，试写出求最小生成树的算法并分析算法的时间复杂度。

6. 对图 6-39 所示的连通网络，请分别用 Prim 算法和 Kruskal 算法构造该网络的最小生成树。

7. 什么样的图其最小生成树是惟一的？用 Prim 算法和 Kruskal 算法构造其最小生成树的时间各为多少？它们分别适合于哪类图？

8. 用 Dijkstra 算法求图 6-40 所示的有向图中从顶点 V_0 出发到其他各顶点的最短路经及最短路经长度，要求写出 dist 和 path 数组在算法执行过程中的变化。

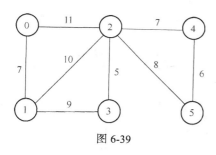

图 6-39

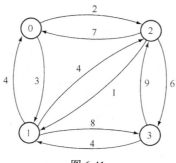

图 6-40

9. 如图 6-41 所示，利用 Floyd 算法求出每对顶点之间的最短路经及最短路经长度，要求仿照图 6-27 的算法执行过程图，给出从邻接矩阵出发每加入一个中间顶点后矩阵的状态。

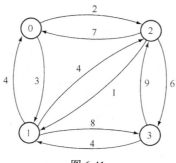

图 6-41

10. 证明：只要适当排列顶点的次序就能使无环有向图的邻接矩阵中主对角线以下的元素全为 0。

11. 试写出图 6-42 所示的有向图的 3 种不同的拓扑序列。

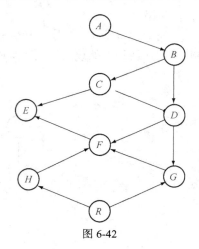

图 6-42

12. 对于图 6-43 所示的 AOE 网，求出：

（1）每个事件的可能的最早发生时间和允许的最迟发生时间；

（2）每项活动的可能的最早开始时间和允许的最迟开始时间及活动的时间余量；

（3）整个工程的最短完成时间；

（4）画出由所有关键活动所组成的图；

（5）哪些活动提高速度可使整个工程提前完成。

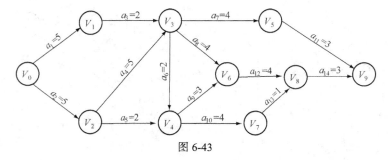

图 6-43

第7章
多维数组和广义表

　　多维数组（简称数组）是一种常用的数据结构，在早期的程序设计语言中，数组是唯一的可供使用的组合类型。多维数组是一种复杂的数据结构，每个元素可以有多个前驱和多个后继。但由于数组中的每个元素都具有相同的数据类型，并且数组元素的下标一般具有固定的上界和下界，因此，它比其它复杂的数据结构处理起来要简单得多。

　　特殊矩阵和稀疏矩阵是一种特殊的二维数组，由于它使用广泛和存储上自有特点，本章对它们进行专门的讨论。

　　本章最后介绍的广义表也是一种复杂的数据结构。它是线性结构和树形结构的拓广，可以与有根、有序的有向图建立起对应关系。

7.1 多维数组

　　多维数组（multidimentional array）是向量的推广。例如，二维数组（或称矩阵）

$$A_{mn} = \begin{bmatrix} a_{00} & a_{01} & \cdots & a_{0n-1} \\ a_{10} & a_{11} & \cdots & a_{1n-1} \\ \vdots & \vdots & \vdots & \vdots \\ a_{m-10} & a_{m-11} & \cdots & a_{m-1n-1} \end{bmatrix}$$

可以看成是由 m 个行向量组成的向量，也可以看成是由 n 个列向量组成的向量。

　　二维数组中的每个元素 a_{ij} 均属于两个向量：第 i 行的行向量和第 j 列的列向量。除边界元素外，每个元素 a_{ij} 有两个前驱结点和两个后继结点：行向量上的前驱和后继是 a_{ij-1} 和 a_{ij+1}，列向量上的前驱和后继是 a_{i-1j} 和 a_{i+1j}。特别地，a_{00} 是开始结点，它没有前驱；a_{m-1n-1} 是终端结点，它没有后继。另外边界上的结点 a_{0j}（$j=1$，$\cdots$，$n-1$）和 a_{i0}（$i=1$，$\cdots$，$m-1$）都只有一个前驱，a_{m-1j}（$j=0$，$\cdots$，$n-2$）和 a_{in-1}（$i=0$，$\cdots$，$m-2$）都只有一个后继。

　　同样，三维数组 A_{lmn} 中的每个元素 a_{ijk} 均属于三个向量，每个元素最多可以有三个前驱和三个后继。

　　依次类推，m 维数组 $A_{n_1n_2\cdots n_m}$ 的每个元素 $a_{i_1i_2\cdots i_m}$ 都属于 m 个向量，最多可以有 m 个前驱和 m 个后继。

　　由于计算机的内存结构是一维的，因此将多维数组存放到内存时，就必须按某种次序把数组元素排成一个线性序列，然后将这个线性序列顺序存放在存储器之中。

　　由于数组一般不做插入和删除操作，也就是说，数组一旦建立，则结构中的元素个数和元素之间的关系就不再发生变化。所以，数组常采用顺序存储的方法来表示。

通常有两种顺序存储方式。

（1）行优先顺序。

对于二维数组来说，就是将数组元素按行向量排列，第 $i+1$ 个行向量紧跟在第 i 个行向量之后。于是便得到如下的线性序列：

a_{00}，a_{01}，$\cdots$，a_{0n-1}；　a_{10}，a_{11}，$\cdots$，a_{1n-1}；　$\cdots\cdots$；　a_{m-10}，a_{m-11}，$\cdots$，a_{m-1n-1}

在大多数的程序设计语言中，数组都是按行优先顺序存储的。

（2）列优先顺序。

对于二维数组来说，就是将数组元素按列向量排列，第 $j+1$ 个列向量紧跟在第 j 个列向量后面。于是就可得到如下的线性序列：

a_{00}，a_{10}，$\cdots$，a_{m-10}；　a_{01}，a_{11}，$\cdots$，a_{m-11}；　$\cdots\cdots$；　a_{0n-1}，a_{1n-1}，$\cdots$，a_{m-1n-1}

在 FORTRAN 语言中，数组是按列优先顺序存储的。

以上规则可以推广到一般的 m 维的情况。

行优先顺序可规定为：

先排最右下标，从右向左，最后排最左下标。

例如，三维数组 A_{1mn} 的元素 a_{ijk} 按行优先顺序可排列成

$$
\left.
\begin{array}{cccc}
a_{000} & a_{001} & \cdots & a_{00n-1} \\
a_{010} & a_{011} & \cdots & a_{01n-1} \\
& & \cdots\cdots & \\
a_{0m-10} & a_{0m-11} & \cdots & a_{0m-1n-1}
\end{array}
\right\} i = 0
$$

$$
\left.
\begin{array}{cccc}
a_{100} & a_{101} & \cdots & a_{10n-1} \\
a_{110} & a_{111} & \cdots & a_{11n-1} \\
& & \cdots\cdots & \\
a_{1m-10} & a_{1m-11} & \cdots & a_{1m-1n-1}
\end{array}
\right\} i = 1
$$

$$\vdots$$

$$
\left.
\begin{array}{cccc}
a_{1-100} & a_{1-101} & \cdots & a_{1-10n-1} \\
a_{1-110} & a_{1-111} & \cdots & a_{1-11n-1} \\
& & \cdots\cdots & \\
a_{1-1m-10} & a_{1-1m-11} & \cdots & a_{1-1m-1n-1}
\end{array}
\right\} i = 1-1
$$

列优先顺序可规定为：

先排最左下标，从左向右，最后排最右下标。

读者可按此原则排出三维数组。

一般地，用上述两种方式存储的数组，只要知道第一个元素的存放地址（即基地址）、维数、每维的上下界和每个数组元素所占用的单元数，就可以用元素的下标值通过一定的函数关系，计算出任一元素的存储地址。也就是说，可以用相同的时间来存取数组中的任一元素，因此，顺序存储的数组是一种随机存取结构。

下面介绍数组的寻址公式。在如下的讨论中，假设每个数组元素占 c 个存储单元。

例如，二维数组 A_{mn} 按行优先顺序存储，如果已知元素 a_{00} 的存储地址 LOC(a_{00})，则 a_{ij} 的地址计算公式为

$$\text{LOC}(a_{ij}) = \text{LOC}(a_{00}) + (i \times n + j) \times c$$

同理可推导出按列优先顺序存储的数组 A_{mn} 的任一元素 a_{ij} 的地址计算公式为

$$\text{LOC}(a_{ij}) = \text{LOC}(a_{00}) + (m \times j + i) \times c$$

三维数组 A_{1mn} 按行优先顺序存储，其任一元素 a_{ijk} 的地址计算公式为

$$\text{LOC}(a_{ijk}) = \text{LOC}(a_{000}) + (i \times m \times n + j \times n + k) \times c$$

按列优先顺序存储，其任一元素 a_{ijk} 的地址计算公式为

$$\text{LOC}(a_{ijk}) = \text{LOC}(a_{000}) + (1 \times m \times k + 1 \times j + i) \times c$$

一般地，m 维数组 $A[c_1 .. d_1,\ c_2 .. d_2,\ \cdots,\ c_m .. d_m]$ 的任一元素 $A[j_1, j_2, \ldots, j_m]$ 的行优先顺序存储地址计算公式为（设每个数组元素占 l 个存储单元，$c_i \leqslant j_i \leqslant d_i$，$1 \leqslant i \leqslant m$，其中 c_i 为第 i 维下界，d_i 为第 i 维上界。）

$$
\begin{aligned}
\text{LOC}(A[j_1, j_2, \ldots, j_m]) = \text{LOC}(A[c_1, c_2, \ldots, c_m]) &+ [(j_1 - c_1)(d_2 - c_2 + 1)(d_3 - c_3 + 1)\cdots(d_m - c_m + 1) \\
&+ (j_2 - c_2)(d_3 - c_3 + 1)\cdots(d_m - c_m + 1) \\
&+ \cdots\cdots \\
&+ (j_{m-1} - c_{m-1})(d_m - c_m + 1) \\
&+ (j_m - c_m)] \times l
\end{aligned}
$$

$$
= \text{LOC}(A[c_1, c_2, \cdots c_m]) + \left[\sum_{i=1}^{m-1}(j_i - c_i)\prod_{k=i+1}^{m}(d_k - c_k + 1) + (j_m - c_m) \right] \times l
$$

类似地，可以推导出列优先顺序存储的 m 维数组中的任一元素的地址计算公式。

7.2 矩阵的压缩存储

在科学与工程计算问题中，经常会用到矩阵这类数学对象，矩阵在程序设计语言中是用二维数组来表示的。矩阵在这种存储表示下，可以对其元素进行随机存取，并且存储密度为 1。但是当矩阵中存在大量的零元素时，如果还是采用上一节所述的顺序存储方式把每个元素都存储起来就不合算了，看起来存储密度为 1，实际上占用了许多存储空间去存储重复的值为 0 的元素，从而造成了存储空间的浪费。为了节省存储空间，可以考虑对这类矩阵进行压缩存储。本节主要讨论特殊矩阵和稀疏矩阵的压缩存储问题。

7.2.1 特殊矩阵

所谓特殊矩阵是指非零元素的分布有一定规律的矩阵。下面介绍几种常见的特殊矩阵及压缩存储的方法。

1. 对称矩阵

设 A 是一个具有如下形式的 n 阶方阵：

$$
A_{nn} = \begin{bmatrix}
a_{00} & a_{01} & \cdots & a_{0n-1} \\
a_{10} & a_{11} & \cdots & a_{1n-1} \\
\vdots & \vdots & \vdots & \vdots \\
a_{n-10} & a_{n-11} & \cdots & a_{n-1n-1}
\end{bmatrix}
$$

如果元素满足

$$a_{ij} = a_{ji} \quad 0 \leqslant i,\ j \leqslant n - 1$$

则称 A 为对称矩阵。

由于对称矩阵中的元素关于主对角线对称，因此在存储时可只存储对称矩阵中上三角或下三角中的元素，使得对称的元素共享一个存储空间。这样就可将 n^2 个元素压缩存储到 $n(n+1)/2$ 个元素的空间中。不失一般性，我们按行优先顺序存储下三角（包括主对角线）的元素，于是便得到如下的线性序列：

$$a_{00}, \quad a_{10}, \quad a_{11}, \quad \cdots, \quad a_{n-10}, \quad a_{n-11}, \quad \cdots, \quad a_{n-1n-1}$$

a_{ij} 的寻址公式为

$$LOC(a_{ij}) = \begin{cases} LOC(a_{00}) + (i(i+1)/2+j) \times c, & \text{当} i \geqslant j \\ LOC(a_{00}) + (j(j+1)/2+i) \times c, & \text{当} i < j \end{cases}$$

这里仍假设每个数组元素占 c 个存储单元。

2. 三角矩阵

以主对角线划分，三角矩阵有上三角和下三角两种。上三角矩阵如图 7-1（a）所示，它的下三角（不包括主对角线）中的元素均为常数 e。下三角矩阵正好相反，它的主对角线以上的元素均为常数 e，如图 7-1（b）所示。在多数情况下，三角矩阵的常数 e 为 0。

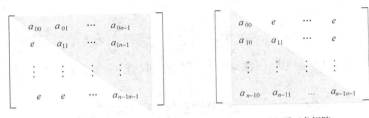

（a）上三角矩阵 　　　　　　　　　　　　　（b）下三角矩阵

图 7-1　三角矩阵

三角矩阵中的重复元素 e 可共享一个存储空间，其余的元素正好有 $n(n+1)/2$ 个，因此，三角矩阵可压缩存储到一个容量为 $n(n+1)/2+1$ 个元素的向量中，其中最后一个位置存放重复元素 e。

对于下三角矩阵，如果按行优先顺序存储，则有如下的线性序列

$$a_{00}, \quad a_{10}, \quad a_{11}, \quad \cdots, \quad a_{n-10}, \quad a_{n-11}, \quad \cdots, \quad a_{n-1n-1}, \quad e$$

a_{ij} 的寻址公式为

$$LOC(a_{ij}) = \begin{cases} LOC(a_{00}) + (i(i+1)/2+j) \times c & \text{当} 0 \leqslant j \leqslant i \leqslant n-1 \\ e & \text{当} i < j \end{cases}$$

对上三角矩阵可做类似地分析，留作习题请读者自行完成。

3. 三对角矩阵

三对角矩阵具有如下形式：

$$A_{nn} = \begin{bmatrix} a_{00} & a_{01} & & & & & \\ a_{10} & a_{11} & a_{12} & & & & 0 \\ & a_{21} & a_{22} & a_{23} & & & \\ & & \ddots & \ddots & \ddots & & \\ 0 & & & a_{n-2n-3} & a_{n-2n-2} & a_{n-2n-1} \\ & & & & a_{n-1n-2} & a_{n-1n-1} \end{bmatrix}$$

在三对角矩阵里，除下标在下面范围的元素 a_{ij} 不为 0 外，其他元素均为 0（或常数 e）。

$$\begin{cases} i = 0, \ j = 0, 1; \\ 1 \leqslant i \leqslant n-2, \ j = i-1, \ i, \ i+1; \ ; \\ i = n-1, \ j = n-2, \ n-1 \end{cases}$$

如果按行优先顺序存储，则有如下的线性序列

$$a_{00}, a_{01}, a_{10}, a_{11}, a_{12}, a_{21}, a_{22}, a_{23}, \cdots, a_{n-1n-2}, a_{n-1n-1}$$

非零元素 a_{ij} 的寻址公式为

$$\text{LOC}(a_{ij}) = \text{LOC}(a_{00}) + ((3i-1) + j - i + 1) \times c$$
$$= \text{LOC}(a_{00}) + (2i+j) \times c$$

其中 $i=0$，$j=0$，1 或 $1 \leqslant i \leqslant n-2$，$j = i-1$，$i$，$i+1$ 或 $i = n-1$，$j = n-2$，$n-1$

7.2.2　稀疏矩阵

设二维数组 A_{mn} 中有 s 个非零元素，若 s 远小于矩阵元素的总数（即 $s \ll m \times n$），则称 A 为稀疏矩阵（sparse matrix）。在存储稀疏矩阵时，为了节省存储空间，也是采用压缩存储的方法只存储非零元素，但因此会失去随取存取的性能。对稀疏矩阵的压缩存储通常有两类方法：顺序存储和链接存储。

一、顺序存储

采用行优先（或列优先）的顺序存储稀疏矩阵中非零元素，但由于非零元素在矩阵中的分布一般是没有规律的，因此在存储非零元素的同时还应存储适当的辅助信息。主要有三元组表示和带辅助行向量的二元组表示。

1. 三元组表示

该方法是用一个线性表来表示稀疏矩阵,线性表中的每个结点对应稀疏矩阵的一个非零元素,其形式是一个三元组:（row, col, val），表示非零元素的行下标、列下标和非零元素的值。在以下的讨论中，假定非零元素按行优先顺序存放。

例如，稀疏矩阵

$$A = \begin{bmatrix} 0 & 5 & 0 & 2 & 0 \\ -4 & 0 & 0 & 0 & 0 \\ 0 & 0 & 0 & 0 & 6 \\ 0 & 0 & 0 & 0 & 0 \\ -1 & 0 & -3 & 0 & 0 \end{bmatrix}$$

稀疏矩阵 A 的三元组表示如图 7-2 所示。

下面给出存储结构的描述。

```
# define MaxSize 1000
typedef int datatype;
typedef struct {
    int row, col;        // 非零元素的行、列下标
    datatype val;        // 非零元素的值
} TriTupleNode;
typedef struct {         // 三元组表
    TriTupleNode data [MaxSize];
    int m, n;            // 稀疏矩阵行、列数
```

	row	col	val
0	0	1	5
1	0	3	2
2	1	0	–4
3	2	4	6
4	4	0	–1
s–1=5	4	2	–3
⋮	⋮	⋮	⋮
MaxSize–1			

图 7-2　稀疏矩阵 A 的三元组表示

```
    int s;              // 矩阵中非零元个数
} TriTupleTable;
TriTupleTable a, b;
int i, j, t;
```

下面以矩阵的转置为例，说明如何在这种压缩存储结构上实现矩阵的运算。

设稀疏矩阵 A 的转置矩阵为 B。$m \times n$ 的稀疏矩阵 A 的转置矩阵 B 应为 $n \times m$ 的稀疏矩阵，且有 $A[i][j]=B[j][i]$ 成立（$0 \leq i \leq m-1$，$0 \leq j \leq n-1$），将 A 转置为 B，就是把 A 的三元组表 a.data 置换为 B 的三元组表 b.data。如果直接交换 a.data 中的 row 和 col 的值，则得到的 b.data 将是一个按列优先顺序存储的稀疏矩阵 B，要得到如图 7-3 所示的按行优先顺序存储的 b.data，就必须重新排列三元组的顺序。

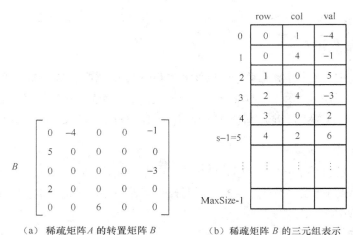

（a）稀疏矩阵 A 的转置矩阵 B （b）稀疏矩阵 B 的三元组表示

图 7-3　稀疏矩阵 B 及三元组表示

由于 A 的列是 B 的行，所以可以按照 b.data 的三元组表的次序在 a.data 中找到相应的三元组进行转置，即可按 a.data 的列从小到大的次序进行转置，所得到的转置矩阵 B 的三元组表 b.data 必定是按行优先顺序存放的，所以必须找到 A 的每一列中的所有的非零元素。具体方法是：对 A 的每一列 col（$0 \leq col \leq n-1$），通过从头至尾扫描三元组表 a.data，找出所有列号等于 col 的那些三元组，并把它们的行号和列号交换后依次放入 b.data 中，即可得到 B 的按行优先顺序的压缩存储表示。

算法 7.1　求三元组表示的稀疏矩阵的转置矩阵

TransMatrix(a, b)

1. b.m←a.n; b.n ← a.m; b.s ← a.s

2. 若 b.s=0　　　[A 中无非零元素而退出]

　　则 算法结束

3. t←0;

　循环 j 步长 1，从 0 到 a.n-1，执行

　　循环 i 步长 1，从 0 到 a.s-1，执行

　　　　若 a.data[i].col = j　[找到列号为 j 的三元组]

　　　　则 b.data[t].row ← a.data[i].col;

　　　　　　b.data[t]. col ← a.data[i]. row;

```
                b.data[t].val  ← a.data[i].val;
                t ← t+1
```

4. [算法结束] ∎

C/C++ 程序如下：

```
void TransMatrix(TriTupleTable a, TriTupleTable &b)
{ // a，b 是稀疏矩阵的三元组表示，求 A 的转置矩阵 B
  int i, j, t;
  b.m = a.n; b.n = a.m; b.s = a.s;
  if ( b.s = = 0 ) {
      cout << "A 中的非零元素的个数为 0"<< endl;
      return;
  }
  t=0;
  for ( j = 0; j < a.n; j ++ )
      for ( i = 0; i < a.s; i ++ )
          if ( a.data[i].col = = j ) {
              b.data[t].row = a.data[i].col;
              b.data[t]. col = a.data[i]. row;
              b.data[t].val = a.data[i].val;
              t ++;
          }
}
```

该算法的时间主要花费在 j 和 i 的双重循环上，所以算法的时间复杂度为 $O(n \times s)$，由前面的定义可知，n 为稀疏矩阵 A 的列数，s 为矩阵 A 中非零元素的个数，即该算法的执行时间和 A 的列数与非零元素个数的乘积成正比。而通常用二维数组表示的矩阵，其转置算法的时间代价是 $O(m \times n)$，即正比于行数与列数的乘积。由于非零元素的个数一般远大于行数，因此上述稀疏矩阵转置算法的时间要大于通常的矩阵转置算法的时间。

设行下标和列下标与元素值都各占一个存储单元，则有 s 个非零元素的稀疏矩阵的三元组表示需占 $3s$ 个存储单元。由于元素是行优先顺序存储的，因此可以根据下标值（row，col）用折半查找，这样存取一个矩阵元素的的时间为 $O(\log_2 s)$。

2. 带辅助行向量的二元组表示

有时为了便于某些矩阵的运算，使之能快速地找到稀疏矩阵中各行非零元素的位置及本行的所有非零元素，就需要对三元组表示法进行一些改造。可以考虑建立一个辅助行向量 ARV[m+1]，其中 m 仍为矩阵的行数，然后去掉三元组表中的行下标字段使之变成二元组表。辅助行向量的元素 ARV[i]的值是稀疏矩阵中第 i 行第一个非零元素在二元组表中的位置，具体定义为

ARV[0]=0

ARV[i]=ARV[i-1]+稀疏矩阵中第 i-1 行的非零元素的个数　i=1，2，…，m

上例中的稀疏矩阵 A 的 ARV 为

$$ARV=（0，2，3，4，4，6）$$

带辅助行向量的二元组表示如图 7-4 所示。

下面给出存储结构的描述。

```
# define MaxSize 1000
```

```
# define MaxRow 100
typedef int datatype;
typedef struct {
    int col;        // 非零元素列下标
    datatype val;   // 非零元素的值
} TwoTupleNode;
typedef struct {    // 二元组表
    TwoTupleNode data[MaxSize];
    int ARV[MaxRow];  // 辅助行向量
    int m, n;       // 稀疏矩阵行、列数
    int s;          // 非零元个数
} ARVTwoTupleTable;
ARVTwoTupleTable  a, b;
```

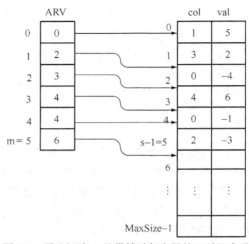

图 7-4 稀疏矩阵 A 的带辅助行向量的二元组表示

这种表示法的存储量为 $2s+m+1$。一般来说，它比三元组表法更节省存储空间。它的另一个优点是与三元组表示相比查找速度快，有了辅助行向量之后，对于任给的行号 $i(0{\leqslant}i{\leqslant}m{-}1)$，都能快速地确定该行的第一个非零元素在二元组表中的位置，即为 ARV[i] 的值，同时该值还表示第 i 行之前的所有非零元素的个数。而本行的非零元素的个数也很容易求出。其缺点是插入、删除更为困难，因为这要涉及两个线性表的修改和表目移动。因此，插入、删除运算较为频繁时，还是采用链接存储方式为宜。

二、链式存储

用链接的方法存储稀疏矩阵的非零元素是稀疏矩阵压缩存储的另一种常用的方式。它与顺序存储方式相比，其优点是能适应矩阵的动态变化，即容易实现插入、删除运算。其缺点是查找速度较慢且存储开销增大。下面介绍两种常用的链式存储稀疏矩阵的方法。

1. 行链表表示

该方法类似于图的邻接表表示法，用 m 个类型为指针（指向本行第一个非零元素）的表目组成的向量来替代顶点表；矩阵的每一行组成一个单链表，单链表中的每个结点表示稀疏矩阵的一

个非零元素，其结点由三个字段组成：一个字段是非零元素的列下标、一个字段是非零元素的值、最后一个字段是指向本行下一个非零元素的指针。结点的结构为

列下标	元素值	指针
col	val	next

稀疏矩阵中每一行的非零元素按列下标的大小依次安排在一个单链表中。

例如，稀疏矩阵 A 的行链表表示如图 7-5 所示。

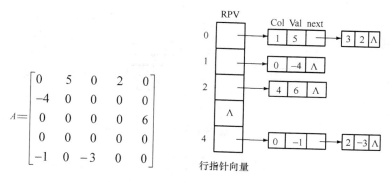

图 7-5　稀疏矩阵 A 的行链表表示

这种行链表表示法需要的存储量为 $3s+m$，其中 m 为稀疏矩阵的行数，s 为非零元素的个数。存取一个元素的时间不超过一行中非零元素的个数（即单链表的长度）。

用类似的方法还可以建立列链表表示。用行链表表示非常便于两稀疏矩阵的加法运算。对于元素变化更频繁的情况，链表也可采用双链表、循环链表，还可以增加表头结点等。

2.　十字链表（正交表）表示

对于行链表表示的稀疏矩阵要找某一行的非零元素非常方便，但要找某一列的非零元素却不太容易。如果稀疏矩阵的一些运算，不仅希望从行出发，而且也需要从列出发系统地访问某行（列）的非零元素，就可以将行链表表示与列链表表示结合在一起来存储稀疏矩阵。在这种表示中，稀疏矩阵每个非零元素既处于行方向的链表上又处在列方向的链表上。这种表示方式的叫法有很多，如行-列表示法、正交表表示法、十字链表表示法等。其组成的形式也多种多样，可以根据实际问题灵活处理。下面给出的两种十字链表表示中，各有特点，其中第一种是基础，而第二种形式可以视为是第一种形式的变种。

例如，对于稀疏矩阵 A，第一种形式的十字链表表示如图 7-6 所示。第二种形式的十字链表表示如图 7-7 所示。

$$A = \begin{bmatrix} 0 & 5 & 0 & 2 & 0 \\ -4 & 0 & 0 & 0 & 0 \\ 0 & 0 & 0 & 0 & 6 \\ 0 & 0 & 0 & 0 & 0 \\ -1 & 0 & -3 & 0 & 0 \end{bmatrix}$$

除此之外，还可以将每一条链改造成双循环链表的形式，并且每个结点的行下标和列下标也是可以省去的。读者可自行分析十字链表表示的存储代价。

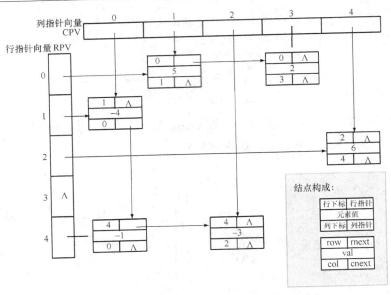

图 7-6　稀疏矩阵 A 的十字链表的第一种表示形式

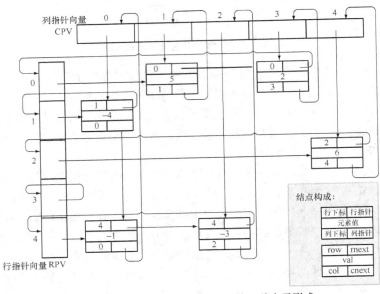

图 7-7　稀疏矩阵 A 的十字链表的第二种表示形式

7.3　广　义　表

7.3.1　广义表的概念

　　广义表（generalized list）又称为列表（Lists），简称作表，它是线性表的推广。在前面讲过的线性结构中，我们把线性表定义为由 n ($n \geq 0$)个元素 a_0，a_1，…，a_{n-1} 组成的有限序列。其中 a_i ($0 \leq i \leq n-1$)被限定是数据元素，即为原子项，原子是作为结构上不可再分的成分。若对元素放宽这种限制，允许它们自身又含有结构，则可引出广义表的概念。

广义表是由 n（$n \geq 0$）个元素 α_0，α_1，…，α_{n-1} 组成的有限序列，其中元素 α_i（$0 \leq i \leq n-1$）或者为数据元素（又称为原子或单元素）或者为广义表（又称为列表）。一般记作

$$LS = (\alpha_0, \alpha_1, \cdots, \alpha_{n-1})$$

其中 LS 是广义表的名字，n 为表的长度，长度为 0 的广义表为空表，记作 LS=( )。若 α_i 为广义表，则称它为 LS 的子表。显然，广义表的定义是递归的。

由于广义表的元素有可能是原子也有可能是广义表，为了区分这两种情况，规定用大写字母表示广义表，用小写字母表示原子。若广义表非空（$n \geq 1$），则称 α_0 为广义表 LS 的表头（head），称其余元素组成的表（α_1，…，α_{n-1}）为表尾（tail）。

下面是一些广义表的例子。

（1）E = ( )　　　　　　　　　　E 是一个空表，其表的长度为 0。

（2）L = (a, b)　　　　　　　　　L 是长度为 2 的广义表，两个元素均为原子。

（3）　A = (x, L) = (x, (a, b))　　　A 是长度为 2 的广义表，第一个元素是原子 x，第二个元素是子表 L。

（4）B = (A, y) = ((x, (a, b)), y)　　B 是长度为 2 的广义表，第一个元素是子表 A，第二个元素是原子 y。

（5）C = (A, B) = ((x, (a, b)), ((x, (a, b)), y))　　C 的长度为 2，它的两个元素均为子表。

（6）D = (c, D) = (c, (c, (c, (…))))　　D 的长度为 2，第一个元素是原子 c，第二个元素是 D 自身，这是一个无限递归表。

（7）M = (a, (b, c, d))　　　　　　M 的长度为 2，第一个元素是原子 a，第二个元素是子表（b, c, d）。

（8）N = ((r, s, t))　　　　　　　N 的长度为 1，它仅含一个子表（r, s, t）。

一个广义表的"深度"是指广义表中所含括号的层数。例如，表 L、A、B、C 和 D 的深度分别为 1、2、3、4 和 ∞；而表 M 和 N 的深度均为 2。

如果规定任何表都是有名字的，为了既表明每个表的名字，又说明它的构成成分，则可以在每个表的左括号的前面冠以该表的名字。于是上例中给出名字的表又可以写成：

（1）E( )

（2）L(a, b)

（3）A(x, L(a, b))

（4）B(A(x, L(a, b)), y)

（5）C(A(x, L(a, b)), B(A(x, L(a, b)), y))

（6）D(c, D(c, D(…)))

需要注意的是广义表（ ）与（（ ））不同，前者是长度为 0 的空表，而后者是一个长度为 1 的非空表，它以一个空表作为唯一的元素。

表是一种应用十分广泛的数据结构，它可以与有根有序的有向图建立起对应关系，从而将对广义表的讨论转化为对图的讨论。

对应的方法是：主表对应图的根，按表中的各元素的顺序依次对应于根邻接到的各结点，若某元素是原子则对应的结点称为原子结点，否则可继续上述的对应过程去处理子表，直到全部对应完毕。图 7-8 给出了几个广义表的图形表示。

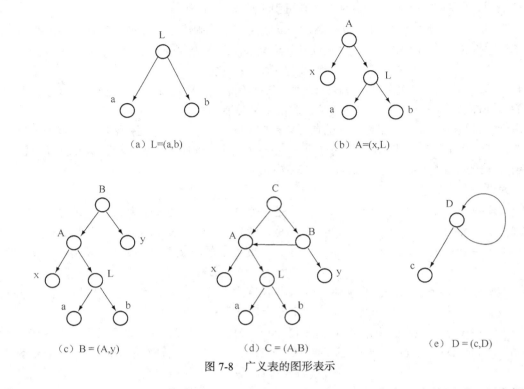

图 7-8 广义表的图形表示

从图 7-8 可以看出，主表对应图的根，叶结点（终端结点）对应广义表的原子，而内部结点（除根和叶子结点外的结点）对应子表。显然，如果限制广义表的每个元素都是原子，则广义表退化为线性表。如果限制广义表中成分的共享和递归，则广义表为树形结构。通常把与树对应的广义表称为纯表（如图 7-8（b）、图 7-8（c）所示）；把允许结点共享的表称为再入表（如图 7-8（d）所示）；而把允许递归的表称为递归表（如图 7-8（e）所示）。它们之间的关系是：

线性表 ⊂ 纯表 ⊂ 再入表 ⊂ 递归表

由于广义表是对线性表和树的推广，并且具有共享和递归成分的广义表可以和有根的有向图建立对应，因此广义表的大部分运算与这些数据结构上的运算类似。

7.3.2 广义表的存储结构

存储广义表的方法有很多，关于线性表和纯表（树）的各种存储表示法以前都已详细讨论过，所以在这里主要讨论适合再入表和递归表的各种存储方法。由于广义表是一种递归的数据结构，其中的数据元素可以是原子或子表，因此很难为每个广义表分配固定大小的存储空间，通常是采用链接的方式来存储广义表。下面介绍三种链接存储广义表的方法。

1. 模仿单链表结构存储广义表

在这种存储表示中，结点的结构为

tag	ref/data/hnext	next

其中 tag 是一标志位，取值如下：

$$tag = \begin{cases} 0 & \text{本结点为表头结点} \\ 1 & \text{本结点为原子} \\ 2 & \text{本结点为子表} \end{cases}$$

当 tag=0 时，表示此结点是子表附加的表头结点，该结点的第二个字段的字段名为 ref，ref 中存放的是被共享（引用）的计数；当 tag=1 时，表示此结点是原子，该结点的第二个字段的字段名为 data，data 中存放的是原子的数据；当 tag=2 时，表示此结点是子表，该结点的第二个字段的字段名为 hnext，hnext 中存放的是指向该子表首位置的指针。字段 next 中存放的是与本元素同层的下一个元素所对应的结点的地址。

下面先给出不带表头结点的链表表示（如图 7-9 所示），然后再给出带表头结点的链表表示（如图 7-10 所示），通过这两种形式的链表的比较，进一步看出链表中引入表头结点后所带来的操作上的方便。

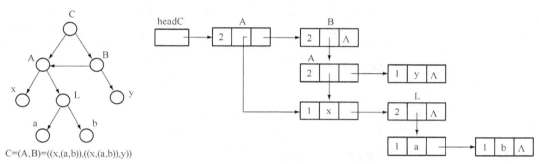

C=(A,B)=((x,(a,b)).((x,(a,b)),y))

（a）再入表 C 的不带表头结点的单链表表示

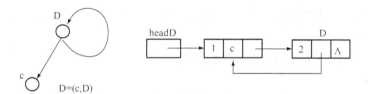

D=(c,D)

（b）再入表 D 的不带表头结点的单链表表示

图 7-9　广义表的不带表头结点的单链表表示

在上述存储表示中，可以看到同一元素的重复出现，这反映了广义表中信息共享的特性。例如，再入表 C 中的子表 A，它既作为 C 中的一个元素又作为子表 B 中的一个元素出现。所以在图 7-9（a）中代表 A 的结点就出现两次，但出现的位置不同，它们在结构中所起的作用也就不同。

这种不带表头结点的单链表表示法的主要缺点是：如果要删除表或子表中某一元素则需要遍历表中所有结点后才能进行。例如，当要删除子表 A 中的元素 x 时，由于 A 是共享成分，所以必须找出所有指向 x 的指针，并逐一修改后才能进行。

为了克服这一弱点，我们可以在存储中给每个子表所对应的链表增设一个表头结点，为有别于原子结点和子表结点，表头结点的 tag 字段的值为 0，它的第二个字段一般可以存放表（或子表）的一些辅助信息，例如表名、表长或入度（即被几处共享）等。我们这里设其名为 ref，表示被共享（引用）的信息。

下面是带表头结点的单链表表示广义表（如图 7-10 所示）。

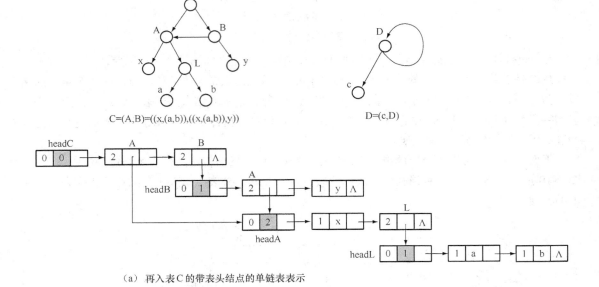

现在可以看出：若要在图 7-10 中删除子表 A 中的元素 x，只需做一个简单的单链表结点的删除即可。

对于上述广义表的单链表表示法其存储结构可以描述如下。

```
typedef struct glnode {
    int tag;                          // 取值为 0、1 和 2，分别表示表头结点、原子结点和子表结点
    union {
        int ref;                      // tag = 0 为表头结点，存放被引用（共享）的计数
        datatype data;                // tag = 1 为原子结点，存放表元素的值
        struct glnode *hnext;         // tag = 2 为子表，存放指向子表的指针
    }value;
    struct glnode *next;              // 存放指向与本元素同层的下一个元素的指针
} GLNode;
GLNode *head, *p;
```

2. 模仿二叉树的 lchild-rchild 表示法存储广义表

模仿二叉树的 lchild-rchild 表示法可以用采用双链方式来存储广义表，这时广义表中结点的结构为

link$_1$	data	link$_2$

其中，当本结点为原子结点时，link$_1$ = NULL，当本结点为子表结点时，link$_1$ 为指向该子表中第一个结点的指针；link$_2$ 为指向与本元素同层的下一个元素结点的指针；data 字段存放本结点的有关信息（如图 7-11 所示）。

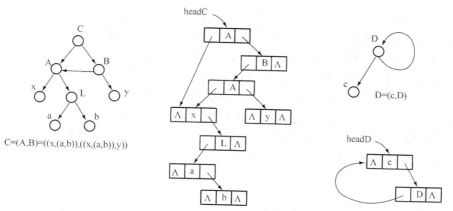

（a）广义表 C 的 lchild-rchild 法的存储表示　　　（b）广义表 D 的 lchild-rchild 法的存储表示

图 7-11　广义表的 lchild-rchild 表示法的存储表示

3．模仿有向图的邻接表法存储广义表

规定顶点表的第一个元素对应根结点，即为广义表的表名；而出边表中元素链接的顺序就是表（或子表）元素的次序。显然顶点表中的顶点为原子顶点的充要条件是它没有出边。

图 7-12 给出了这种表示法的示例。

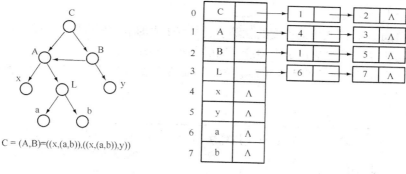

（a）广义表 C 的顶点表-出边表表示

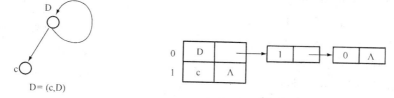

（b）广义表 D 的顶点表-出边表表示

图 7-12　广义表的有向图邻接表表示

7.3.3　广义表的运算

广义表的运算主要有计算广义表的长度和深度，向广义表插入元素和从广义表中查找或删除元素以及建立广义表的存储结构和输出广义表等。由于广义表是一种递归的数据结构，因此对广义表的运算一般采用递归的算法。

下面简单介绍计算广义表的长度和深度的算法。

1. 计算广义表的长度

设广义表采用不带表头结点的单链表表示法进行存储。在广义表中的同一层的每个结点是通过 next 域（字段）链接起来的，所以可把它看作是由 next 域链接起来的单链表，这样计算广义表的长度就是计算单链表的长度。由于单链表的结构也是一种递归结构，即每个结点的指针域均指向一个单链表，因此计算单链表的长度也可以采用递归算法，即若单链表非空的话，其长度等于 1 加上除首结点外其余部分组成的链表的长度；若单链表为空，则长度为 0，这是递归的终止条件。

下面给出计算广义表的长度的递归算法。其类型定义以前已给过，下面的变量说明中声明了一个指向广义表的表头指针 GL。

```
GLNode *GL;
```

算法 7.2 整型 求广义表长度的递归算法
函数
 	
Length(GL)
 	
1. 若 GL ≠ NULL
　　则 return 1+Length(GL->next)
　　否则 return 0
2. [算法结束] ∎
	C/C++ 程序如下：
	
	```int Length(GLNode *GL) {```
	　　```if (GL != NULL) {```
	　　　　```return 1 + Length(GL->next);```
	　　```else return 0;```
	```}```

2. 计算广义表的深度

利用递归的定义，广义表的深度的就等于它所有子表的最大深度加 1。设 dep 表示广义表的深度，max 表示所有子表中表的最大深度，则应有 dep = max+1。

若一个表为空或仅由原子所组成，则深度为 1，max 的初值为 0。下面是计算广义表的深度的算法。

```
GLNode *GL;
int max, dep;
```

算法 7.3 整型 求广义表深度的递归算法
函数
 	
Depgth(GL)
 	
1. max ← 0　　[max 的初值]
2. 循环 当 GL ≠ NULL 时，执行
（1）若 GL->tag = 2　[是子表]
　　　则 ① dep ← Depth(GL->hnext)
　　　　② 若 dep > max
　　　　　则 max ← dep
[max 总为同层所求过的子表中深度的最大值]
（2）GL ← GL->next [指向同层下一结点]
3. return max +1
4. [算法结束] ∎
	C/C++ 程序如下：
	
	```int Depgth(GLNode *GL) {```
	　　```int max = 0;```
	　　```while (GL != NULL) {```
	　　　　```if (GL->tag == 2) {```
	　　　　　　```int dep = Depth(GL->hnext);```
	　　　　　　```if (dep > max)```
	　　　　　　　　```max = dep;```
	　　　　```}```
	　　　　```GL = GL->next;```
	　　```}```
	　　```return max +1;```
	　```}```

从这个算法可以看出，当 GL 为一个空表或仅由原子元素组成的线性表时，算法不进入下一次的递归调用并返回 1。当 GL 含有子表时才会进入计算子表深度的递归调用，返回时经比较可能会修改 max 的值，使它总保持是所求过的本层次子表中深度的最大值，本层次的所有结点都扫描完毕后，结束本次调用并返回广义表的深度。

7.4　本章小结

本章介绍了多维数组的逻辑结构特征及其存储方式、特殊矩阵和稀疏矩阵的压缩存储方法以及广义表的概念、存储方式与相关算法。

【本章重点】　熟悉多维数组的存储方式、矩阵的压缩存储方式、广义表的定义及其表头、表尾、表的长度和表的深度等运算。

【本章难点】　稀疏矩阵的压缩存储表示下实现的算法和广义表相关运算的实现算法。

【本章的知识点】

　1．多维数组

（1）多维数组的逻辑结构特征。

（2）多维数组的顺序存储结构及地址计算方式。

（3）数组是一种随机存取结构的原因。

　2．矩阵压缩存储

（1）特殊矩阵和稀疏矩阵的概念。

（2）特殊矩阵在压缩存储时的下标变换方法。

（3）稀疏矩阵的存储表示方法及有关算法。

　3．广义表

（1）广义表的有关概念及与线性表的区别。

（2）广义表的括号表示和图形表示之间的转换。

（3）广义表与有根有序的有向图的对应关系。

（4）广义表与其他结构之间的关系是：

线性表 ⊂ 纯表 ⊂ 再入表 ⊂ 递归表

（5）求给定的非空广义表的表头、表尾、表的长度和表的深度等运算。

习　　题

1．用行优先顺序和列优先顺序分别写出四维数组 $A_{2 \times 3 \times 2 \times 3}$ 的所有元素在内存中的存储顺序，开始结点为 a_{0000}。

2．求 m 维数组按列优先顺序存储的地址计算公式。

3．给出 C 语言的三维数组的地址计算公式。

4．设二维数组 $A_{5 \times 6}$ 的每个元素占 4 个字节，已知 LOC（a_{00}）=1000，问 A 共占用多少个字节？按行优先顺序和列优先顺序存储时，a_{25} 的起始地址是多少？

5．对上三角矩阵 $B_{n \times n}$，采用按行优先顺序的方法存放非零元素，请写出计算矩阵中非零元素地址的计算公式。

6．若矩阵 $A_{m \times n}$ 中的某一元素 a_{ij} 是第 i 行的最小值，同时又是第 j 列的最大值，则称此元素为该矩阵的一个鞍点。假设用二维数组存放矩阵，试编写一个算法，确定鞍点在数组中的位置（若鞍点存在的话），并分析算法的时间复杂度。

7. 已知稀疏矩阵 X，画出以下各种表示法的存储表示。

$$X = \begin{bmatrix} 19 & 0 & 0 & 26 & 0 & -19 \\ 0 & 15 & 7 & 0 & 0 & 0 \\ 0 & 0 & 0 & -10 & 0 & 0 \\ 95 & 0 & 0 & 0 & 0 & 0 \\ 0 & 0 & 32 & 0 & 0 & 0 \end{bmatrix}$$

（1）三元组表示；

（2）带辅助行向量的二元组表示；

（3）行链表表示；

（4）十字链表(正交表)表示。

8. 编写一个实现两个稀疏矩阵相乘的算法。

9. 设有广义表 $J_1(J_2(J_1, a, J_3(J_1)), J_3(J_1))$，要求：

（1）画出此广义表的图形表示；

（2）画出它的带表头结点的单链表表示；

（3）画出它的类似二叉树的 lchild - rchild 法的双链表表示；

（4）画出它的类似有向图的邻接表的存储表示。

10. 设广义表 L=((), ())，试问 head(L)与 tail(L)为何？L 的长度和深度各为多少？

11. 利用广义表的 head 和 tail 操作写出函数表达式，把以下各题中的原子（单元素）banana 从广义表中分离出来。

（1）L_1=(apple,pear,banana,orange)；

（2）L_2=((apple,pear),(banana,orange))；

（3）L_3=(((apple),(pear),(banana),(orange)))；

（4）L_4=((((apple))),((pear)),(banana),orange)；

（5）L_5=((((apple),pear),banana),orange).

第8章
排序

　　排序是数据结构中的一种基本运算，也是数据处理中经常进行的操作。经统计，排序与查找在计算机的处理时间上占有相当大的比重，可以说排序是执行得最频繁的计算任务之一。它不仅在计算机软件系统中占有相当重要的地位，而且与我们的日常生活也密切相关。因此，人们对它进行了深入细致的研究，设计出大量的排序算法以满足不同的需求，其中包含了不少设计巧妙的算法。本章只讨论其中的一小部分，但它们却是非常典型、最常用且效率较高的算法。

8.1　基本概念

　　在讨论排序的问题之前，首先引入排序码的概念。所谓排序码是结点中的一个（或多个）字段，该字段的值作为排序运算中的依据。排序码可以是关键字（码），也可以不是关键字。若排序码为非关键字，这时可能有多个结点的排序码具有相同的值，因而排序的结果就可能不唯一。排序码的数据类型可以是整数、实数，也可以是字符串，甚至可以是复杂的组合数据类型。不管排序码是那种数据类型，它应该是满足线性有序关系的量❶。排序码的字段与类型的选取，应根据实际问题的要求而定，为了叙述方便而又不失一般性，在以下讨论中，设定排序码均为整型的一个字段。另外，习惯上，在排序中将结点称为记录，将一组结点构成的线性表称为文件。请注意这只是一种习惯性的叫法，不要把它们与外存中的记录、文件混同起来。

　　排序（sorting）又称为分类。概要地说，排序就是将待排序文件中的记录按排序码不减（或不增)的次序排列起来。其确切定义为：

　　设 $\{R_1, R_2, \cdots, R_n\}$ 是由 n 个记录组成的文件，$\{K_1, K_2, \cdots, K_n\}$ 是相应的排序码的集合。所谓排序，就是确定 $1, 2, \cdots, n$ 的一种排列 $P_1, P_2, \cdots, P_n$，使得各排序码满足如下的非递减（或非递增）关系

$$K_{P_1} \leqslant K_{P_2} \leqslant \cdots \leqslant K_{P_n} \quad (\text{或 } K_{P_1} \geqslant K_{P_2} \geqslant \cdots \geqslant K_{P_n})。$$

　　如果待排序文件中，存在多个排序码相同的记录，经过排序后这些记录仍保持它们原来的相对次序，则称这种排序算法是"稳定的"；否则称该排序算法是"不稳定的"。

---

❶ 线性有序关系：
对于任意三个数据 x, y, z，若关系 "$<$" 满足：
① 或者 $x < y$，或者 $x = y$，或者 $x > y$；（三分律）
② 如果 $x < y$，$y < z$，则 $x < z$。（传递律）
则称关系 "$<$" 为线性有序关系。

各种排序方法可以按照不同的原则进行分类。

在排序过程中,整个文件都放在内存中处理的排序方法称为内排序(internal sort);在排序过程中,不仅需要使用内存,而且还要使用外存的排序方法称为外排序(external sort)。内排序是排序的基础,本章重点讨论内排序。

按所采用的策略不同,排序方法可分为五类:插入排序、交换排序、选择排序、归并排序和基数排序。

排序的过程就是对待排序文件的处理。其处理方式与存储结构相关,主要有三种。

(1)对记录本身进行物理重排,经过比较和判断,把记录移到合适的位置;

(2)对文件的辅助表(例如由排序码和指向记录的指针组成的目录表)的表目进行物理地重排,只移动辅助表的表目,而不移动记录本身。

(3)既不移动记录本身,也不移动辅助表的表目, 而是在记录或辅助表的表目之间增加一条链,排序过程只改变这条链接上的指针,用以表示被排的顺序。

要在繁多的排序算法中,简单地判断哪一种算法最好,以便能普遍使用是困难的。原因是排序算法的性能与待排序文件中的记录个数(即问题的规模)及记录的初始排列状态有关。各种排序算法都有其各自的特点,有的排序算法在数据量大(即记录个数多)时较好,而在记录个数少时就不适合了。有的排序算法,在某种记录分布的情况下较为适合,而在另一种记录分布情况下又不太适合了。评价排序算法好坏的标准主要有两条:第一条是算法执行时所需的时间;第二条是算法执行时所需要的附加空间。另外算法本身的复杂程度也是要考虑的一个因素。大多数排序算法的时间开销主要是排序码之间的比较和记录的移动,所以在分析排序算法的时间复杂度时,主要是分析排序码的比较次数和记录的移动次数。有的排序算法其执行时间不仅依赖于待排序文件中的记录个数,而且还取决于记录的初始排列状态。对这样的算法,则需要给出其最好、最坏和平均的三种时间性能的评价。如果排序算法所需的附加空间并不依赖于待排序文件中的记录个数 n,也就是说附加空间为 $O(1)$,则称之为就地排序(in-place sort)。一般来讲,非就地排序要求的附加空间为 $O(n)$。

为了讨论方便起见,如无特别说明,均按非递减次序对待排序文件中的记录进行排序,且以顺序表作为存储结构,待排序文件中的 n 个记录 R_1,R_2,$\cdots$,R_n 存放在向量 $R[1\cdots n]$ 之中,$R[0]$ 省略不用或以备它用。其存储结构描述为

```
const int MaxSize = 100;    // 假定待排序文件中的记录个数 n < MaxSize
typedef int KeyType;        // 排序码的类型
typedef struct {
    KeyType  key;           // 排序码字段
    InfoType otherinfo;     // 记录的其他字段,类型 InfoType 应根据实际问题来定义
}RecType;                   // 记录类型
RecType R[MaxSize+1];       // R[0] 闲置或作为判别标志的"哨兵"
int n;                      // 表长(即待排序文件中的记录个数)
RecType temp;               // 移动或交换记录用的附加单元
int i, j, l, r, m;              // 循环变量或下标等
```

8.2　插入排序

插入排序(insertion sort)的基本思想是:每次将一个待排序的记录,按其排序码值的大小插到前面已经排序的子文件中的适当位置,直到全部记录插入完为止。

本节主要讲述直接插入排序、希尔（Shell）排序和其他插入排序（包括折半插入排序和表插入排序）。

8.2.1 直接插入排序

直接插入排序（straight insertion sort）的基本方法是：每步完成一个记录的插入，对于 n 个记录的排序问题需要从 2 到 n 共 $n-1$ 趟。当要插入第 i $(2 \leq i \leq n)$ 个记录时，文件已分为两部分：

$$R_1^{(i-1)}, R_2^{(i-1)}, \cdots, R_{i-1}^{(i-1)}, R_i, R_{i+1}, \cdots, R_n$$

其中，前 $i-1$ 个记录已排好序（称为有序子文件）。这时 K_i 与 $K_{i-1}^{(i-1)}$，$K_{i-2}^{(i-1)}$，$\cdots$，逐个进行比较，找到应该插入的位置，从该位置的记录到第 $i-1$ 个记录，都往后顺移一个位置，然后将 R_i 插入。这一趟的处理结果为

$$R_1^{(i)}, R_2^{(i)}, \cdots, R_i^{(i)}, R_{i+1}, R_{i+2}, \cdots, R_n$$

其中前 i 个记录已为有序。从上述过程可以看出，每趟完成一个记录的插入，而每插入一个记录，前边有序子文件的记录个数就增 1，因此，经过有限步之后，n 个记录则都进入到有序子文件之中而达到全部有序。

直接插入排序的全过程可概括为（用方括号括起来的部分表示有序子文件）

（1）初态：　　　$[R_1^{(1)}]$, R_2, $R_3 \cdots$, R_{i-1}, R_i, R_{i+1}, $\cdots$, R_n
　　　$(R_1^{(1)}=R_1)$

（2）插入 R_2 后：$[R_1^{(2)}, R_2^{(2)}]$, R_3, $\cdots$, R_{i-1}, R_i, R_{i+1}, $\cdots$, R_n
　　　　　　　　　$\cdots \cdots$

（i-1）插入 R_{i-1} 后：$[R_1^{(i-1)}, R_2^{(i-1)}, \cdots, R_{i-1}^{(i-1)}]$, R_i, R_{i+1}, $\cdots$, R_n

（i）插入 R_i 后：$[R_1^{(i)}, R_2^{(i)}, \cdots, R_{i-1}^{(i)}, R_i^{(i)}]$, R_{i+1}, $\cdots$, R_n
　　　　　　　　　$\cdots \cdots$

（n）插入 R_n 后：$[R_1^{(n)}, R_2^{(n)}, \cdots, R_{i-1}^{(n)}, R_i^{(n)}, R_{i+1}^{(n)}, \cdots, R_n^{(n)}]$

例 8.1 设待排序文件的记录共有 6 个，初始排序码序列为：8，6，2，3，9，4，按不减方式排序的过程如图 8-1 所示。

下面给出具体算法，假设进入算法前 n 个记录的待排序文件已存入数组 R[1..n] 之中，算法结束后，数组 R 中 n 个记录已经按不减顺序排序。

```
初态： [ 8 ] 6 2 3 9 4
i=2   [ 6  8 ] 2 3 9 4
i=3   [ 2  6 8 ] 3 9 4
i=4   [ 2  3 6 8 ] 9 4
i=5   [ 2  3 6 8 9 ] 4
i=6   [ 2  3 4 6 8 9 ]
```

图 8-1　直接插入排序

算法 8.1　直接插入排序
　　　　　InsertSort(R, n)

1. 循环 i 步长 1，从 2 到 n，执行　　[执行 n-1 趟，每趟插入一个记录]
　（1）R[0] ← R[i]；j ← i-1　　　　[R[0] 暂存 R_i 并为哨兵，当前要插入的记录是 R_i]
　（2）循环 当 R[0].key < R[j].key 时，执行　　[找插入位置并后移]
　　　　　R[j+1] ← R[j]; j ← j-1
　（3）R[j+1] ← R[0]　　　　　　　[插入]
2. [算法结束]　■

C/C++ 程序如下：

```
void InsertSort( RecType &R[ ], int n ) {
    int i, j;
    for ( i=2; i<= n; i++) {
        R[0] = R[i];  j = i-1;
        while ( R[0].key<R[j].key ) {
            R[j+1] = R[j];
            j --;
        }
        R[j+1] = R[0];
    }
}
```

算法中引入了一个附加的记录空间 R[0]，它有两个作用：其一是每次将要插入的 R_i 暂存在 R[0]中，以便于在排序码比较的同时进行记录的后移；其二是用来在（2）步的循环中"监视"下标是否越界，起到监视或哨兵的作用。显然该算法的附加空间为 O(1)。

该算法的执行时间主要花费在排序码比较和记录的移动上。下面是具体的分析。

（1）比较次数。

要在已排序好的 $i-1$ 个记录中插入第 i 个记录，其比较次数 C_i 最多为 i 次（这时 R_i 被排到第一个记录的位置上）；C_i 最少为 1 次（这时 R_i 的位置不变，$K_i \geqslant K_{i-1}$）。所以算法总的比较次数为

最小比较次数 $C_{\min}=n-1\approx n$

最大比较次数 $C_{\max} = \sum\limits_{i=2}^{n} i = \dfrac{(n+2)(n-1)}{2} = \dfrac{1}{2}(n^2+n-2) \approx \dfrac{1}{2}n^2$

（2）移动次数。

插入一个记录所需移动记录的次数 M_i，其最大值为 $C_i+1=(i-1)+2=i+1$，最小值为 2（包括算法中记录 R[0]的移动次数）。所以算法总的移动次数为

最小移动次数 $M_{\min}=2(n-1) \approx 2n$

最大移动次数 $M_{\max} = \sum\limits_{i=2}^{n} (i+1) = \dfrac{(n+4)(n-1)}{2} = \dfrac{1}{2}(n^2 + 3n - 4) \approx \dfrac{1}{2}n^2$

由上述分析可知，当待排序文件的初始状态不同时，直接插入排序算法所花费的时间差异很大。最好情况是文件的初态为正序，此时算法的时间复杂度为 O(n)；最坏情况是文件的初态为反序，其时间复杂度为 O(n^2)。假定排序的初始文件是随机的，即文件中记录的排序码所可能出现的各种排列的概率相同，这时可求得排序码进行比较以及记录移动的平均次数约为 $\dfrac{1}{4}n^2$，因此，算法的平均时间复杂度也为 O(n^2)。

直接插入排序是稳定的。

8.2.2　希尔排序

希尔（Shell）排序又称为缩小增量排序，于 1959 年由 D.L.Shell 提出的。其基本方法是：首先取一个正整数 $d_1(d_1<n)$，把文件的全部记录分成 d_1 个组；所有距离为 d_1 倍数的记录都放在同一组中，在各组内进行排序；然后取正整数 $d_2<d_1$，重复上述的分组和排序过程；直到取 $d_{\text{last}}=1$，即所有记录都放在同一组中排序为止。由于开始时 d_1 的取值较大，每组中的记录个数较少，排序

速度较快；待到排序的后期，d_i 的取值逐渐变小，每组中的记录个数逐渐变多，但由于有前面工作的基础，大多数记录已基本有序，所以排序速度仍然很快。

例 8.2　设待排序文件有 9 个记录，其初始排序码序列为：44，35，49，72，26，13，54，61，28，取 $d_1=\lfloor n/2 \rfloor=4$，$d_2=\lfloor 4/2 \rfloor=2$，$d_3=\lfloor 2/2 \rfloor=1$，Shell 排序过程如图 8-2 所示。

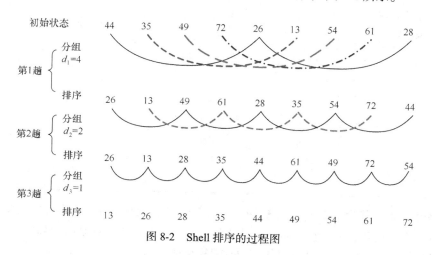

图 8-2　Shell 排序的过程图

从上述过程可以看出：每趟中 d_i 在不断缩小，最后为 1。d_i 有各种不同的取法，但均应满足：$n > d_1 > d_2 > \cdots > d_{last} = 1$。

Shell 提出的选法是：$d_1 = \lfloor n/2 \rfloor$，$d_{i+1} = \lfloor d_i/2 \rfloor$；Knuth 提出的选择为：$d_{i+1} = \lfloor d_i/3 \rfloor$。有人认为，$d_i$ 都取奇数为好；也有人认为，d_i 之间互素为好。由于其排序速度是一系列增量 d_i 的函数，故对较大的 n 来说，增量序列 $n > d_1 > d_2 > \cdots > d_{last} = 1$。如何选择是很难确定的，这个问题至今还没有得到解决。

下面给出 Shell 排序算法，分组后的子文件排序可采用各种排序方法，这里采用直接插入排序法。文件仍采用顺序存储方式，把待排序文件存放在数组 R 中。

```
RecType temp;
int i, j, d;              // d 为增量
```

算法 8.2　希尔排序

　　　　ShellSort(R, n)

1. d ← $\lfloor n/2 \rfloor$　　　　　　　　[准备]

2. 循环　当 d ≥ 1 时，执行　　　[执行若干趟，d = 1 时为最后一趟]

　　（1）循环　i 步长 1，从 d+1 到 n，执行　[同组内排序，距离为 d]

　　　　ⓐ temp ← R[i]；　j ← i-d

　　　　ⓑ 循环　当 j>0 且 temp.key < R[j].key 时，执行 [找插入位置并后移]

　　　　　　　R[j+d] ← R[j]; j ← j-d

　　　　ⓒ R[j+d] ← temp　　[插入]

　　（2）d ← $\lfloor d/2 \rfloor$

3. [算法结束]　■

C/C++ 程序如下：

```
void ShellSort( RecType &R[ ], int n ) {
    RecType temp;
    int i, j, d;
    d = n/2;
    while ( d >= 1 ) {
        for ( i=d+1; i<= n; i++ ) {
            temp = R[i];  j = i-d;
            while ( j > 0 && temp.key < R[j].key ) {
                R[j+d] = R[j];
                j = j -d;
            }
            R[j+d] = temp;
        }
        d = d/2;
    }
}
```

一般来说，Shell 排序运算速度比直接插入排序要快，但具体分析比较复杂，可参阅 Knuth 所著的《计算机程序技巧》第三卷。Shell 排序的平均比较次数和平均移动次数都为 $n^{1.3}$ 左右，即：$C_{avg}=n^{1.3}$，$M_{avg}=n^{1.3}$。因此，Shell 排序的平均时间复杂度为 $O(n^{1.3})$

Shell 排序是不稳定的排序方法。

*8.2.3 其他插入排序

由本节前面的讨论可知，直接插入排序直观、简便且容易实现。当待排序文件中的记录个数 n 较少时，这是一种很好的排序方法。但是，通常待排序文件中的记录个数 n 是很大的，再采用直接插入排序算法就不适宜了。由于直接插入排序算法的平均比较次数和移动次数都约为 $\frac{1}{4}n^2$，如果能想办法减少"比较"和"移动"这两个操作的次数，就可以得到比直接插入排序更高效的算法。Shell 排序算法与将下面介绍的排序算法都是基于这一思想而对直接插入排序所作的改进。

一、折半插入排序

直接插入排序中，在插入 R_i 时，$R_1^{(i-1)}$，…，$R_{i-1}^{(i-1)}$ 已是排好序的。因此在插入 R_i 时，可改用折半比较的方法来寻找 R_i 的插入位置。按这种方法进行的插入排序称为折半插入排序（binary insertion sort），也称为二分法插入排序。

折半比较就是在插入 R_i 时（$R_1^{(i-1)}$，…，$R_{i-1}^{(i-1)}$已有序），对

$$R_1, \cdots, R_{\lfloor \frac{i}{2} \rfloor}, \cdots, R_{i-1}, R_i, \cdots, R_n$$

取 $R_{\lfloor \frac{i}{2} \rfloor}$ 的排序码 $K_{\lfloor \frac{i}{2} \rfloor}$，与 K_i 进行比较：

如果 $K_i < K_{\lfloor \frac{i}{2} \rfloor}$，$K_i$ 只能插在 R_1 到 $R_{\lfloor \frac{i}{2} \rfloor}$ 之间，故可以在 R_1 到 $R_{\lfloor \frac{i}{2} \rfloor -1}$ 之间继续使用折半比较；否则可以在 $R_{\lfloor \frac{i}{2} \rfloor +1}$ 到 R_{i-1} 之间使用折半比较；如此反复，直到最后确定插入的位置为止。一般来说，在 R_l 和 R_r 之间采用折半法，其中间结点为 R_m（$m=\lfloor \frac{(l+r)}{2} \rfloor$，经过一次比较，便可排除一半结点，

把可能插入的区间缩小一半,故称折半(法)。

例 8.3 设待排序文件有 9 个记录,在插入第 9 个记录时,前 8 个记录已有序,插入最后一个记录的比较过程如图 8-3 所示。

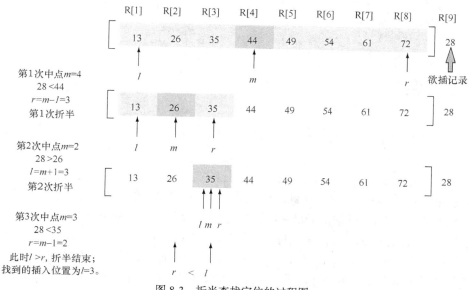

图 8-3 折半查找定位的过程图

下面给出折半插入排序的算法。算法中有关的类型和变量说明如下。

```
RecType R[MaxSize+1];
int n;
RecType temp;
int i, j, l, r, m;
```

进入算法前,待排序文件已在 R 中存放,算法结束时,数组 R 中的记录已按排序码不减次序排好。

算法 8.3 折半插入排序

BinaryInsertSort(R, n)

1. 循环 i 步长 1,从 2 到 n,执行   [执行 n-1 趟,每趟插入一个记录]

（1）temp ← R[i]; l ← 1; r ← i-1

（2）循环,当 l <= r 时,执行   [利用折半寻找插入位置]

     ⓐ m ← ⌊(l+r)/2⌋   [确定中点]

     ⓑ 若 temp.key < R[m].key   [插入值小于中点的排序码值]

         则 r ← m-1   [修改右边界,查找区间缩小在前半部]

         否则 l ← m +1   [修改左边界,查找区间缩小在后半部]

（3）循环, j 步长-1,从 i-1 到 l,执行   [找到插入位置,成块后移]

         R[j+1] ← R[j]

（4）R[l] ← temp   [插入]

2. [算法结束]∎

C/C++程序如下：

```
void BinaryInsertSort( RecType &R[ ], int n ) {
    RecType temp;
    int i, j, l, r, m;
    for (i=2; i<= n; i++) {
        temp = R[i];  l = 1; r = i-1;
        while ( l <= r ) {
            m = (l+r)/ 2;
            if (temp.key < R[m ].key)
                r = m-1;
            else
                l = m +1;
        }
        for ( j=i-1; j<=l; j-- )  R[j+1] = R[j];
        R[l] = temp;
    }
}
```

在算法中，采用 $l>r$ 来控制折半的结束，这时 l 就是 R[i]应插入的位置。另外，在确定了 R[i] 的插入位置（循环出口 $l>r$）前的最后一次折半时，将出现 $l=m=r$ 的情况，即查找区间聚缩到一个元素 R[m] 上，这时若 R[i].key＝R[m].key（见算法（2）ⓑ步 temp.key < R[m].key 的判断），则 l 增 1，从而使欲插入的记录 R[i]排在 R[m] 之后，因此，保证了该算法是稳定的。

使用折半插入排序算法排序时，所需进行的比较次数与待排序文件中记录的初始状态无关，仅依赖于记录的个数。在插入第 i 个记录时，如果 $i=2^j(0 \leqslant j \leqslant \lfloor \log_2 n \rfloor)$，则无论排序码取值为何，都需要恰好经过 $j=\log_2 i$ 次比较才能确定它应该插入的位置；若 $2^j<i \leqslant 2^{j+1}$，则需要的比较次数约为 $j+1$。因此，将 n 个记录用折半插入排序算法进行排序，所要进行的总比较次数为（为推导方便又不失一般性，这里设 $n=2^k$）

$$\sum_{i=1}^{n} \lceil \log_2 i \rceil = 0 + \overbrace{1}^{2^0 \uparrow} + \overbrace{2+2}^{2^1 \uparrow} + \cdots + \overbrace{k+k+\cdots+k}^{2^{k-1} \uparrow}$$

$$= 1 + 2 \times 2^1 + 3 \times 2^2 + \ldots + k \times 2^{k-1}$$

$$= 1 + 2^1 + 2^2 + \ldots + 2^{k-1}$$

$$\quad + 2^1 + 2^2 + \ldots + 2^{k-1}$$

$$\quad\quad + 2^2 + \ldots + 2^{k-1}$$

$$\quad\quad\quad \ldots\ldots$$

$$\quad\quad\quad\quad + 2^{k-1}$$

$$= \sum_{i=1}^{k} \sum_{j=i}^{k} 2^{j-1}$$

$$= \sum_{i=1}^{k} (2^k - 2^{j-1})$$

$$= k \times 2^k - 2^k + 1$$

$$= \log_2 n \times n - n + 1$$

$$= O(n\log_2 n)$$

上式表明折半插入排序的比较次数的时间复杂度为 O（$n\log_2 n$）。当 n 较大时，显然要比直接插入排序的最大比较次数少得多，但是大于直接插入排序的最小比较次数。折半插入排序算法与直接插入排序算法的移动次数相同。在最坏情况下为 $n^2/2$；在最好情况下为 $2n$。

二、表插入排序

表插入排序（list insertion sort）的基本思想是：在每个结点中增加一个指针字段，在插入 R_i（$i=2$，…，n）时，R_1 到 R_{i-1} 已经用指针按排序码值不减的次序链结起来，这时循链顺序比较，找到 R_i 应该插入（链入）的位置，然后做链表的插入，这样就得到从 R_1 到 R_i 的一个通过链接指针排好序的链表。如此重复处理，直到把 R_n 插入链表中排好序为止。

执行表插入排序可以用数组 R 存放待排序的文件，记录之间的链接关系用 next 字段表示，next 字段取值为数组元素的下标，头指针就放在 R[0].next 字段中。这种形式的链表称作静态链表（static linked list）。在给出示例和算法之前，先定义用于表插入排序的静态链表。

```
const int MaxSize = 100;    // 假定待排序文件中的记录个数 n < MaxSize
typedef int KeyType;        // 排序码的类型
typedef struct {
    KeyType key;            // 排序码字段
    InfoType otherinfo;    // 记录的其他字段，类型 InfoType 应根据实际问题来定义
    int next;              // 记录的链接指针
}RecType;                   // 记录类型
RecType R[MaxSize+1];       // R[0] 用来存放头指针
int n;                      // 表长（即待排序文件中的记录个数）
int i, pre, p;             // p 是链表的当前指针 pre 是 p 的前驱指针
```

例 8.4　设有 6 个记录待排序文件的初始状态为 44，35，72，13，58，26，图 8-4 给出了表插入排序的过程。图 8-4 中记录的 otherinfo 字段没有画出，只画出有关的排序码字段 key 和指针字段 next，并用 –1 表示链表的结束（相当于动态链表的 NULL）。与直接插入排序不同的是，每次找 R[i] 应插入的位置时，直接插入排序是按下标从 R[i-1] 向 R[1] 依次比较；而表插入排序则是从 R[0].next 所指位置沿 next 所表示的链向后依次比较。

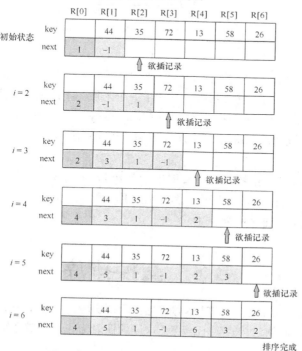

图 8-4　表插入排序的过程图

算法 8.4 表插入排序

   ListInsertSort（R, n）

1. R[0].next ← 1; R[1].next ← -1   [初始化]

2. 循环, i 步长 1, 从 2 到 n, 执行   [执行 n-1 次, 每次插入一个记录]

  （1）p ← R[0].next;   pre ← 0

  （2）循环 当 p>0 且 R[p].key <= R[i].key 时, 执行   [沿链找插入位置]

     pre ← p; p ← R[p].next   [指针后移]

  （3）R[pre].next ← i; R[i].next ← p   [插入]

3. [算法结束] ▋

C/C++ 程序如下:

```c
void ListInsertSort( RecType &R[ ], int n ) {
    int i, pre, p;
    R[0].next = 1; R[1].next = -1;
    for ( i=2; i<= n; i++ ) {
        p = R[0].next; pre = 0;
        while ( p>0 && R[p].key <= R[i].key ) {
            pre = p; p = R[p].next;
        }
        R[pre].next = i; R[i].next = p;
    }
}
```

  使用表插入排序, 每插入一个记录, 最大比较次数等于表中已排好序的记录个数, 最小比较次数为 1。故总的比较次数最大为

$$\sum_{i=1}^{n-1} i = \frac{n(n-1)}{2} \approx \frac{1}{2} n^2$$

最小比较次数为

$$n-1 \approx n$$

  用表插入排序时, 记录移动的次数为 0, 但为了实现链表插入, 在每个记录中增加了一个 next 字段, 并使用 R[0] 作为链表的表头结点, 总共用了 n 个附加的字段和一个附加的记录的存储空间。

  此算法从 $i=2$ 开始, 从前向后插入, 并且在 R[pre].key = R[i].key 时, 将 R[i] 插入在 R[pre] 之后, 没有改变它们之间原来的相对次序, 所以表插入排序算法是稳定的。

  📖 **思考题**

  ① 表插入排序还可以这样来做: 插入 R[i]（ $i = n-1$, $n-2$, …, 1）时, R[i+1], …, R[n] 的链已形成（已排好序）, 逐个插入 R[i] 而达到全部有序。那么, 如何通过算法来实现呢?

  ② 如何在动态链表上进行表插入排序?

8.3 交换排序

  交换排序（exchange sorting）的基本思想是: 两两比较待排序记录的排序码, 并交换不满足顺序要求（反序）的那些偶对, 直到不再存在这样的偶对为止。本节介绍两种交换排序: 冒泡排序和快速排序。

8.3.1 冒泡排序

冒泡排序（bubble sort）又称为起泡排序，它是一种简单的交换排序方法。其具体做法是：设 n 个记录的待排序文件存放在数组 R[1..n] 中，首先比较 K_{n-1} 和 K_n，如果 $K_{n-1} > K_n$（发生逆序），则交换 R_{n-1} 和 R_n；然后 K_{n-2} 和 K_{n-1}（可能是刚交换来的）做同样的处理；重复此过程直到处理完 K_1 和 K_2。上述的比较和交换的处理过程称为一次起泡。第一趟结果是将排序码最小的记录交换到文件第一个记录 R_1 的位置（也是最终排序的位置），其他的记录大多数都向着最终排序的位置移动。但也可能出现个别的记录向着相反的方向移动的情况。第二趟再对 R[2..n] 部分重复上述处理过程，这一趟的结果是将排序码次最小的记录交换到文件第二个记录 R_2 的位置。如此一趟一趟地进行下去……至多经过 $n-1$ 趟（$n-1$ 次起泡）就可达到全部有序。

例 8.5 设待排序文件的排序码为：62，31，57，18，44，06，采用上述的冒泡排序的方法进行排序，其过程如图 8-5 所示。

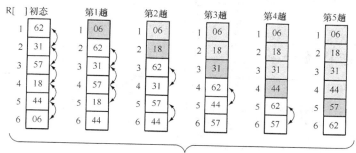

图 8-5 冒泡排序的过程图

具体实现时，可以用一个标志变量 exchange 表示本趟起泡中是否出现了交换（逆序），如果没有交换则表示这趟起泡之前就已达到排序的要求，故可以终止算法。

设待排序文件有 8 个排序码：38，44，16，59，86，75，38*，07，最多要进行 7（$n-1$）趟，但对于此例中的初始排序码序列，用冒泡排序算法对它进行排序，只需 4 趟就可完成（其中最后一趟是测试趟，没有发生记录的移动）。其具体过程如图 8-6 所示。

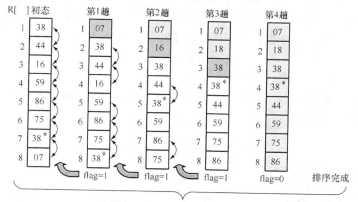

图 8-6 冒泡排序的过程图

在图 8-5、图 8-6 中，把表示待排序文件的记录数组 R[1..n] 竖向地画出，使其更能形象地展示冒泡排序的过程：文件中排序码小的记录好比水中气泡逐趟往上飘浮，而排序码大的记录好比石块不断沉入水底。

下面给出冒泡排序的算法。

```
RecType R[MaxSize+1];
int n;
int i, j;
int exchange;
RecType temp;
```

算法 8.5　冒泡排序

　　　　　BubbleSort（R, n）

1. 循环 i 步长 1，从 1 到 n-1，执行　　　　　　　　[每循环一次作一次起泡]

（1）exchange ← 0　　　　　　　　　　　　　　[设置标志为未交换状态]

（2）循环, j 步长-1，从 n-1 到 i，执行　　　　　　　[进行一趟]

　　　若 R[j].key > R[j+1].key　　　　　　　　　[发生反序？]

　　　则 exchange ←1;　　　　　　　　　　　　[有交换发生，置标志]

　　　temp ← R[j]; R[j] ← R[j+1]; R[j+1] ← temp　[交换]

（3）若 flag=0　　　　　　　　　　　　　　　　[本趟未有交换发生，结束算法]

　　　则 跳出循环

2. ［算法结束］　■

C/C++ 程序如下：

```
void BubbleSort( RecType &R[ ], int n ) {
   int i, j, exchange = 1;
   RecType temp;
   for ( i=1; i< n && exchange; i++) {
      exchange = 0;
      for ( j = n-1; j>=i; j--)
         if ( R[j].key > R[j+1].key ) {
            exchange = 1;
            temp = R[j]; R[j] = R[j+1]; R[j+1] = temp;
         }
   }
}
```

　　若进入算法前，待排序文件中的初始记录已经有序，则一趟起泡就可完成排序，此时比较次数和移动次数最小，比较次数为 $n-1$；且移动次数为 0。若进入算法前，待排序文件中的排序码最大的记录位于文件的首部（第一个记录的位置），则算法需要执行 $n-1$ 趟，比较次数达到最大，其比较次数为

$$\sum_{i=1}^{n-1}i = \frac{n(n-1)}{2} = O(n^2)$$

　　若待排序文件的初始状态为逆序时，则也需执行 $n-1$ 趟，且每次比较都要进行交换，移动次数达到最大，其移动次数为

$$3\sum_{i=1}^{n-1}i = \frac{3n(n-1)}{2} = O(n^2)$$

　　一般来说，冒泡排序算法的平均时间复杂度为 $O(n^2)$。

　　在空间上起泡排序只需附加一个记录的存储，因此辅助的空间复杂度为 $O(1)$。

　　冒泡排序是一种稳定的排序方法。

8.3.2　快速排序

　　快速排序（quick sort）又称划分交换排序。它是在 1962 年由 C.A.Hoare 提出来的，是一种平

均性能非常好的排序方法。其基本思想是：在待排序文件的 n 个记录中任取一个记录（例如就取第一个记录）作为基准，将其余的记录分成两组，第一组中所有记录的排序码都小于或等于基准记录的排序码；第二组中所有记录的排序码都大于或等于基准记录的排序码，基准记录则排在这两组的中间（这也是该记录最终排序的位置）；然后分别对这两组记录重复上述的处理，直到所有的记录都排到相应的位置为止。

　　为节省空间，快速排序的具体做法是采用从两端往中间夹入的移动方法：首先取出 R_1（基准记录），从而空出前端第一个记录的位置，然后用 K_1 与 K_n 比较，若 $K_n > K_1$，则 K_n 应留在第二组不用移动，继续用 K_1 与 K_{n-1} 相比，……若 $K_n \leq K_1$，则将 R_n 移到原来 R_1 的位置，从而空出 R_n 的位置。这时调过头来用 K_1 的值再与 K_2，K_3，…相比，找出一个排序码 $\geq K_1$ 的记录，将它移到后面刚刚空出来的位置上，如此反复比较，一步一步地往中间夹入，便将排序码 $\geq K_1$ 的那些记录都移到文件的后部，而把排序码 $\leq K_1$ 的那些记录都移到文件的前部，最后在空出的位置上填入 R_1，从而完成了第一趟的排序过程。对分开的两部分继续分别执行上述过程，最终便可达到全部有序。

　　例 8.6　设有 8 个记录的待排序文件的初始排序码为：45，22，78，62，85，06，91，14，图 8-7 给出了快速排序的过程，其中图 8-7（a）所示是第一趟快速排序（第一次划分）的过程，基准记录的排序码是 45，这一趟得到的结果为

$$[14\ 22\ 06]\ 45\ [85\ 62\ 91\ 78]$$

图 8-7（b）是各趟快速排序的结果，图 8-7（c）是快速排序算法处理过程所对应的树结构。下面给出快速排序的算法，其变量说明如下。

```
RecType R[MaxSize+1];
int n, i, j, low, high;
RecType temp;
```

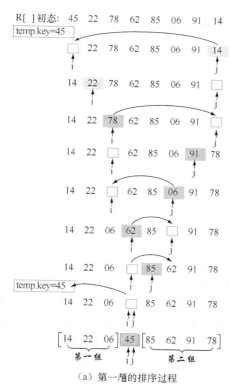

（a）第一趟的排序过程

待排序文件 排序趟数	R[1]	R[2]	R[3]	R[4]	R[5]	R[6]	R[7]	R[8]
初始状态	45	22	78	62	85	06	91	14
第1趟	[14	22	06	45	[85	62	91	78]
第2趟	[06	14	22	45	[78	62	85	91]
第3趟	06	14	22	45	[62	78	85	91
排序结果	06	14	22	45	62	78	85	91

（b）各趟快速排序后的结果

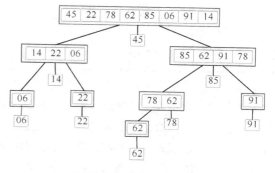

（c）快速排序处理过程所对应的树结构

图 8-7　快速排序的图示

算法 8.6 快速排序

QuickSort（R, low, high）

1. （1）若 low ≥ high   [区间长度应大于 1]

      则 算法结束

   （2）i ← low; j ← high

   （3）temp ← R[i]   [取区间的第一个记录为基准记录]

2. 循环 当 i < j 时，执行   [划分]

   （1）循环 当 R[j].key > temp.key 且 j > i 时，执行

        j ← j-1

   （2）若 i < j

        则 R[i] ← R[j]; i ← i+1

   （3）循环 当 R[i].key < temp.key 且 I < j 时，执行

        i ← i+1

   （4）若 i < j

        则 R[j] ← R[i]; j ← j-1

3. R[i] ← temp   [划分完并把基准记录送中间位置]

4. QuickSort(R, low, j-1);   [递归处理第一组(前半部)]

   QuickSort(R, i+1, high)   [递归处理第二组(后半部)]

5. [算法结束] ▉

C/C++ 程序如下：

```
void QuickSort( RecType &R[ ], int low, int high ) {
    int i, j;
    RecType temp;
    if ( low >= high ) return;
    i = low; j = high;
    temp = R[i];
    while ( i < j ) {
        while ( R[j].key>temp.key && j>i )  j--;
        if ( i<j ) R[i++] = R[j];
        while ( R[i].key<temp.key && i<j ) i ++;
        if ( i<j ) R[j--] = R[i];
    }
    R[i] = temp;
    QuickSort( R, low, --j );
    QuickSort( R, ++ i, high );
}
```

上述的快速排序算法是一个递归算法，可以把它改写成非递归的算法，这是通过引入一个栈来实现的，栈的大小取决于递归的深度（从图 8-7（c）可以看出，即为递归树的深度），最多不会超过 n。如果每次都记录数较多的一组进栈，处理长度较短的一组，则递归深度最多不超过 $\log_2 n$，这样的话，快速排序算法所需要的附加存储空间为 $O(\log_2 n)$。

快速排序算法的时间性能与待排序文件的记录初始分布有关。当待排序文件已为有序的情况下，其性能最差，因为基准记录每次都是选组内的最小者，这样，第一趟需进行 $n-1$ 次比较，将第

一个记录仍放在它原来的位置上，并得到一个包括 $n-1$ 个记录的子文件；第二次递归调用，经过 $n-2$ 次比较，又将第二个记录放在它原来的位置上，并得到一个包括 $n-2$ 个记录的子文件，……，因此总的比较次数为

$$\sum_{i=1}^{n-1}(n-i) = \frac{n(n-1)}{2} = \mathrm{O}(n^2)$$

最理想的情况是，每次递归调用都是将划分的区间分成长度相等的两部分，基准记录正好放在这两组的中间。这时总的比较次数为

$$
\begin{aligned}
\mathrm{C}(n) &\leqslant n + 2\mathrm{C}(n/2) \\
&\leqslant 2n + 4\mathrm{C}(n/4) \\
&\leqslant 3n + 8\mathrm{C}(n/8) \\
&\leqslant \cdots\cdots \\
&\leqslant n\log_2 n + n\,\mathrm{C}(1) \\
&= \mathrm{O}(n\log_2 n)
\end{aligned}
$$

可以证明平均比较次数也是 $\mathrm{O}(n\log_2 n)$。显然快速排序的记录移动次数不会超过比较次数，因此快速排序的时间复杂度为 $\mathrm{O}(n\log_2 n)$。

快速排序是一种不稳定的排序方法。

8.4　选择排序

选择排序（selection sort）基本思想是：第一趟在有 n 个记录的待排序文件中，选出排序码最小（大）的记录，并把它与剩余的 $n-1$ 个记录分开；然后在剩余的 $n-1$ 个记录再选出排序码最小（大）的记录，并把它与剩余的 $n-2$ 个记录分开；依次重复下去，……，一般第 i 趟（$i=1$，2，…，$n-1$）在当前剩余的 $n-i+1$ 个待排序记录中选出排序码最小（大）的记录，作为有序子文件第 i 个记录。待到第 $n-1$ 趟结束时，剩余的待排序文件中只剩下一个记录，它就是整个待排序文件中的排序码最大（小）的记录，至此排序已完成。本节将介绍直接选择排序、树形选择排序和堆排序三种选择排序的方法。

8.4.1　直接选择排序

直接选择排序（straight selection sort）又称为简单选择排序（simple selection sort），它是一种简单的排序方法。其做法是：首先在所有记录中选出排序码最小（大）的记录，把它与第一个记录交换，然后在其余的记录中再选出排序码最小（大）的记录与第二个记录交换，以此类推，直到所有记录排序完成。

例 8.7　设有待排序文件为 37，12，05，33，48，02，26，图 8-8 给出了直接选择排序的过程，图中的每一行对应的是每趟结束后的结果。

直接选择排序可以在顺序存储结构上进行，也可以在链接存储结构上进行。这里采用顺序存储方式。下面给出直接选择排序的算法。

```
RecType R[MaxSise+1];
int n;
RecType temp;
int i, j, k;
```

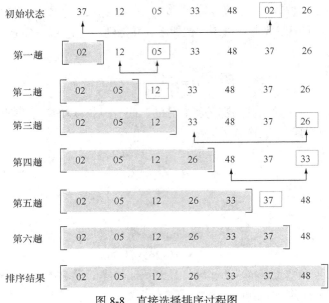

图 8-8　直接选择排序过程图

算法 8.7　直接选择排序
  SelectionSort(R, n)

1. 循环 i 步长 1, 从 1 到 n-1, 执行   [每循环一次为一趟,选出第 i 个最小值]
  (1) k ← I   [k 的初值, 假设第 i 个记录为最小值]
  (2) 循环 j 步长 1, 从 i+1 到 n, 执行   [在本趟中选择最小值]
    若 R[j].key < R[k].key
    则 k ← j   [用 k 记住选出的最小值的位置]
  (3) 若 i ≠ k
    则 temp ← R[i]; R[i] ← R[k]; R[k] ← temp   [交换]
2. [算法结束] ∎

C/C++ 程序如下:

```
void SelectionSort( RecType &R[ ], int n ) {
    int i, j, k;
    RecType temp;
    for ( i=1; i<= n-1; i++) {
        k = i;
        for ( j = i+1; j<=n; j++)
            if (R[j].key < R[k].key)  k = j;
        if ( i != k) {
            temp = R[i]; R[i] = R[k]; R[k] = temp;
        }
    }
}
```

  直接选择排序的比较次数与排序码的初始顺序无关，第一趟找出最小排序码需进行 $n-1$ 次比较；第二趟找出次最小排序码需进行 $n-2$ 次比较，……最后一趟只剩下两个记录，再进

行 1 次比较。因此总的比较次数为

$$\sum_{i=1}^{n-1}(n-i) = \frac{n(n-1)}{2} = O(n^2)$$

直接选择排序的移动次数与排序码的初始顺序有关。当初始文件已是排序文件时，移动次数最少，$M_{min} = 0$；而最坏情况是每一趟都要进行交换，总的移动次数 $M_{max} = 3(n-1)$。

直接选择排序是一种不稳定的排序方法。例如：设有排序码的初始序列为：5，5*，1。

经过直接选择排序：　　　5　　5*　　1　　⇨　　[1] 5* 5　　⇨　　[1 5*] 5

最后排序结果为：1，5*，5。

8.4.2　树形选择排序

树形选择排序（tree selection sort），又称锦标赛排序（tournament sort）。

直接选择排序时，为了从 n 个排序码中找出最小的排序码，需要进行 $n-1$ 次比较，然后为在 $n-1$ 个排序码中找出次小的排序码需要进行 $n-2$ 次比较。事实上，后面这 $n-2$ 次比较中有许多比较可能在前面 $n-1$ 次比较中已经做过，但由于第一次比较时，这些结果没有保留下来，所以在第二趟又重复执行。树形选择排序克服了这一缺点。借助于典型的"淘汰赛"中的对垒，容易理解树形选择排序的原理。

例 8.8　考虑乒乓球比赛的情况（如图 8-9 所示）。

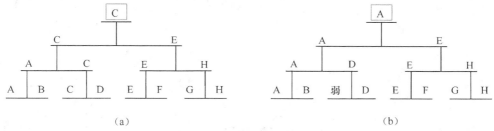

(a)　　　　　　　　　　　　　　　　　　(b)

图 8-9　一场乒乓球锦标赛

图 8-9（a）表示出 C 是 8 个选手中的优胜者（冠军）。为确定出这一结果，需要做 8-1=7$(n-1)$ 次比较（比较）。谁是第二个最好者，E 不一定是第二个最好者！被 C 打败的任何人，包括头一轮被打败的 D，都有可能成为第二个最好者。可以通过 D 与 A 比赛，以及该场比赛的优胜者与 E 比赛，来确定第二个最好的选手（亚军）。由于我们已经从前几场比赛中记住了这个结构，为找出第二个最好的选手，只需进行两场附加的比赛。

一般来说，可以从根处"输出"选手，然后用极弱的选手来代替它，替出这个弱的选手意味着原来第二个最好的选手现在将是最好的。所以，如果重新计算树中的优胜者，则它将出现于根处。为此目的，树中仅有一条通路必须改变，这只需要少于 $\lceil \log_2 n \rceil$ 次进一步的比较。

树形选择排序的具体做法是：把 n 个排序码两两进行比较，取出 $\lceil n/2 \rceil$ 个较小的排序码作为第一步比较的结果保存下来，再把这 $\lceil n/2 \rceil$ 个排序码两两分组并进行比较，…，如此重复，直到选出一个排序码最小的记录为止。在选择次最小排序码时，只要将结点中最小排序码改成 +∞（实现时用机器最大数来代替），重新进行比较，这时，实际上只要修改从树根到刚刚改为+∞的叶结点这条路径上的各结点的值，其他结点均保持不变。如此反复，直到排序完成。

例 8.9　设 8 个记录待排序文件的初始排序码为：45，22，78，62，85，06，91，14，图 8-10

所示为树形选择排序的过程。

在图 8-10（a）所示的例子中，最下面是记录排列的初始状态，相当于一棵完全二叉树的叶结点，它存放的是所有参加排序的记录，叶结点上面一层的非叶结点是按叶结点排序码进行两两比较的结果。最顶层是树的根，表示最后经比较选择出来的具有最小排序码的记录。由于每次两两比较的结果总是把排序码小者作为优胜者上升到父母结点，所以称这种比赛树为胜者树。位于最底层的叶结点叫作胜者树的外结点，非叶结点为胜者树的内结点。

树形选择排序构成的胜者树是一棵完全二叉树，其高度为 $\lceil \log_2 n \rceil$，其中 n 为待排序文件中的记录个数。除第一次需执行 $n-1$ 次比较找出来最小的排序码外，以后每次都经过 $\log_2 n$ 次比较就可选出一个较小的排序码，因此，总的比较次数为 $(n-1) + (n-1) \log_2 n = O(n\log_2 n)$。结点的移动次数不超过比较的次数。所以，树形选择排序总的时间开销为 $O(n\log_2 n)$。

树形选择排序的速度比直接选择排序有了很大改进，但增加了 $n-1$ 个结点保存前面的比较结果，另外排序的结果还需要附加的空间，总的附加空间量为 $2n-1$。

若约定两个排序码比较时，相对位置在前面的记录胜出，则此算法是稳定的。

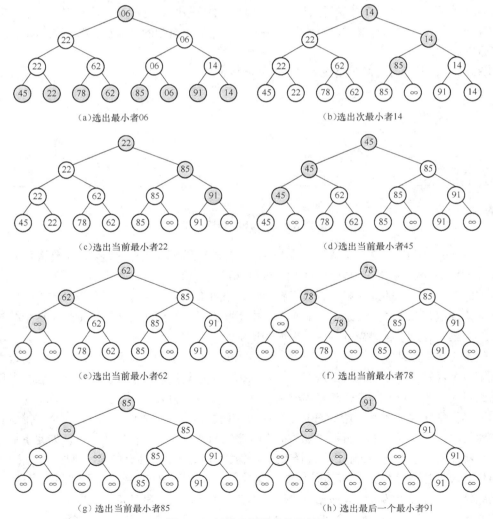

图 8-10　树形选择排序的示意图

8.4.3　堆排序

堆排序（heap sort）是由它的发现者 J.W.J.Williams 于 1964 年命名的，是对树形选择排序的进一步改进，使得时间开销与树形选择排序相同，也为 $O(n\log_2 n)$。同时又不需增加像树形选择排序那么多的附加存储空间，堆排序的附加存储空间仅为 $O(1)$。

在第 5 章已经介绍了堆结构和建堆等算法。在此基础上很容易实现堆排序的算法。细心的读者可能注意到，在第 5 章里，表示堆的一维数组的起始位置（对应的树根）是从 0 开始的，但这里是从 1 开始的。这只是细小的差别，并没有本质上的不同。

堆排序的基本思想是：

（1）将待排序文件的 n 个记录，利用堆的调整算法 FilterDown（）建成初始堆；

（2）输出堆顶记录；

（3）对剩余的记录重新调整成堆；

重复（2）、（3）步所有记录均被输出为止。

在第 5 章介绍的是最小堆。为了实现待排序文件中的记录按排序码从小到大的次序排序，则需要建立最大堆。建立的方法与最小堆相同，只不过在堆的调整算法 FilterDown（）中把比较运算符要稍加改变。修改后的算法为

```
typedef  struct {
    node *heap;            // 存放最大堆中元素的一维数组 heap[1…n ]（n = CurrentSize）
    int CurrentSize;       // 堆中当前元素个数
    int MaxHeapSize;
} maxHeap;
maxHeap mh;
int i, j, start, EndOfHeap;
node temp;
```

算法 5.12'　筛选法

　　　　FilterDown（mh, start, EndOfHeap）
EndOfHeap）{

1. i ← start；j ← 2*i；　[j 是 i 的左子女位置]
   temp ← mh.Heap[i]
2. 循环　当 j<= EndOfHeap 时，执行
   （1）若 j < EndOfHeap 且
   　　　mh.Heap[j].key<mh.Heap[j+1].key
   　　　则 j←j+1
   （2）若 temp.key ≥ mh.Heap[j].key
   　　　则　跳出循环　　[大则不调整]
   　　　否则 mh.Heap[i] ← mh.Heap[j]；
   　　　　　i←j；j←2*j
3. mh.Heap[i] ← temp
4. [算法结束]　∎

C/C++ 程序如下：

```
FilterDown(maxHeap &mh,int start,int
    int i = start, j = 2*i;
    node temp = mh.Heap[i];
    while ( j <= EndOfHeap) {
     if (( j < EndOfHeap) &&
        (mh.Heap[j].key<mh.Heap[j
                        +1].key))
        j++;
     if (temp.key >= mh.Heap[j].key)
        break;
     else { mh.Heap[i] = mh.Heap[j];
        i = j; j = 2*j; }
    }
    mh.Heap[i] = temp;
}
```

再回顾一下堆的定义，这里给出的是最大堆，并且索引（下标）值从 1 开始。

最大堆的定义：堆是一个关键码（排序码）的序列 $\{K_1, K_2, \cdots, K_n\}$，它具有特性

$$K_i \geqslant K_{2i}$$

$$\left(i = 1, 2, \cdots, \left\lfloor \frac{n}{2} \right\rfloor\right)$$

$$K_i \geqslant K_{2i+1}$$

堆实际上是一棵完全二叉树结点的层次序列，此完全二叉树的每个结点对应一个排序码，根结点对应于排序码 K_1。

最大堆建成后，堆的第一个元素（对应的完全二叉树的根）mh.Heap[1].key 就是最大的排序码。将 mh.Heap[1] 与 mh.Heap[n]对调，把具有最大排序码记录交换到最后，再对前面的 $n-1$ 个排序码使用堆的调整算法（筛选法），重新建立最大堆。结果把具有次最大排序码的记录有上浮到堆顶，即 mh.Heap[1] 位置，再对调 mh.Heap[1] 和 mh.Heap[n-1]，……如此反复执行 $n-1$ 次，最后得到全部排好序的记录序列。这就是堆排序算法的处理过程。下面是具体的算法。

```
maxHeap mh;
int i;
node temp;
```

假定进入算法前，待排序文件的 n 个记录已存入数组 mh.Heap[1]，…，mh.Heap[n] 之中，n 的值也已赋给 mh.CurrentSize。

算法结束时，在数组 mh.Heap[1]，…，mh.Heap[n] 中的待排序文件的 n 个记录已按从小到大的次序排序好。

算法 8.8 堆排序

HeapSort(mh)

1. [初始建堆]

   循环 i 步长-1，从 $\left\lfloor \dfrac{mh.CurrentSize}{2} \right\rfloor$ 到 1，执行

   FilterDown(mh, i, mh.CurrentSize)

2. [堆排序]

   循环 i 步长-1,从 mh.CurrentSize 到 2，执行

   （1）temp ← mh.Heap[1];

   　　　mh.Heap[1] ← mh.Heap[i];

   　　　mh.Heap[i] ← temp　　[交换]

   （2）　FilterDown(mh, 1, i-1)

3. [算法结束]　■

C/C++ 程序如下：

```cpp
HeapSort(maxHeap &mh) {
    int i;
    for (i=mh.CurrentSize/2; i>=1; i--)
        FilterDown(mh, i, mh.CurrentSize);
    for (i=mh.CurrentSize; i>=2; i--){
        temp = mh.Heap[1];
        mh.Heap[1] = mh.Heap[i];
        mh.Heap[i ] = temp;
        FilterDown(mh, 1, i-1);
    }
}
```

堆排序适合待排序文件中的记录个数较大的情况。对于 n 个记录进行堆排序时，其时间复杂度为 $O(n\log_2 n)$。附加存储空间只要求一个用于交换的结点，因此，它的附加存储空间复杂度为 $O(1)$。

例 8.10 设有待排序文件的排序码序列为{19，26，15，26*，42，58}，用算法 8.8 进行排序的过程如图 8-11 所示。

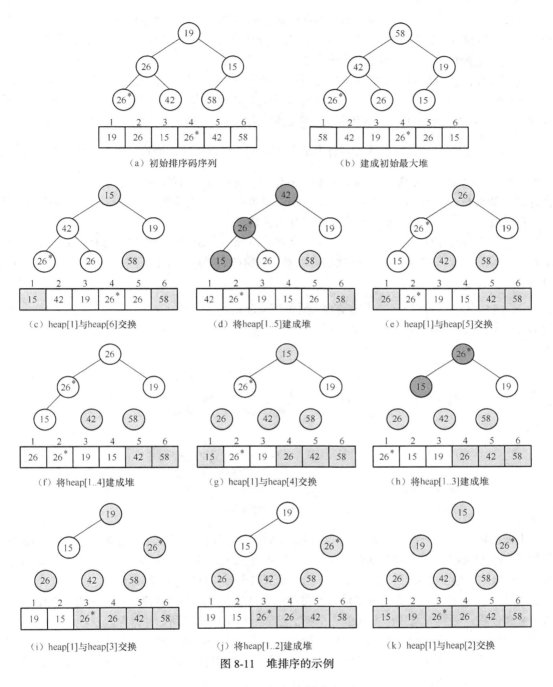

图 8-11　堆排序的示例

从上面的例子可以看出，堆排序是一种不稳定的排序方法。

8.5　归并排序

归并排序（merge sort）是又一类不同的排序方法。

归并排序的基本思想：将已有序的子文件进行合并，得到完全有序的文件。合并时只要比较各有序子文件的第一个记录的排序码，排序码最小的那个记录就是排序后的第一个记录；取出这个记录，然后继续比较各个子文件的第一个记录，便可找出排序后的第二个记录；如此继续下去，只要经过一趟扫描就可以得到最终的排序结果。

对于排序码任意排列的待排序文件进行归并排序时，可以把文件中的 n 个记录看成 n 个子文件。每个子文件只包含一个记录，显然对于个子文件来说是有序的。但是，要想只经过一趟扫描就将 n 个子文件全部归并成一个有序的文件显然是困难的。通常，可以采用两两归并的方法，即每次将两个子文件归并成一个较大的有序子文件。第一趟归并后，得到 $\left\lceil \dfrac{n}{2} \right\rceil$ 个长度为 2 的有序子文件（最后一个子文件长度可能为 1）；在此基础上，再进行以后各趟的归并，每经过一趟后，子文件的个数约减少一半，而每个子文件的长度约增加一倍。如此反复，直到最后一趟将两个有序子文件归并到一个文件中，这时整个排序工作就完成了。

上述的归并过程中，每次都是将两个子文件合并成一个较大的子文件。这种归并方法称为二路归并（2-way merge）排序。类似地也可以采用三路归并排序或多路归并（multi - way merge）排序。

例 8.11 设待排序文件中记录的初始排序码为 45，22，78，62，85，06，91，57，二路归并排序的过程如图 8-12 所示。

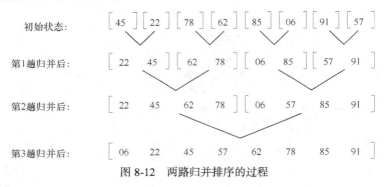

图 8-12 两路归并排序的过程

下面给出二路归并排序的算法。假设待排序的 n 个记录开始存放在数组 R 中，排序中使用一个同样大小的数组 R_1，存放每次归并后的文件。变量 length 指出子文件的长度；初始状态 length 为 1；每归并一趟子文件的长度为 length×2。算法结束时，排序结果在 R 中。

从图 8-12 可以看出，为完成二路归并排序需要经过若干趟归并处理，而每一趟又需要多次的两组合并过程。因此，此排序方法由三个算法组成：最上层的二路归并排序算法在执行中调用了一趟归并的算法，而一趟归并的算法在执行中又调用了两组合并的算法。

下面先给出两组合并的算法，然后再给出一趟归并的算法，最后给出二路归并排序的算法。
```
RecType  R[MaxSize+1], R₁[MaxSize+1];
int n;
int low, m, high;
int length;
int i, j, k, h;
```
先给出两组合并的算法，其功能是：将两组已排序的记录

R[low], R[low +1], …, R[m]； R[m+1], R[m+2], …, R[high]

进行合并，并送到 R_1[low], R_1[low +1], … , R_1[high] 之中。

算法 8.9 两组合并

Merge（R, R₁, low, m, high）

1. [置初始值]
   i←low; j←m+1; k←low

2. 循环 当 i≤m 且 j≤high 时，执行 [合并]
   （1）若 R[i].key≤R[j].key
         则 R₁[k]←R[i]; i←i+1
         否则 R₁[k]←R[j]; j←j+1
   （2）k←k+1

3. [处理尾部]
   若 i≤m   [第一组非空吗？]
     则   循环 h 步长 1，从 i 到 m，执行
         R₁[k]←R[h]; k←k+1
     否则 循环 h 步长 1，从 j 到 high，执行
         R₁[k]←R[h]; k←k+1

4. [算法结束] ∎

C/C++ 程序如下：

```
Merge(RecType R[ ], RecType &R1[ ],
                int low, int m, int high){
    int i, j, k, h;
    i = low; j = m+1; k = low;
    while (i<=m && j<= high) {
        if (R[i].key <= R[j].key)
            R1[k] = R[i++];
        else
            R1[k] = R[ j++];
        k++;
    }
    if (i<=m)
        for ( h = i; h <= m; h++, k++)
            R1[k] = R[h];
    else
        for (h = j; h <=high; h++, k++)
            R1[k] = R[h];
}
```

下面给出一趟归并的算法，它所完成的工作是：经过一趟扫描，将 R 中的记录归并到 R₁ 中。
归并前，R 中的记录已经按 length 的长度组成部分有序的子文件。
归并后，R₁ 中的记录已经按 2×length 的长度组成部分有序的子文件。

算法 8.10 一趟归并

MergePass（R, R₁, n, length）

1. i←1   [起始位置]

2. 循环 当 i ≤ n−2*length+1 时，执行   [归并两个长度均为 length 的相邻子文件]
   （1）Merge（R, R₁, i, i+length−1, i+2*length−1）
   （2）i←i+2*length

3. 若 i< n−length+1   [只剩余两个子文件，其中后一个长度<length]
   则 Merge（R, R₁, i, i+length−1, n）
   否则 循环 k 步长 1，从 i 到 n，执行   [只剩余一个子文件，复抄]
         R₁[k]← R[k]

4. [算法结束]   ∎

C/C++ 程序如下：

```
void MergePass(RecType R[ ], RecType &R1[ ], int n, int length) {
    int i=1, k;
    while ( i <= n-2*length+1 ) {
        Merge(R, R1, i, i+length-1, i+2*length-1);
        i = i+2*length;
    }
    if ( i < n-length+1 )
        Merge(R, R1, i, i+length-1, n);
    else
        for ( k = i; k<= n; k++)  R1[k] = R[k];
}
```

下面是最上层的二路归并排序的主算法。

算法 8.11 二路归并排序
 	
MergeSort（R，n）
 	
1. length ← 1
2. 循环 当 length<n 时，执行
　（1）MergePass（R，R₁，n，length）
　（2）length ← 2*length
　（3）若 length ≥ n
　　　　则 ⓐ 循环 i 步长 1，从 1 到 n，执行
　　　　　　R[i]←R₁[i]
　　　　　ⓑ 跳出循环
　（4）MergePass（R₁，R，n，length）
　（5）length ← 2*length
3. [算法结束] ∎
	C/C++ 程序如下：
	
	`void MergeSort( RecType &R[ ], int n ) {`
	`    RecType R1[ MaxSize+1 ];`
	`    int i, length = 1;`
	`    while ( length < n ) {`
	`      MergePass( R, R1, n, length );`
	`      length = 2*length;`
	`      if ( length >= n ) {`
	`          for ( i = 1; i <= n; i++ )`
	`              R[i] = R1[i];`
	`          return;       // break;`
	`      }`
	`      MergePass( R1, R, n, length );`
	`      length = 2*length;`
	`    }`
	`}`

容易看出，对于长度为 n 的待排序文件，每经过一趟，即执行 MergePass（）算法所花费的时间代价为 O(n)，当 $2^{i-1} < n \leq 2^i$ 时，调用 MergePass（）算法正好 i 次（$i \approx \log_2 n$），所以总时间代价为 O($n\log_2 n$)。执行归并排序需要附加一倍的存储开销（数组 R₁），因而它的附加空间复杂度为 O(n)。

二路归并排序是稳定的排序方法。

8.6　基数排序

基数排序（radix sort）又称为桶排序（bucket sort），是与前面介绍的各种排序方法截然不同的一种排序方法。前几节所讨论的排序方法都是通过排序码之间的比较和记录的移动来实现排序的，而基数排序则是一种采用"分配"和"收集"的办法，借助于多排序码排序的思想来实现对单排序码进行排序的方法。

8.6.1　多排序码排序

下面以扑克牌为例，介绍多排序码排序的基本方法。52 张扑克牌中的每一张牌均有两个"排序码"：花色和面值。其大小次序为

花色：♣ < ♦ < ♥ < ♠

面值：2 < 3 < 4 < 5 < 6 < 7 < 8 < 9 < 10 < J < Q < K < A

如果一张牌的花色小于另一张牌的花色，或花色相同，但它的面值较另一张牌小，则称这张牌是位于另一张牌之前。

这就规定了扑克牌在多排序码的情况下的一种次序（<）关系。于是有

♣2 < ♣3 < … < ♣A < ♦2 < ♦3 < … < ♦A < ♥2 < ♥3 < … < ♥A < ♠2 < ♠3 < … < ♠A

按照这种次序关系可得到序列

♣2, ♣3, …, ♣A, ♦2, ♦3, …, ♦A, ♥2, ♥3, …, ♥A, ♠2, ♠3, …, ♠A

这就是多排序码排序。排序后得到的有序序列称作词典有序序列。

按照上述次序关系对扑克牌排序时，一般有两种实现的方法。一种方法是：先按花色分成 4 堆，把具有相同花色的扑克牌放在同一堆中，然后在每一堆里再按面值从小到大的次序排序，最后把已排好序的 4 堆牌按从小到大的次序叠放在一起就得到了排序的结果。另一种方法是：先按面值分成 13 堆，把具有相同面值的扑克牌放在同一堆中，然后将这 13 堆牌按面值从小到大的顺序叠放在一起；再把整副牌按顺序按花色分成 4 堆（每一堆牌已按面值从小到大的次序有序），最后将这 4 堆牌按花色从小到大的次序合在一起就得到了排序的结果。

一般情况下，假定待排序文件有 n 记录 R_1，R_2，$\cdots$，R_n，且每个记录 R_i（$i = 1, 2, \cdots, n$）中含有 d 个排序码 $\left(K_i^1, K_i^2, \ldots, K_i^d \right)$。如果待排序文件中的任意两个记录 R_i 和 R_j（$1 \leqslant i < j \leqslant n$）都满足：

$$\left(K_i^1, K_i^2, \ldots, K_i^d \right) < \left(K_j^1, K_j^2, \ldots, K_j^d \right)$$

则称待排序文件的 n 个记录已按排序码 $(K^1, K^2, \cdots, K^d)$ 有序，K^1 称为最高位排序码，K^d 称为最低位排序码。

实现多排序码排序有两种常用的方法，一种方法是最高位优先（Most Significant Digit First）的方法，另一种是最低位优先（Last Significant Digit First）的方法。最高位优先法通常是一个递归的过程：首先根据最高位排序码 K^1 进行排序，得到若干个记录组，记录组中的每个记录都具有相同的排序码 K^1；然后分别对每组中的记录根据排序码 $(K^2, \cdots, K^d)$ 用最高位优先法进行排序。如此递归下去，直到对排序码 K^d 完成排序为止。最后，把所有子组中的记录依次连接起来，就得到有序的记录序列。最低位优先法是首先根据最低位排序码 K^d 对所有记录进行一趟排序，然后依据次低位排序码 K^{d-1} 对上一趟排序的结果再排序，依次重复，直到按排序码 K^1 最后一趟排序完成，就可以得到排序的结果。使用这种方法排序时，每一趟都不需要再分组，而是所有记录都参加排序，且需采用稳定的排序方法。下面将要介绍的基数排序就是基于 LSD 法的。

8.6.2 基数排序

基数排序是利用"分配"和"收集"两种操作对单排序码进行排序的一种内部排序的方法。

有的排序码可以看成由若干个排序码复合而成的，即把排序码 K_i 看作是一个排序码组

$$\left(K_i^1, K_i^2, \ldots, K_i^d \right)$$

其中的每个分量也可看成是一个排序码，分量 K_i^j（$1 \leqslant j \leqslant d$）有 radix 种取值，并称 radix 为基数。例如，有一组记录，其排序码取值范围为 $0 \sim 999$，则可以把这些排序码看作是（K^1，K^2，K^3）的组合，K^1 是数字的百位，K^2 是数字的十位，K^3 是数字的个位。又例如，若排序码是由 5 个字母组成的单词，则可看成是由 5 个排序码（K^1，K^2，K^3，K^4，K^5）组成，其中 K^j（$j = 1, 2, \cdots, 5$）表示单词中（从左向右的）第 j 个字母。由于如此分解而得到的每个排序码 K^j 的取值都在相同的范围内（对于数字为：$0 \leqslant K^j \leqslant 9$；对于字母为：$'a' \leqslant K^j \leqslant 'z'$）。这两个例子的基数分别为 10 和 26。

基数排序的方法是把文件中的每个排序码 K_i 看成是 d 元组：$\left(K_i^1, K_i^2, \ldots, K_i^d \right)$，其中基数为 radix，$C_0 \leqslant K_i^j \leqslant C_{radix-1}$（$1 \leqslant i \leqslant n$，$1 \leqslant j \leqslant d$）。排序时先按 K_i^d 的值从小到大将记录分配到 radix 桶（箱）中，然后依次收集这些记录，再按 K_i^{d-1} 的值将记录分配到 radix 桶（箱）中，然后再把这些记录依次收集起来。如此反复，直到对 K_i^1 的最后一趟分配、收集完成后，所有记录就按其排序码的值从小到大排序了。

执行基数排序时，为了实现记录的分配与收集，可设立 radix 个队列。排序前队列为空，分配时将记录插入到各自的队列中去，收集时将这些队列中的记录依次排列在一起。各个队列都采用链

式存储结构，分配到同一队列的记录用指针链接起来。每个队列设置两个队列指针：一个指向队头，记为 fr[i]（$0 \leq i <$ radix）；一个指向队尾，记为 re[i]（$0 \leq i <$ radix）。为了有效地存储和重排待排序文件的 n 个记录，以静态链表作为它们的存储结构。在记录重排时不必移动记录。只需修改各记录的链接指针即可。这样需要给每个记录增加一个指针字段，并为 radix 个队列设置 2radix 个队列指针，共需要 $n+2$radix 个附加指针（注意：静态链表的指针值是数组的下标值，即为整型）。

例 8.12 设待排序文件有 16 个记录，其排序码是 3 位 10 进制数，初始排列如图 8-13（a）所示。radix=10，各排序码的取值范围为 0~9，故各队列的编号为 0~9，基数排序的过程如图 8-13（b）~8-13（g）所示，共进行了三趟"分配"与"收集"。

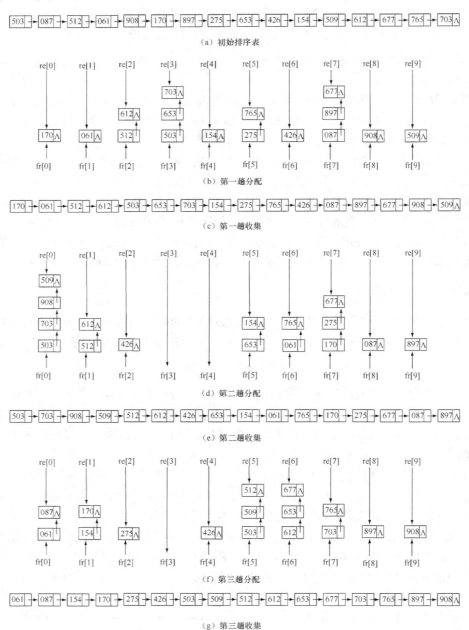

图 8-13 基数排序的过程图

第一趟按排序码的个位数的值进行"分配"与"收集";该趟完成后,所有记录按排序码的个位数值的非递减次序链接起来,结果如图 8-13(c)所示。第二趟按排序码的十位数的值进行"分配"与"收集";该趟完成后,所有记录按排序码的最低两位值的非递减次序链接起来,结果如图 8-13(e)所示。第三趟按排序码的百位数的值进行"分配"与"收集";该趟完成后,基数排序完成,结果如图 8-13(g)所示。

下面给出基数排序的算法,其存储结构描述为

```
const int MaxSize = 100;        // 假定待排序文件中的记录个数 n < MaxSize
const int KeySize = 3;          // 排序码位数 d,由实际问题而定。对于例 12,排序码位数为 3
const int radix = 10;           // 排序码基数,由实际问题而定。对于例 12,排序码基数为 10
typedef int KeyType;            // 排序码的类型
typedef struct {
    KeyType key[KeySize];       // 排序码字段 key[1..KeySize]
    InfoType otherinfo;         // 记录的其他字段
    int next;                   // 记录的静态链接指针
}RecType;                       // 记录类型
RecType R[MaxSize+1];           // R[1..n] 用来存放 n 个记录,R[0]作为表头结点
int n;                          // 表长(即待排序文件中的记录个数)
int fr[radix], re[radix];       // radix 个队列的头指针和尾指针
int i, j, k, p, d;
```

算法 8.12 基数排序

RadixSort(R, n, d, radix)

1. (1)循环 i 步长为 1,从 0 到 n-1,执行   [静态链表初始化]

        R[i].next ← i+1

    (2)R[n].next ← -1   [-1 为结束标志]

2. 循环 i 步长为-1,从 d 到 1,执行   [做 d 趟分配与收集]

    (1)p ← R[0].next   [初始化链表搜索指针]

    (2)循环 j 步长为 1,从 0 到 radix -1,执行   [初始化各分配队列]

        fr[j] ← 0

    (3)循环 当 p ≠ -1 时,执行   [将 n 个记录分配到 radix 个队列中去]

        ⓐ k ← R[p].key[i]   [取当前记录排序码的第 i 位]

        ⓑ 若 fr[k] = 0

            则 fr[k] ← p   [第 k 个队列空,该记录成为队头]

            否则 R[re[k]].next ← p   [队列非空,队尾结点的链域指向它]

        ⓒ re[k] ← p   [该记录成为新的队尾]

        ⓓ p ← R[p].next   [取链表中的下一个记录]

    (4)ⓐ j ← 0   [开始收集记录]

        ⓑ 循环 当 fr[j] = 0 时,执行   [找第一个非空队列]

            j ← j+1

        ⓒ R[0].next ← fr[j]   [新链表的链表头]

        ⓓ p ← re[j];　　　　　　　　　　　　[开始逐个队列链接]

          循环 k 步长 1，从 j+1 到 radix-1，执行

            若 fr[k] ≠ 0

            则 R[p].next ← fr[k];　　　　　[非空队列链入]

               p ← re[k]

        ⓔ R[p].next ← -1　　　　　　　　　　[收集后新链表的表尾]

3. ［算法结束］ ∎

C/C++程序如下：

```
void RadixSort(RecType &R[ ], int n, int d, int radix) {
    int i, j, k;
    int fr[radix], re[radix], p;
    for ( i=0; i<n; i++) R[i].next = i+1;
    R[n].next = -1;
    for ( i=d; i>=1; i--) {                    // 做 d 趟分配、收集
        p = R[0].next;                         // 开始分配
        for ( j=0; j<radix; j++) fr[j] = 0;
        while ( p != -1 ) {
            k = R[p].key[i];
            if (fr[k] = = 0)
                fr[k] = p;
            else
                R[re[k]].next = p;
            re[k] = p;
            p = R[p].next;
        }
        j = 0;                                 // 开始/收集
        while ( fr[j] == 0 ) j++;
        R[0].next = fr[j];
        p = re[j];
        for ( k=j+1; k< radix; k++)
          if ( fr[k] ) {
              R[p].next = fr[k];
              p = re[k];
          }
     R[p].next = -1;
    }
 }
```

    对于有 n 个记录的待排序文件，若每个排序码有 d 位，基数排序的算法要重复执行 d 趟 "分配" 与 "收集"。每趟进行 "分配" 的 while 循环需要执行 n 次，把 n 个记录分配到 radix 个队列中去；进行 "收集" 的 for 循环需要执行 radix 次，把 radix 个队列中的记录收集起来按顺序链接。所以总的时间复杂度为 $O(d(n+radix))$。算法所需要的附加存储空间是为每个记录增设的指针字段，以及每一个队列的队头和队尾指针，总共为 $n+2radix$。

    基数排序是一种稳定的排序方法。

*8.7　外　排　序

前面已经讨论了内排序的方法，它们的共同特点是：在排序的过程中，待排序文件的所有记录都存放在内存中。但是当待排序的文件很大时，就无法将整个文件的所有记录同时调入内存进行排序，只能把它们以文件的形式存放于外存，排序时再把它们一部分一部分地调入内存进行处理。这样，在排序的过程中，就需要不断地在内存与外存之间传输数据。这种基于外部存储设备（或文件）的排序技术就是外排序。

外排序过程主要分为两个阶段。

（1）根据为外排序所用的内存缓冲区的大小，将外存上含有 n 个记录的待排序文件划分成若干个子文件或段（segment），依次读入内存并用有效的内排序方法对各段进行排序。然后将这些经过排序的段回写到外存，通常称这些经过排序的段（即有序子文件）为归并段或顺串（run）。

（2）对这些归并段进行逐趟归并，使归并段的长度逐趟增大，直到最后归并成一个大归并段（即整个有序文件）为止。

本节主要介绍对归并段（顺串）进行归并的方法。

8.7.1　2 路平衡归并

2 路平衡归并与内排序中的归并排序的基本思想相同，但实现起来却有它的特殊性。由于不可能将两个欲归并的顺串和归并后的顺串同时放在内存中，因此需要进行外存的读/写。而对外存的读/写操作所用的时间，通常远远超过在内存中产生顺串、归并顺串所需要的"内部时间"，所以对外存进行读/写的次数是影响外排序算法的时间复杂性的主要因素。下面通过具体的例子来分析 2 路平衡归并外排序的过程。

例 8.13　设有一个包含 4500 个记录的输入文件（待排序文件），现要对该文件进行排序，而系统所提供的用来排序的内存空间至多可存放 750 个记录。输入文件放在磁盘上，磁盘上的每个页块可容纳 250 个记录，这样整个文件可存储在 4500/250 = 18 个页块中。

外排序过程可如下进行。

（1）每次对 3 个页块（750 个记录）进行内排序，整个文件得到 6 个顺串 R_1，R_2，…，R_6，并回写到外存。

（2）把内存等分成三个缓冲区，每个缓冲区可容纳 250 个记录，把其中的两个作为输入缓冲区，另一个作为输出缓冲区。首先从顺串 R_1 和 R_2 中分别读入一个页块到输入缓冲区中，然后，在内存中进行 2 路归并，归并出来的记录存放到输出缓冲区中。当输出缓冲区满时，就把它写回外存；当一个输入缓冲区为空时，则把同一顺串的下一页块读入，继续参加归并，如此继续，直到两个顺串归并完为止。当 R_1 和 R_2 归并完成之后，再归并 R_3 和 R_4，最后归并 R_5 和 R_6。至此完成了一趟的归并。进行一趟意味着文件中的每一个记录被从外存读入一次、从内存写到外存一次，并在内存中参加一次合并。这一趟所产生的结果为 3 个顺串，每个顺串含 6 个页块，合计有 1500 个记录。在用上述方法把其中的 2 个顺串进行归并，结果得到一个大小为 3000 个记录的顺串。最后一趟把这个顺串和剩下的长度为 1500 个记录的顺串进行归并，从而得到所求的有序文件。

图 8-14 展示了这个逐趟归并的过程。

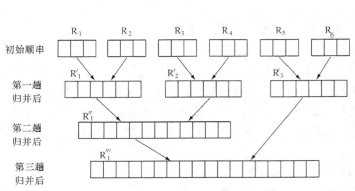

图 8-14　路归并排序的顺串归并过程

从上述过程可见，外排序过程主要是先生成初始顺串，然后对这些顺串进行归并。

一般地，若总的记录个数为 n，外存上的每个页块可容纳 s 个记录，内存缓冲区可容纳 b 个页块，则每个初始顺串的长度为 $len = b*s$，可生成 $m = \lceil n/len \rceil$ 个等长的初始顺串。在做 2 路归并排序时，第一趟从 m 个顺串得到 $\lceil m/2 \rceil$ 个顺串，以后各趟将从 $l(l>1)$ 个顺串得到 $\lceil l/2 \rceil$ 个顺串。总的归并趟数等于其归并树的高度。

由于内、外存在读写时间上存在着很大的差异，因此提高外排序速度的关键是减少对数据的扫描的遍数（即对顺串归并的趟数）。对于上例的 2 路归并排序，我们来分析一下它对外存的读写次数。以页块为单位计算，生成 6 个初始顺串的读写次数为 36 次（每个页块的读写为 2 次），完成第一、二、三趟归并时的读写次数分别为 36 次、24 和 36 次。因此总的读写次数为 132 次（以记录为单位计算，则读写记录的次数为 $250 \times 132 = 33000$）。

若文件所含的记录个数相同，在同样页块大小的情况下做 3 路归并和 6 路归并（当然，内存缓冲区的数目相应也要发生变化），则可做大致的比较。

表 8　　　　　　　　　归并路数与总读写外存页块的次数对照

归并路数 k	总读写外存页块的次数 d	归并趟数 h
2	132	3
3	108	2
6	72	1

因此，增大归并路数，可减少归并趟数，从而减少总的读写外存的次数 d。从表 8-1 中可以看出，采用 6 路归并比 2 路归并可减少近一半的读写外存的次数。一般地，对 m 个顺串，做 k 路平衡归并，归并树可用正则 k 叉树（即只有度为 0 和度为 k 的结点的 k 叉树）来表示。第一趟可将 m 个顺串归并为 $\lceil m/k \rceil$ 个顺串，以后每一趟归并将从 l 个顺串归并成 $\lceil l/k \rceil$ 个顺串，直到最后生成一个大的顺串为止。树的高度 $= \lceil \log_k m \rceil =$ 归并趟数 h。因此，只要增大归并路数 k，或减少初始顺串个数 m，都能减少归并趟数 h，以减少读写外存次数 d，进而达到提高外排序的时间性能的目的。

8.7.2　k 路平衡归并与败者树

8.7.1 小节的 2 路平衡归并排序的方法可推广到多路平衡归并。做 k 路平衡归并（k-way balanced merging）时，若文件有 n 个记录，m 个初始顺串，则相应的归并树的高度为 $\lceil \log_k m \rceil$，

需要归并 $\lceil\log_k m\rceil$ ($\approx\log_k m$) 趟。做内部归并排序时，在 k 个记录中选最小者，若采用直接选择排序方法，则需要 $k-1$ 次比较，$\log_k m$ 趟归并共需 $n(k-1)\log_k m = \dfrac{k-1}{\log_2 k}\cdot n\log_2 m$ 次比较。由于 $\dfrac{k-1}{\log_2 k}$ 在 k 的增大时趋于无穷大。因此增大归并路数 k，会使得内部归并的时间增大。这将抵消由于增大 k 而减少外存数据读写时间所得的效果。若在 k 个记录中采用树形选择排序的方法选择最小元，则选择输出一个最小元之后，只需从某叶到根的路径上，重新调整选择树，就可选出下一个最小元。而重新调整选择树，仅用 $O(\log_2 k)$ 次比较，于是内部归并的时间为 $O(n\log_2 k\log_k m) = O(n\log_2 m)$。这样，排序码的比较次数与 k 无关，总的内部归并时间不会随着 k 的增大而增大。只要内存空间允许，增大归并路数 k，将有效降低归并树的高度，从而达到减少读写外存的次数 d，提高外排序速度的目的。下面介绍的基于"败者树"的多路平衡归并就是这样一种思想。

败者树（tree of loser）实际上是一棵完全二叉树，它是树形选择排序的一种变型。败者树就是在比赛（选择）树中，每个非叶结点均存放其两个子女结点中的败者，而让胜者去参加上一层的比赛。叶结点指向对应缓冲区中的当前第一个记录。此外，在根结点之上还增加进一个双亲结点，它为比赛的"冠军"。

例 8.14　利用败者树进行多路归并排序。如图 8-15 所示，这是 8 路归并的败者树 ls[0..7]，其中的叶结点是指向各对应缓冲区 b_0，b_1，$\cdots$，b_7 的当前第一个记录的指针，也就意味着缓冲区的当前第一个记录的参加比赛。从图 8-15 可以看到，缓冲区 b_0 和 b_1 的当前第一个记录进行排序码的比较：$12 > 6$，12 是败者，将其缓冲区号 0 记入双亲结点 ls[4] 中；缓冲区 b_2 和 b_3 的当前第一个记录进行排序码的比较：$8 > 5$，8 是败者，将其缓冲区号 2 记入双亲结点 ls[5] 中。结点 ls[4] 和 ls[5] 中存放的是它们子女结点比较后的败者，而胜者要继续参加上一层的比较，这样，在上一层结点 ls[2] 处进行的是下一层传上来的两个胜者的比赛，即排序码 6 和 5 的比较，再把败者 6 的缓冲区号 1 记入 ls[2] 中，而胜者 5 则传到上一层的根结点处，最后与根结点的右子树中传上来的胜者 11 进行比较：$5 < 11$，败者 11 的缓冲区号 5 记入 ls[1] 中，而胜者 5 则传到根结点的双亲结点处，作为冠军将其缓冲区号 3 记入 ls[0] 中。

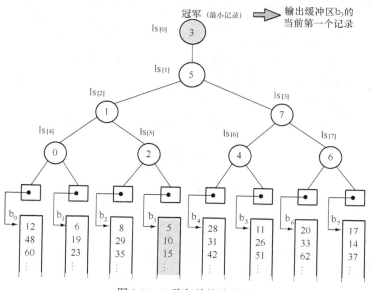

图 8-15　8 路归并的败者树

由于冠军（最小元）所在的叶到根的路径上的内部结点，都记载着冠军所击败的对手，所以输出最小元并由其后继代替它后，重新构造选择树时，就很容易找到欲比较的对手（对手在当前结点的双亲结点对应的缓冲区中），只需从该叶结点到根结点，自下而上沿着子女-双亲路径进行比较和调整，使下一个具有次最小排序码的记录（次最小元）所在的缓冲区号调整（填入）到冠军的位置。

图 8-16 是图 8-15 的败者树输出冠军（最小元）记录并进行重构（替代选择）后败者树的情况。

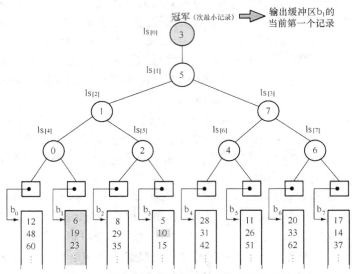

图 8-16　输出最小元件并进行重构后的败者树

败者树还可以构造初始顺串，通过替代选择（replacement selection）算法，在平均情况下，可以创建其长度是可用内存大小的 2 倍的初始顺串。感兴趣的读者可参阅文献 [1] 和 [8]。

8.7.3　最佳归并树

当初始顺串等长时，采用前面讲述的多路平衡归并方法可有效地完成外排序的工作。但当初始顺串不等长时，若仍采用多路平衡归并排序方法，则未必能得到理想的排序效果。

例 8.15　设有 9 个长度不等的初始顺串，其长度（记录个数以万作为计量单位）分别为 2，5，6，12，18，21，36，54，68。现做 3 路平衡归并，其归并树如图 8-17 所示。图中每个方框表示一个初始归并段，方框中的数字表示归并段的长度。假设每个记录占一个物理块，则两趟归并所需对外存进行的读/写次数为

$$(2+5+6+12+18+21+36+54+68) \times 2 \times 2 = \text{WPL} \times 2 = 888$$

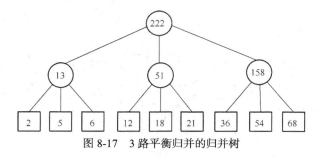

图 8-17　3 路平衡归并的归并树

若将初始顺串的长度看作是归并树中叶子结点的权，则此三叉树的带权外部路径长度的两倍

恰为 888。显然，归并的方案不同，所得到的归并树也不尽相同，树的带权外部路径长度（或外存进行的读/写次数）也就不同。回顾第 5 章曾讨论的 Huffman 树是有 m 个外部结点的带权外部路径长度最短的扩充二叉树。同理，二叉 Huffman 树可推广到 k 叉 Huffman 树。因此对于长度不等的初始顺串，构造一棵 Huffman 树作为归并树，便可使在做外部归并时所需对外存进行的读/写次数最少。例如，对上述 9 个初始顺串可构造一棵如图 8-18 所示的归并树，按此树进行归并，仅需对外存进行 756 万次读/写，这棵树就是最佳归并树。

此归并树的带权外部路径长度为：

$$
\begin{aligned}
\text{WPL} &= (2+5+6)\times 4 + (12+18)\times 3 + (21+36)\times 2 + (54+68)\times 1 \\
&= 13\times 4 + 30\times 3 + 57\times 2 + 122 \\
&= 52 + 90 + 114 + 122 \\
&= 378
\end{aligned}
$$

而对外存进行的读/写次数为：

$$
2\times \text{WPL} = 2\times 378 = 756
$$

从图 8-18 所示的最佳归并树可以看出，在归并过程中，让记录少的顺串最先归并，从少到多，让记录多的顺串最后再归并，这样就能使总的外存读/写次数达到最少。归并树是描述归并过程的 k 叉树，而且是只有度为 0 和度为 k 的结点的正则 k 叉树。图 8-18 所示的最佳归并树就是一棵正则 3 叉树。

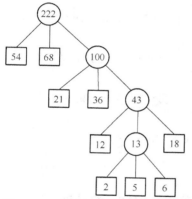

图 8-18　3 路平衡归并的最佳归并树

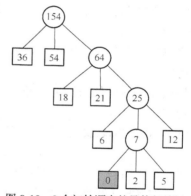

图 8-19　8 个初始顺串的最佳归并树

现在提出这样一个问题：假如有 8 个初始顺串，例如，在上例中少了一个长度为的 68 的初始顺串，这时应怎样来做呢？为使归并树成为一棵正则 k 叉树，可能需要补入空顺串，把空顺串视为长度为 0 的顺串，让它离根最远。

若有 m 个初始顺串，做 k 路平衡归并，因为归并树是只有度为 0 和度为 k 的结点的正则 k 叉树，设度为 0 的结点有 n_0 个，度为 k 的结点有 n_k 个，则有 $n_0=(k-1)n_k+1$。因此得出 $n_k=(n_0-1)/(k-1)$。如果该除式能够整除，即 $(n_0-1)\%(k-1) = u =0$，则说明 n_0 个叶结点（即初始顺串）正好可以构造 k 叉归并树，不需要补加空顺串。否则需附加 $k-u-1$ 个空顺串，就可建立最佳归并树。例如，对于刚才所说的 8 个初始顺串，可算得 $m = n_0=8, k=3, u = (n_0-1)\%(k-1)=1$，故应补加 $k-u-1 = 1$ 个空顺串。其归并树如图 8-19 所示。它的带权外部路径长度为

$$
\begin{aligned}
\text{WPL} &= (0+2+5)\times 4 + (6+12)\times 3 + (18+21)\times 2 + (36+54)\times 1 \\
&= 250
\end{aligned}
$$

对外存进行的读/写次数为：$2\times \text{WPL} = 2\times 250 = 500$

8.8　本章小结

本章重点讲述了五类内部排序的基本思想、排序过程、算法实现、时间和空间性能的分析。除此之外，还介绍了外部排序的相关问题与所采取的策略。

【本章重点】　掌握各种排序算法的基本思想、排序过程、时间和空间性能。

【本章难点】　快速排序、堆排序、归并排序和基数排序算法的实现。

【本章知识点】

1．基本概念

（1）排序码和排序。

（2）排序方法的"稳定性"含义。

（3）排序方法的分类及算法好坏的评判标准。

2．插入排序

（1）直接插入排序的基本思想和算法实现，在最好、最坏和平均情况下的时间性能分析以及稳定性。

（2）Shell 排序基本思想和算法实现，时间性能以及稳定性。

（3）针对给定的输入实例，能写出直接插入排序和 Shell 排序的排序过程。

3．交换排序

（1）冒泡排序的基本思想和算法实现，以及在最坏、最好和平均情况下的时间性能分析，了解算法的稳定性。

（2）快速排序的基本思想和算法实现，以及在最坏、最好和平均情况下的时间性能分析，了解算法的稳定性。

（3）针对给定的输入实例，能写出冒泡排序和快速排序的排序过程。

4．选择排序

（1）堆、最大堆、堆的性质及堆与完全二叉树的关系。

（2）直接选择排序和堆排序的基本思想和算法实现，以及时间性能分析。

（3）针对给定的输入实例，写出直接选择排序和堆排序的排序过程。

5．归并排序

（1）归并排序基本思想和算法实现，时间性能分析以及稳定性。

（2）针对给定的输入实例，能写出归并排序的排序过程。

6．基数排序

（1）基数排序基本思想和算法实现，时间性能分析以及稳定性。

（2）针对给定的输入实例，能写出基数排序的排序过程。

7．各种排序方法的比较和选择

（1）通过对被排序的记录的规模、排序码的初始状态、稳定性要求、辅助空间的大小、各种时间性能等方面的比较掌握各种排序的优缺点。

（2）根据实际问题的特点和要求选择合适的排序方法。

习　题

1. 什么是内排序？什么是外排序？什么是稳定的排序算法？什么是不稳定的排序算法？

2. 设待排序文件的初始排序码序列为{24，05，27，69，56，16，27*，41，08，35}，试分别写出使用以下排序算法排序时，排序码序列在各趟结束时的状态。

（1）直接插入排序。　　　　　　　　　（2）希尔排序。

（3）冒泡排序。　　　　　　　　　　　（4）快速排序。

（5）直接选择排序。　　　　　　　　　（6）堆排序。

（7）归并排序。　　　　　　　　　　　（8）基数排序。

3. 在冒泡排序过程中，有的排序码在某一趟起泡中可能朝着与最终排序相反的方向移动，试举例说明并指出是什么原因会出现这种情况。快速排序过程中有这种现象吗？

4. 试修改冒泡排序算法，以正反两个方向交替进行扫描，即第一趟把排序码最大的记录放到序列的最后，第二趟把排序码最小的记录放到序列的最前面，如此反复进行。

5. 若待排序文件的初态是反序的，则直接插入排序、直接选择排序和冒泡排序哪一个更好？

6. 设计一个算法，用单链表结构实现直接选择排序。

7. 设计一个算法，用单链表结构实现二路归并排序。

8. 设计一个算法，使得在尽可能少的时间内重排数组，将所有负值的排序码都放在所有非负值的排序码之前。请分析算法的时间复杂度。

9. 判定本章的各排序方法，哪些是稳定的？哪些是不稳定的？对不稳定的举例说明。

10. 比较本章所给出的各种排序算法的时间代价和空间代价，并指出各种方法的特点。

11. 在已排好序的文件中，一个记录所处的位置取决于比它小的记录个数。基于这种思想，可得到计数排序方法。该方法为每个记录增加一个计数字段 count，用于存放在已排好序的文件中位于该记录之前的记录个数，最后依据 count 字段的值，将记录重新排列，就可完成排序。试编写一个算法，实现计数排序。并说明对于有 n 个记录的待排序文件，为确定所有记录的 count 值，最多需要做 $n(n-1)/2$ 次排序码的比较。

12. 奇偶交换排序也是一种交换排序，其处理过程为：第 1 趟对所有的奇数项 i 进行扫描，第 2 趟对所有的偶数项 i 进行扫描，依此类推，…，在扫描过程中进行 A[i]与 A[i+1]的比较，若 A[i]>A[i+1]则交换它们，直到整个序列全部有序为止。

（1）这种排序方法的条件是什么？

（2）写出奇偶交换排序的算法。

（3）分析初始序列为正序或反序两种情况下，奇偶交换排序过程中对排序码所进行的比较次数。

查找（search）又称为检索。它是人们在日常生活中经常要进行的一项操作，比如从字典中查找单词，从电话号码薄中或向电信局的服务台查询电话号码，从图书馆中查找图书，从地图上查找交通路线或地址，在互联网上检索某篇文章等。对于少量信息，可以通过人工方式来查找，但要想在大量的信息中快速、及时、准确地进行查找，人工方式就显得无能为力，这就需要用计算机来进行处理。查找与排序一样也是计算机数据处理中常用的一种重要运算，而且两者又有密切的联系。可以说，排序的主要目的就是为了便于查找。在前面的章节中，曾经讨论过一些简单的查找运算，但由于查找运算的使用频率非常高，几乎在任何一个计算机系统软件和应用软件中都会用到。所以当问题所涉及的数据量相当大时，查找的效率就显得至关重要，特别在一些实时查询系统中更是如此。因此，需要研究各种查找方法，通过效率分析来比较各种查找方法的优劣和它们的适用范围。

本章先介绍与查找有关的基本概念，然后分别讨论在线性表上的查找方法和在树形结构以及文件结构上的查找方法，最后介绍一类特殊的、也是十分重要的查找技术——散列表的查找。

9.1 基本概念

查找（检索）就是在数据结构中寻找满足某种条件的结点。最常见的方式是给出一个值，在数据结构中找出关键字等于指定值的结点。查找的结果有两种可能：一种是在结构中搜索到满足查找条件的结点，称为查找成功；另一种是该结构中不存在满足查找条件的结点，则称为查找失败。

学号	姓名	成绩
9901	张晓明	74
9902	王春兰	82
9903	赵志远	95
9904	李 华	63
9905	刘思佳	46
9906	孙 鹏	82
9907	陈 宏	71

图 9-1　学生成绩表

例9.1　在图 9-1 所示的学生成绩表中，学号是学生成绩表的关键字。现在要查找学号为 9904 的学生成绩，由于学生成绩表中存在满足查找条件的结点，所以可以通过某种查找方法，找到该结点，即确定在第 4 个结点的位置上，然后取出成绩字段的值为 63。这是查找成功的情况；如果要查找学号为 9908 的学生成绩，由于在图 9-1 所示的学生成绩表中不存在满足此查找条件的结点，所以无论通过何种查找方法，最终都找不到学号为 9908 的结点，也就不可能查找到对应的成绩，这是查找失败的情况。

上例中是基于关键字的查找，若查找成功，则结构中只能存在一个满足查找条件的结点。除了基于关键字的查找之外，还有一种常用的查找方式是按其他属性字段进行查找，若查找成功，则结构中可能存在多个满足查找条件的结点。例如，在上例的学生成绩表中，查找学生成绩为 82 分的学生，就存在两个成绩为 82 分的学生。由于基于属性字段的查找可能存在多个满足查找条件的结点，这时可根据查找要求，来决定是找出其中的一个还是找出全部这样的结点。本章主要讨论按关键字进行查找的各种方法。一般说来，基于关键字的查找与基于属性字段的查找没有本质上的太多区别。

　　查找的目的通常是要取得相关的信息，但具体要取得哪些信息，这要根据具体的问题而定。但不管何种查找要求都有的一个共性就是：对于成功的查找应确定满足查找条件结点的位置。在下面的介绍中，问题也就讨论到此为止，而取哪些相关信息忽略不谈，应用时根据实际问题来决定。查找的方法与数据结构有关，特别是与存储结构直接相关。对不同的结构，查找的方法也不尽相同；反之，为了提高查找速度，往往采用某些特殊的数据（存储）结构来存储要查找的信息。通常把要查找的数据结构称之为查找表（search table）。如果对查找表仅进行查找操作而没有引起表本身内容的改动，则称此类表为静态查找表（static search table）。若在查找的同时对表还要做修改操作（如插入、删除），则称此类表为动态查找表（dynamic search table）。

　　由于查找运算的主要操作是对关键字的比较，因此，衡量一个查找算法效率的主要标准是查找过程中对关键字需要执行的平均比较次数，或者称为平均查找长度（average search length，ASL）。此外，还要考虑算法所需的附加存储空间以及算法本身的复杂程度等。

　　为了讨论的方便，在本章中均假设结点是等长的，查找都是基于关键字的查找，且关键字都为正整数。以上假设是不失一般性的，如果结点不等长，则可以讨论它的目录表；如果关键字不为正整数，则可以在关键字与正整数之间建立一一对应关系。

9.2　线性表的查找

　　在查找表的组织方式中，线性表是最简单的一种。本节主要介绍三种在线性表上进行查找的方法：顺序查找、折半查找和分块查找。

9.2.1　顺序查找

　　顺序查找（sequential search）是一种最基本、最简单的查找方法。其查找方法是：从表的一端开始，用给定的值与表中各结点的关键字逐个进行比较，直到找出相等的结点则查找成功；或者查找所有结点都不相等则查找失败。顺序查找对线性表的结构本身没有特殊的要求，即表可以是顺序存储的，也可以是链接存储的；对表中的数据也没有排序要求。因此它具有很好的适应性，是一种经常采用的查找方法。存储结构描述和算法如下。

```
const int MaxSize = 100;
typedef int keyType;
typedef struct {
    keyType key;
    infoType otherinfo;
}NodeType;
NodeType R[MaxSize];
keyType K;
int n, i;
```

　　在长度为 n 的线性表 R[1..n] 中查找关键字为 K 的元素，R[0] 作为哨兵。

　　进入算法时，n 个结点已存入表 R[1..n] 中，欲查找的给定值放在变量 K 中。算法的处理过程主要是从表的后端开始逐个向前进行搜索。算法结束时，返回 i 值作为查找的结果，查找成功时，返回找到的结点的位置，查找失败时返回值为 0。

算法 9.1 整形 顺序查找
函数

SeqSearch(R, n, K)

1. R[0].key ← K; i ← n [准备]
2. 循环，当 R[i].key≠K 时，执行
      i ← i-1 [在表中从后向前搜索]
3. return I
4. [算法结束] ■

C/C++程序：

```
int SeqSearch(NodeType &R[ ], int n, KeyType K) {
    int i = n;
    R[0].key = K;
    while (R[i].key !=K )  i--;
    return i;
}
```

顺序查找的算法十分简单，但它的缺点是查找时间长，查找长度与表中结点个数 n 成正比。具体分析如下。

若查找的关键字与表里第 i 个结点的关键字相等，则需要进行 $n-i+1$ 次比较才能找到。

设要查找的关键字在线性表中，并假设查找每个关键字的概率相同，即为 $p_i = \frac{1}{n}$，则对于成功查找的平均查找长度为

$$ASL = \frac{1}{n}\sum_{i=1}^{n}(n-i+1) = \frac{1}{n}\sum_{i=1}^{n}i = \frac{n+1}{2}$$

从上式可知，对于成功查找的平均比较次数为表长的一半左右。

若要检索的关键字不在表中，则需要进行 $n+1$ 次比较才能确定查找失败。假设被查找的关键字在线性表里（即查找成功）的概率为 p，不在线性表里（查找失败）的概率为 $q = 1-p$，那么，把查找成功和查找失败的情况都考虑在内，则平均查找长度为

$$ASL = p \cdot \frac{n+1}{2} + q \cdot (n+1)$$

$$= p \cdot \frac{n+1}{2} + (1-p) \cdot (n+1)$$

$$= (n+1)(1-\frac{p}{2})$$

$$= O(n)$$

为了提高顺序查找的效率，可以对查找表（假定查找方法是从表的前端开始向后部进行搜索）做如下的改进：

1. 当各结点的查找频率不等时，可以把查找频率高的结点放在表的前面，也就是使得 i<j 时，$p_i \geq p_j$，这样查找成功的平均查找长度就会小于表长的一半。

2. 可按关键字值递增的顺序将结点排序，这样平均查找长度也会减小。因为这时不成功的查找就有可能不必把全部表搜索一遍，而只要比较到表中结点的关键字值大于所给定的查找条件 K，就可断言表中不存在要找的结点。

算法 9.1 对表的搜索方向是从后向前，请读者自行编写对表从前向后搜索的查找算法。

9.2.2 折半查找

折半查找（binary search）又称为二分法查找，它是一种效率较高的查找方法，但它要求被查找的线性表是顺序存储且表是按关键字排序。

折半查找的基本方法是：在表首位置为 low = 1，表尾位置为 high = n 的线性表中，先求出表的中间位置 mid = $\left\lfloor \dfrac{\text{low+high}}{2} \right\rfloor$，然后用给定的查找值 K 与 R[mid].key 进行比较。若 K = R[mid].key，则查找成功；若 K < R[mid].key，则说明如果表中存在要找的结点，该结点一定在 R[mid] 的前半部，这时可把查找区间缩小到表的前半部，即 low 的值不变，修改 high 的值：high = mid-1；否则说明如果表中存在要找的结点，该结点一定在 R[mid] 的后半部，这时可把查找区间缩小到表的后半部，即修改 low 的值：low = mid+1，high 的值不变。将上述计算 mid 值并进行比较的过程递归地进行下去，直到查找成功或查找失败（low>high）时为止。

例 9.2　设有序表为：（05，13，17，42，46，55，70，86），图 9-2（a）给出了查找关键字为 55 的结点时的折半查找过程；图 9-2（b）给出了查找关键字为 12 的结点时的折半查找过程。

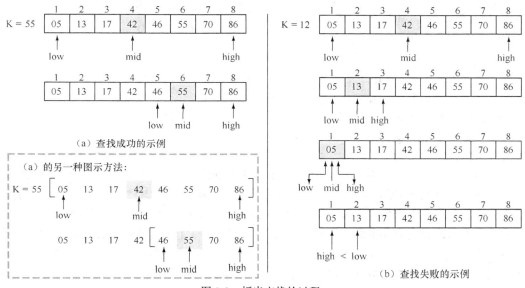

图 9-2　折半查找的过程

从图 9-2（a）可以看到，在查找 K =55 的结点时，第一次的中点 mid 是 4，由于 55 > 42，查找区间缩小到表的后半部，即修改 low 的值：low = mid+1=5，high 的值不变。第二次的中点 mid 是 6，这时 R[6].key = K，所以经过两次比较而查找成功。图 9-2（b）查找失败的情况：在查找 K=12 的结点时，第一次的中点 mid 也是 4，由于 12 > 42，查找区间缩小到表的前半部，即修改 high 的值：high = mid-1=3，low 的值不变。第二次的中点 mid 是 2，由于 12 < 13，仍需修改 high 的值：high = mid-1 = 1。第三次的中点 mid 是 1，这时查找区间缩小到一个结点上，因 12 > 05，修改 low 的值 low = mid +1 = 2，这时有 low > high（2 >1），说明查找区间已缩为空也没找到相等的结点，故查找失败。

存储结构描述和算法如下。

```
NodeType R[MaxSize];          // 有序的查找表存放在 R[1..n] 中
keyType K;                    // 欲查找的给定值存放在 K 中
int n;                        // 表长
int low, high, mid;
```

算法开始时，数组 R[1..n]中顺序存放被查找的线性表，并已按关键字值从小到大排序。变量 K 中存放要查找的关键字。

算法结束时，若查找成功，则返回查找到的结点下标；否则查找失败，返回 0 值。

算法 9.2 整型
函数 折半查找
 	
BinSearch(R, n, K)
 	
1. [初始化]
　 low ← 1; high ← n
2. [查找区间非空则执行循环]
　 循环，当 low <= high 时，执行
　 （1）mid ← $\left\lfloor \dfrac{low+high}{2} \right\rfloor$
　 （2）若 K = R[mid].key
　　　 则 return mid 　　[查找成功返回]
　 （3）若 K < R[mid].key
　　　 则 high ← mid−1　[在前半部查找]
　　　 否则 low ← mid+1　[在后半部查找]
3. return　0　[查找失败]
4. [算法结束]　■
	C/C++程序：
	
	``c
	int BinSearch(NodeType R[ ], int n, KeyType K){
	    int low, mid, high;
	    low = 1; high = n;
	    while (low <= high) {
	        mid = (low+ high)/2;
	        if (K == R[mid].key)
	            return mid;
	        if (K < R[mid].key)
	            high = mid-1;
	        else
	            low = mid+1;
	    }
	    return 0;
	}
	``

　　折半查找过程可用二叉树来描述，即把当前查找区间的中间位置上的结点 R[mid] 作为根，左半部 R[1…mid-1]和右半部 R[mid+1..high] 的结点分别作为根的左子树和右子树，由此得到的二叉树称为描述折半查找的判定树（decision tree）或比较树（comparison tree）。

　　判定树的形态只与表中的结点个数 n 有关，而与表中的 n 个结点具体取值无关。例如，10(n=10)个结点的有序表 R[1..10] 对应的二叉判定树如图 9-3 所示。有序表中的每一个结点的关键字都对应树中的一个椭圆形结点，并把关键字的值 R[i].key（1≤i≤n）写在其中。椭圆形结点外边标出的数字是该结点在表中的位置（下标值）。当椭圆形结点出现空的子树时，就增补新的、特殊的虚拟结点（图中的方形结点）。显然它们在树中均为树叶，故称其为外部结点，相对应的原来二叉树中的结点（椭圆形结点）称为内部结点。这种增加了外部结点的二叉树叫作扩充二叉树（扩充二叉树的概念在第 5 章讲述 Huffman 树时已经介绍过）。在扩充的二叉树中不存在度为 1 的结点，且外部结点的个数等于内部结点的个数加 1。在扩充二叉树中，关键字最小的内部结点的左子女（外部结点）代表着其值小于该内部结点的所有可能关键字的集合；关键字最大的内部结点的右子女（外部结点）代表着其值大于该内部结点的所有可能关键字的集合；除此之外的每个外部结点代表着其值处于原来二叉树中两个相邻结点关键字之间的所有可能关键字的集合。例如在图 9-3 所示的二叉树里，根结点的左子树中的最右下结点 – 外部结点表示着值在 R[4].key 与 R[5].key 之间的所有可能的关键字的集合（图中方框结点中标为：R[4]~R[5]，这是一种简记法，它表示的是一个开区间：（R[4].key, R[5].key）。树中内部结点 R[i].key 到左（右）子女的分支上的标记 "<"（">"）表示：当给定值 K<R[i].key (K>R[i].key)时，应沿着左（右）分支进入左（右）子树，继续用 K 与左（右）子女进行比较；若相等，则查找过程结束（查找成功），否则继续用 K 的值与下一层内结点进行比较。如果经比较后进入了外部结点中（即落入到方框结点中），则以查找失败而告终。

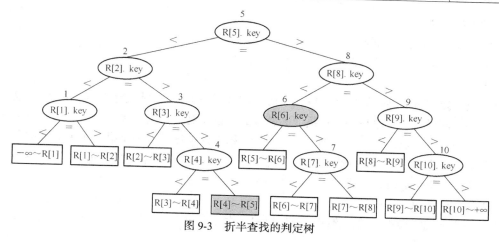

图 9-3 折半查找的判定树

由图 9-3 不难看出，对于成功的查找，其比较次数为与给定值 K 相等的内部结点所在的层数加 1；对于失败的查找，给定值 K 属于哪个外部结点所代表的可能关键字的集合，其比较次数就等于的此外部结点的层数。例如在图 9-3 中，如果给定值 K 与椭圆形结点外边标出的数字 6 的内部结点相等，即 K= R[6].key，则比较次数为该结点的层数加 1，即为 3。如果给定值 K 在 R[4].key 与 R[5].key 之间，经 4 次比较后必落入内部结点 R[4].key 的右子女这个外部结点之中，而该外部结点的层数为 4，所以对于这次失败的查找其比较次数也正好比较 4 次。

借助于二叉判定树，可以很容易地求得折半查找的平均查找长度。不失一般性，不妨设内部结点的总数（即有序表的长度）为 $n = 2^h-1$，则对应的判定树仅由内部结点所构成二叉树的是高度为 $h-1$ 的满二叉树，$h-1 = \lceil \log_2(n+1) \rceil - 1$，$h = \lceil \log_2(n+1) \rceil$。树中第 k 层有 2^k 个结点，查找它们所需的比较次数为 $k+1$。假设每个结点被查找的概率相等，则查找成功的平均查找长度为：

$$ASL = \sum_{i=1}^{n} p_i c_i = \frac{1}{n} \sum_{i=1}^{n} c_i = \frac{1}{n} \sum_{k=1}^{h} k \times 2^{k-1}$$
$$\approx \log_2(n+1) - 1$$

因此，折半查找成功时的平均查找长度为 $O(\log_2 n)$。折半查找在查找失败时所做的比较次数不会超过判定树的高度。在最坏情况下查找成功的比较次数也不会超过判定树的高度。因为判定树中度小于 2 的结点至多可能在最下面的两层上（不计外部结点），所以，n 个结点的判定树与 n 个结点的完全二叉树的高度相同，即为 $\lceil \log_2(n+1) \rceil - 1$。这也就是说，折半查找的平均查找长度与最大查找长度相差不多，这是由于比较次数越大，所能涉及的结点个数越多，能涉及的结点个数是比较次数的指数函数。

折半查找的优点是比较次数少，查找效率高，但它要求表顺序存储且按关键字排序。而排序是一种很费时的运算，即使采用高效的排序方法也要花费 $O(n\log_2 n)$ 的时间。另外，为保持表的有序性，在顺序的结构里进行插入和删除运算都需要移动大量的结点。因此，折半查找适用于一经建立就很少改动，而经常进行的是查找操作的线性表。对于那些查找少而又经常要改动的线性表，可采用链接存储结构进行顺序查找的方法。

9.2.3 分块查找

如果要处理的线性表即希望有较快的查找速度又需要适合于动态变化，则可以采用分块查找的方法。分块查找（blocking search）又称作索引顺序查找。它是一种性能介于顺序查找和折半查找之间的查找方法。

分块查找的基本方法如下。

1. 建立结构

（1）分块。

分块查找要求把线性表均匀地分成若干块，在每一块中结点是任意存放的，但块与块之间必须是有序的。假设这种有序是按关键字值非递减的，也就是说在第一块中的任意结点的关键字都小于第二块中所有结点的关键字；第二块中的任一结点的关键字都小于第三块中所有结点的关键字；以此类推。即对于线性表中任意两个关键字 key_i，key_j，若 $key_i \in B_i$，$key_j \in B_j$ 且 $i < j$，则必有 $key_i < key_j$。其中 B_i 和 B_j 表示第 i 块与第 j 块。

（2）建立辅助表（索引表）。

建立一个最大（最小）关键字表，即把块中最大（最小）的关键字值依次填入索引表中，并通过指针指向本块首址。

例9.3 设一个线性表中有 15 个结点，现将其分成三块，每块 5 个结点，各块采用顺序存储，分别存放在三个连续的内存空间中，索引表也用一个向量来表示，它含有三个表目，每个表目包括两个字段，一个是对应块中的最大关键字，一个是指向该块首址的指针（如图 9-4 所示）。

2. 查找

假设要查找关键字与 K 相等的结点，则查找时先将 K 和索引表的最大（最小）关键字比较，确定它在哪一块中，然后再到此块中进行检索。因为索引表是有序表，因此确定块的查找既可以顺序查找，也可以折半查找；而块中的结点是任意存放的，在块中的查找只能是顺序查找。

假设要查找关键字等于 23 的结点，先在索引表中进行查找，因为 23>19 且 23<51，所以，若表中有此结点的话，此结点必在表的第二块中，因此，第二块中进行顺序查找，查得此块的第三个结点。这是查找成功的情况。现假设要找表中关键字等于 100 的结点，先在索引表中进行查找，因为 100>19，所以此结点不会在第一块中，又由于 100>51，所以此结点也不会在第二块中，最后 K 与索引表的最后一项比较：100 > 97，说明此结点也不会存在于第三块中，这时以查找失败而告终。

清楚了分块查找的存储结构和查找方法，不难写出分块查找的算法。这里仅就分块查找的时间性能进行分析。

从前面已经看到，分块查找过程是分两步进行的，第一步是确定结点所在块，第二步是在块内查找。假设线性表共有 n 个结点，平均分成 b 块，每块 s 个结点（$s \times b = n$），并假设查找每个结点的概率相等。则每块被查找的概率为 $1/b$，块中每个结点被查找的概率为 $1/s$。

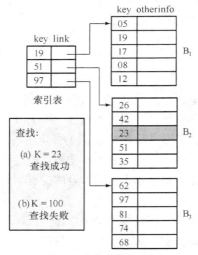

图 9-4 分块查找的示例

若采用顺序查找的方法来查找索引表以确定结点所在的块，并只考虑查找成功的情况，则有

$$ASL_n = ASL_b + ASL_s = \frac{1}{b}\sum_{i=1}^{b} i + \frac{1}{s}\sum_{i=1}^{s} i$$

$$= \frac{b+1}{2} + \frac{s+1}{2} = \frac{b+s}{2} + 1 = \frac{n+s^2}{2s} + 1$$

可见，分块查找的平均查找长度不仅和表的长度 n 有关，而且和每块中的结点个数 s 有关，

在给定 n 的前提下，s 是可以选择的。

容易推得，当 $s = \sqrt{n}$ 时，分块查找的平均查找长度为最小，即 ASL_n 取最小值：

$$\mathrm{ASL}_n = \sqrt{n}+1 \approx \sqrt{n}$$

上式实际上也给出了采用分块查找方法时对全部结点如何进行分块的原则。例如，要查找的线性表中有 10000 个结点，应把它分成 100 块，则分块查找平均需要 100 次比较，而顺序查找平均需要 5000 次比较，折半查找则最多需要 14 次比较。

由此可见，分块查找的速度比顺序查找要快得多，但不如折半查找。如果线性表中结点个数很多，且被分成的块数 b 很大时，对索引表的查找可以采用折半查找，还能进一步提高查找速度。为便于插入、删除运算，分块时，块中的结点未必为满额，可以预留出一些未用的结点空间，但要使每块的长度相等。

分块查找的优点是：

在表中插入或删除一个结点时，只要找到该结点应属于的块，然后在块内进行插入和删除运算。由于块内结点的存放是任意的，所以插入或删除比较容易，不需要移动大量的结点。

分块查找的缺点是：

① 分块查找的主要代价是增加了一个辅助数组（索引表）的存储空间和初始线性表分块排序的运算。

② 当大量的插入、删除运算使块中结点数分布不均匀时，分块查找的速度将会有所下降。

9.3　树形表的查找

从上一节的讨论中我们已经看到，用线性表这种数据结构来作为查找表，属于静态查找结构，在三种查找方法中，折半查找效率最高。但由于折半查找要求表为有序表，且不能采用链接存储结构，特别是当对表的插入或删除操作较为频繁时，为维持表的有序性，需移动表中的大量结点。这也会在很大程度上降低折半查找的时间性能。因此，折半查找只适用于静态查找结构。为了具有较高的查找效率又适合表的动态变化，可以将查找表组织成树形结构，我们把组织成树形结构的查找表统称为树（形）表，这是一种基于树形结构的动态查找结构。

9.3.1　二叉排序树

二叉排序树（binary sort tree）又称二叉查找（搜索）树（binary search tree）。

二叉排序树是一棵空树或者是具有如下性质的二叉树。

（1）左子树（若存在）中所有结点的关键字都小于根结点的关键字；

（2）右子树（若存在）中所有结点的关键字都大于根结点的关键字；

（3）左子树和右子树也是二叉排序树。

例 9.4　设有关键字集合为 {45, 12, 90, 03, 37, 52, 24, 78, 100, 61}，其中每个关键字对应二叉树中的一个结点，可以构造出一棵如图 9-5 所示的二叉排序树。

在讨论二叉排序树的运算之前，先给出存储结构的描述。

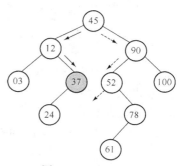

图 9-5　二叉排序树

```
typedef int keyType;  //关键字类型设为整型
typedef struct node {
    keyType key;
    infoType otherinfo;
    struct node *lchild, *rchild;
}BSTNode;
BSTNode *root, *p, *q, *r, *f ;
KeyType K;
```

下面讨论二叉排序树的运算。

1. 查找

设待查的关键字为 K，在二叉排序树上进行查找的过程，就是从根结点开始，即首先把根结点作为当前结点，用给定值 K 与当前结点的关键字进行比较。

（1）若指向当前结点的指针为空，则查找失败。

（2）若给定值 K 等于当前结点的关键字，则查找成功。

（3）若 K 小于当前结点的关键字，则进入左子树把子树根作为当前结点继续进行比较。

（4）若 K 大于当前结点的关键字，则进入右子树把子树根作为当前结点继续进行比较。

重复以上（1）～（4）步，直到查找成功或查找失败（比较到叶仍不相等）为止。

二叉排序树的查找算法可以用递归和迭代两种方法实现，下面分别给出二叉排序树查找的递归和迭代算法。

算法开始时，二叉排序树已用 lchild- rchild 表示法链式存储，实参指针 root 指向其根；变量 K 中存放要查找的关键字。

算法结束时，若查找成功，则返回查找到的结点地址；否则查找失败，返回 NULL。

算法 9.3 指针函数 查找的递归算法	C/C++程序：

SearchBST(p, K)
 	
1. 若 p = NULL
　则 return NULL　[查找失败]
　否则 若 K = p->key
　　　则 return p　[查找成功]
　　　否则 若 K<p->key
　　　　则 return SearchBST(p->lchild, K)
　　　　否则 return SearchBST(p->rchild, K)
 	
2. [算法结束] ∎
	`BSTNode* SearchBST(BSTNode* p, keyType K) {`
	　`if ( p == NULL)`
	　　　`return NULL;`
	　`else if ( K == p->key )`
	　　　　`return p;`
	　　`else if (K < p->key )`
	　　　`return SearchBST`
	`(p->lchild,K);`
	　　　`else`
	　　　`return SearchBST`
	`(p->rchild,K);`
	`}`

算法 9.4 指针函数 查找的迭代算法	C/C++程序：

SearchBST(root, K)
 	
1. p ← root
2. 循环 当 p≠NULL 时，执行
　（1）若 K = p->key
　　　则 return p　[查找成功]
　（2）若 K < p->key
	`BSTNode* SearchBST(BSTNode *root, keyType K) {`
	　`BSTNode *p = root;`
	　`while ( p != NULL) {`
	　　`if( K == p->key) return p;`
	　　`if (K < p->key)`
	　　　`p = p->lchild;`
	　　`else`
	　　　`p = p->rchild;`
	　`}`

则　p ←p–>lchild
 	
　　否则　p ←p–>rchild
 	
3.　return NULL　　　[查找失败]
 	
4.　[算法结束]　■
	``
	    return NULL;
	}
	``

例如，在图 9-5 所示的二叉排序树中查找关键字等于给定值 37 的结点。首先给定值 37 与根结点的关键字 45 进行比较，因为给定值 37<45，所以进入根的左子树中查找，再用给定值 37 与左子树的根 12 比较，37>12，再进入 12 的右子树，继续与右子树的根 37 比较，这时两者相等，以查找成功而结束。

又例如查找与给定值 50 相等的结点。首先也是与根结点比较，50>45，进入根的右子树，再与右子树的根 90 比较，50<90，再进入 90 的左子树，继续与左子树的根 52 比较，50<52，还应进入 52 的左子树，但这时 52 的左子树为空，所以得到的是空指针，即以查找失败而告终。

2.　插入

往二叉排序树里插入新结点，要保证插入后仍满足二叉排序树的定义。插入的方法是：

将待插结点的关键字与树根的关键字进行比较，若待插入结点的关键字小于根结点的关键字，则进入左子树，否则进入右子树，在子树里再继续与子树的根进行比较，如此进行下去，直到把新结点作为一个新的树叶插入到二叉排序树中。

实际上，新结点的插入位置就是在二叉排序树中进行查找时最后一次比较的结点的左子女或右子女。因此，只需对二叉排序树的查找算法稍加修改即可。下面是对查找算法修改后的二叉排序树插入的递归和迭代算法。

算法开始时，指针 root 指向二叉排序树的根；指针 q 指向欲插入的新结点。

算法结束时，已完成一个新结点的插入。

算法 9.5　插入的递归算法
 	
　　InsertBST(p, q)
 	
1.　若 p = NULL　　　[空二叉树]
 	
　　则　p ← q　　　[插入]
 	
　　否则　若　q–>key = p–>key [结点已存在]
 	
　　　　则　算法结束
 	
　　　　否则　若　q–>key < p–>key
 	
　　　　　　则　　Insert BST(p–>lchild, q)
 	
　　　　　　否则　InsertBST(p–>rchild, q)
 	
2.　[算法结束]　■
	C/C++程序：
	
	``
	InsertBST(BSTNode* &p, BSTNode* q){
	    if (p == NULL)
	        p = q;
	    else if (q->key == p->key)
	        return;
	    else if (q->key < p->key)
	        InsertBST(p->lchild,q);
	    else
	        InsertBST(p->rchild,q);
	}
	``

算法 9.6　插入的非递归算法
 	
　　InsertBST(root, q)
 	
1.　p ← root; f ← NULL [*f 是*p 的父母]
 	
2.　循环　当 p≠NULL 时，执行
 	
　　（1）若　q–>key = p–>key
 	
　　　　则　算法结束　　　[结点已存在]
 	
　　（2）若　q–>key < p–>key
	C/C++ 程序：
	
	``
	InsertBST(BSTNode* &root, BSTNode*
	q) {
	    BSTNode *f = NULL, p = root;
	    while (p != NULL) {
	        if (q->key == p->key)
	            return;
	        if (q->key < p->key)
	            {f = p; p = p->lchild;}
	``

则 f ← p; p ← p->lchild
否则 f ← p; p ← p->rchild
3. 若 f = NULL 　　　　　[插入]
　 则 root ← q
　 否则 若 q->key < f->key
　　　　 则 f->lchild ← q
　　　　 否则 f->rchild ← q
4. [算法结束] ▮
	``
	      else
	        { f = p; p = p->rchild; }
	    }
	    if (f = = NULL) root = q;
	    else if (q->key < f->key)
	             f->lchild = q;
	         else f->rchild = q;
	}
	``

对于给定的关键字集合，为了建立二叉排序树，可以从一个空的二叉排序树开始，反复调用插入算法，将关键字逐个地插入进去，前面二叉排序树的例子就是通过这样的方法得到的。

将关键字集合组织成二叉排序树，实际上起到了对集合里的关键字进行排序的作用。按对称序遍历二叉排序树，就能得到排好序的关键字序列。

3. 删除

从二叉排序树里删除一个结点时，要保证删除这个结点后仍保持二叉排序树原来的性质。

设 p，f，r 是指针变量，*p 为欲删结点，*f 为 *p 的双亲结点，则删除的方法如下。

（1）若结点 *p 没有左子树，则用它的右子树的根来替代被删除结点 *p；

（2）若结点 *p 有左子树，则在它的左子树里找"最右下"（即中序遍历最后一个访问的）结点 *r，将 *r 的右指针置成指向 *p 的右子树的根，然后用结点 *p 的左子树的根去替代被删除的结点 *p。

例 9.5　图 9-6 给出了上述两种情况的示例。

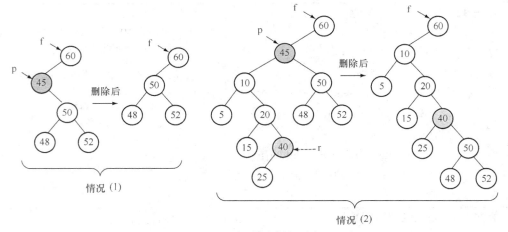

图 9-6　二叉排序树的删除

图 9-6 情况（1）是欲删结点 45 没有左子树的情形；图 9-6 情况（2）是欲删结点 45 有左子树的情形。删除的方法不止一种，只要删除后仍保持二叉排序树的性质即可。例如，上述的删除方法中的（2）可以改为：（2）' 找到结点 *r 后先将 *r 从树中删除（*r 的右指针显然为空，直接用 *r 的左子树替代 *r 即可），然后用 *r 去替代真正要删除的结点 *p（如图 9-7 所示）。

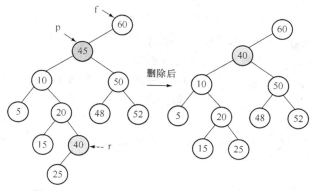

图 9-7　按方法（2）' 所进行的二叉排序树的删除

下面给出按方法（1）、（2）的规定所进行的二叉排序树的结点删除算法，而编制按方法（1）、（2）' 的规定所进行的二叉排序树的结点删除算法留给读者编写（请见本章后的习题）。

算法 9.7　删除二叉排序树中的结点

　　DeleteBST(root, p, f)

1. [判断被删结点是否有左子树]

　　若 p->lchild = NULL

　　则若 f = NULL [被删结点是否为根结点]

　　　　则 root ← p->rchild; 算法结束

　　　　否则　若 f->lchild = p

　　　　　　　则 f->lchild ← p->rchild;

　　　　　　算法结束

　　　　否则 f->rchild ← p->rchild;

　　　　算法结束

　　否则 r ← p->lchild

2. [找左子树的"最右下"结点]

　　循环　当 r->rchild ≠ NULL 时，执行

　　　　r ← r->rchild

3. [欲删结点的右子树作为*r 的右子树]

　　r->rchild ← p->rchild

4. [欲删结点的左子树的根代替欲删结点]

　　若 f = NULL

　　则 root ← p->lchild

　　否则　若 f->lchild = p

　　　　　　则　f->lchild ← p->lchild

　　　　　　否则 f->rchild ← p->lchild

5. [算法结束] ∎

C/C++程序：

```
DeleteBST( BSTNode* &root, BSTNode* p,
                         BSTNode* f ) {
    BSTNode* r;
    if ( p->lchild == NULL )  // *p 无左子树
        if ( f == NULL )
            { root = p->rchild; return; }
        else if ( f->lchild == p )
            { f->lchild = p->rchild;
              return; }
            else
            { f->rchild = p->rchild;
              return; }
    else  // *p 有左子树
        r = p->lchild;
    while ( r->rchild != NULL)
        r = r->rchild;
    // 以下是按方法(b), 通过调整指针进行删除
    r->rchild = p ->rchild;
    if ( f == NULL)
        root = p->lchild;
    else if ( f->lchild == p)
            f->lchild = p->lchild;
        else
            f->rchild = p->lchild;
}
```

该算法存在的问题是删除结点后会使树的形状变坏，即会增加二叉排序树的的高度。这就使得查找时比较次数增多，即查找算法的性能下降。因此，更为实用的方法是按方法（1）、（2）'的规定所进行的二叉排序树的结点删除算法。这里通过两个算法的对比，不仅在算法方面得到较多的训练，而且也可以对删除这个问题有更清楚地理解与掌握。

至此，我们已经讲述了查找、插入和删除三种算法。从算法中容易分析出：它们的时间代价都不会超过二叉排序树的深度。特别是插入和删除算法，在二叉排序树中插入和删除结点只需通过调整相关结点的链接指针，而不必像顺序表那样需要大量的结点移动。本节的后续部分还要对二叉排序树的查找效率做进一步的分析，可导出形状更好的二叉排序树，这种二叉排序树具有最佳的查找效率。

9.3.2　最佳二叉排序树

同一关键字集合，其关键字插入二叉排序树的次序不同，就会构成不同的二叉排序树。

例 9.6　对于例 4 中给出的关键字集合{45，12，90，03，37，52，24，78，100，61}，若按照关键字在此序列中从前向后的顺序逐个插入到二叉排序树中，就生成了一棵如图 9-8（a）所示的二叉排序树。若按照关键字在此序列中从后向前的顺序逐个插入到二叉排序树中，就生成了如图 9-8（b）所示的另一棵二叉排序树。

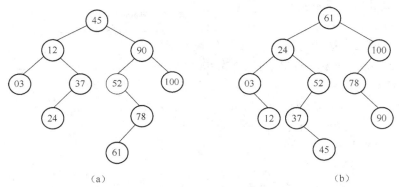

（a）　　　　　　　　　　　　　　　（b）

图 9-8　同一关键字集合的两棵不同的二叉排序树

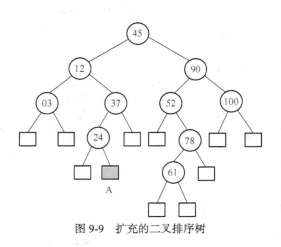

图 9-9　扩充的二叉排序树

对于含有 n 个关键字的集合，其中的关键字可以有 $n!$ 种不同的排列法，因此可以构成 $n!$ 棵二叉排序树，虽然其中有些是相同的，但不同的还是大量的（请读者思考不同的二叉排序树应该有多少棵呢？）。对于同一个关键字的集合可以生成如此众多的不同的二叉排序树，那么如何评价它们？也就是说，什么形状的二叉排序树比较好？这可以用查找效率来衡量。

为讨论查找效率，需要用到扩充二叉树。扩充二叉树的概念我们在 5.6.1 和 9.2.2 小节讲述 Huffman 树和折半查找所对应的二叉判定树时已经讨论过了。例如，图 9-9 所示的是图 9-8（a）中的二叉排序树所对应的扩充二叉树。下面回顾一下已讲过的内容。

在扩充的二叉树中，原来二叉排序树的结点称为内部结点，而新添加的叶结点（图中的方框结点）称为外部结点。

在扩充二叉树中，不存在度为 1 的结点。外部结点的个数等于内部结点的个数加 1。

每个外部结点均代表着一个可能的关键字集合（如图 9-9 所示，外部结点 A 表示大于 24 且小于 37 的可能关键字集合）。在查找的过程中，如果经比较后落入外部结点所表示的集合时，则一定是查找失败的情况，并且该外部结点的层数就等于此次失败查找的比较次数。而对于成功查找的比较次数就等于与之相等的那个内部结点所在的层数加 1。

现在我们来讨论在查找所有内部结点和外部结点的概率均相等的情况下，二叉排序树的查找效率。

前边已经说过，二叉排序树的查找过程就是首先用待查的关键字 K 与根结点的关键字进行比较，若相等，则找到了要查找的关键字，即查找成功；若不等且待查的关键字 K 小于根结点的关键字，则下一次与根的左子树的根进行比较；否则与根的右子树的根比较。如此递归地进行下去，直到某一次比较相等，即查找成功；或者一直比较到所有树叶都不相等，即查找失败。在查找过程中，每进行一次比较，就进入下面的一层，因此，对于成功的查找，其比较的次数就是关键字所在的层次加 1。对于不成功的查找，被查找的关键字属于哪个外部结点所代表的可能关键字集合，比较次数就等于此外部结点的层数。

在等概率的情况下，在二叉排序树里，查找一个关键字的平均比较次数为

$$\begin{aligned}
\mathrm{ASL}_n &= \frac{1}{2n+1}\left(\sum_{i=1}^{n}(l_i+1)+\sum_{i=0}^{n}l_i'\right) \\
&= \frac{1}{2n+1}\left(\sum_{i=1}^{n}l_i+n+E\right) \\
&= \frac{1}{2n+1}(I+n+E) \\
&= \frac{2I+3n}{2n+1}
\end{aligned}$$

其中 l_i 是第 i 个内部结点的层数；
l_i' 是第 i 个外部结点的层数。

（1）

我们把平均比较次数最小，也就是平均查找长度 ASL_n 为最小的二叉排序树称作最佳二叉排序树。

因为对于给定的关键字集合，n 为确定值，因此，要使平均比较次数 ASL_n 为最小，就是要使内部路径长度 I 为最小。然而，在一棵二叉树中，路径长度为 0 的结点仅有一个，路径长度为 I 的结点至多有两个，路径长度为 2 的结点至多有四个，…，路径长度为 k 的结点至多有 2^k 个（$k = 0$，1，2，…），因此，对于有 n 个结点的二叉树，其内部路径长度 I 的最小值应为如下序列

$$0, 1, 1, 2, 2, 2, 2, 3, 3, 3, 3, 3, 3, 3, 3, 4, 4, \cdots$$

前 n 项的和。即

$$I = \sum_{k=l}^{n}\lfloor\log_2 k\rfloor = (n+1)\lfloor\log_2 n\rfloor - 2^{\lfloor\log_2 n\rfloor+1} + 2 \qquad (2)$$

（注：（2）式的证明在本小节的最后给出）

将（2）式代入（1）式，则有

$$\begin{aligned}
\mathrm{ASL}_n &= \frac{2I+3n}{2n+1} = \frac{2(n+1)\lfloor\log_2 n\rfloor - 2^{\lfloor\log_2 n\rfloor+2} + 4 + 3n}{2n+1} \\
&= O(\log_2 n)
\end{aligned}$$

这种最佳二叉排序树实际上就是以前讲过的二叉判定树,因此,可以用折半查找的方法来构造最佳二叉排序树。

具体方法如下。

（1）将给定的关键字集合里的关键字排序；

（2）用折半查找法依次查找这些关键字,并把在查找过程中遇到的在二叉排序树里还没有的关键字依次插入到二叉排序树中。

例9.7 对于给定的关键字集合 { 5, 7, 4, 9, 3, 2, 11, 16, 21, 15 },构造最佳二叉排序树的过程如下：

首先将给定的关键字集合 { 5, 7, 4, 9, 3, 2, 11, 16, 21, 15 }（ $n = 10$ ）里的关键字进行排序,可得到如下的有序序列

$$\{ 2, 3, 4, 5, 7, 9, 11, 15, 16, 21 \}$$

然后按方法 2,从 1 到 n 依次在二叉排序树中查找这些关键字,由于查找过程中使用的是折半查找的方法,所以在不断折半中所遇到的各中点上的关键字,若二叉排序树里没有,则依次插入到二叉排序树中。最后可得到图 9-10 所示的最佳二叉排序树。

从形状上看,最佳二叉排序树与完全二叉树很相似,除下面一层外其余各层的结点数均为满额,只有最下面一层可能不满,但可以不像完全二叉树那样向左集中。这是因为结点在同层上的位置不同,但结点的路径长度不变（相等）,从而不会导致最佳二叉排序树的内部路径长度 I 的变化。

反过来,如果关键字按值不减（或不增）的顺序依次插入到二叉排序树中,则将得到退化为线性的二叉排序树（如图 9-11 所示）。

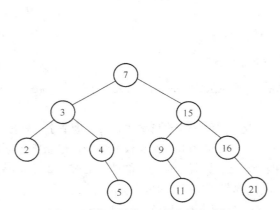

图 9-10　构造最佳二叉排序树的示例

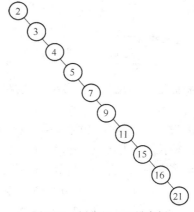

图 9-11　蜕化的二叉排序树

对这样的二叉排序树进行查找,实际上就是对线性表的顺序查找,平均查找长度为 O(n)。如果将关键字集合中的关键字按任意次序插入到二叉排序树中,它从查找效率会怎样呢？平均查找长度是接近最坏情况 O(n)呢？还是接近最好的情况 O($\log_2 n$)？可以证明：对 n! 种二叉排序树进行平均,得到的平均查找长度仍是 O($\log_2 n$),也就是说大多数的二叉排序树与最佳二叉排序树的查找效率差别不大,只有少数情况,查找的平均查找长度为 O(n)。

注：以下是（2）式的证明：

首先证明一个求和公式：$\sum_{k=1}^{n} a_k = n a_n - \sum_{k=1}^{n-1} k(a_{k+1} - a_k)$

证：因为 $\displaystyle\sum_{k=1}^{n-1}k(a_{k+1}-a_k)=\sum_{k=1}^{n-1}ka_{k+1}-\sum_{k=1}^{n-1}ka_k$

$$=\sum_{k=2}^{n}(k-1)a_k-\sum_{k=1}^{n-1}ka_k$$

$$=\sum_{k=2}^{n}ka_k-\sum_{k=2}^{n}a_k-\sum_{k=1}^{n-1}ka_k$$

$$=\sum_{k=2}^{n}ka_k-\sum_{k=1}^{n-1}ka_k-\sum_{k=2}^{n}a_k$$

$$=na_n-a_1-\sum_{k=2}^{n}a_k$$

$$=na_n-\sum_{k=1}^{n}a_k$$

故移项后有 $\displaystyle\sum_{k=1}^{n}a_k=na_n-\sum_{k=1}^{n-1}k(a_{k+1}-a_k)$

现在证明：$\displaystyle\sum_{k=1}^{n}\lfloor\log_2 k\rfloor=(n+1)\lfloor\log_2 n\rfloor-2^{\lfloor\log_2 n\rfloor}+2$

令 $a_k=\lfloor\log_2 k\rfloor$，于是 $a_{k+1}-a_k=\begin{cases}1 & \text{当 }k+1\text{ 为 }2\text{ 的幂时；}\\0 & \text{当 }k+1\text{ 为其他值时。}\end{cases}$

$$\sum_{k=1}^{n}\lfloor\log_2 k\rfloor=n\lfloor\log_2 n\rfloor-\sum_{\substack{k\leqslant n-1\\ \text{且}k+1\text{为}2\text{的幂}}}k$$

$$=n\lfloor\log_2 n\rfloor-\sum_{1\leqslant t\leqslant\lfloor\log_2 n\rfloor}(2^t-1)$$

$$=n\lfloor\log_2 n\rfloor-\sum_{1\leqslant t\leqslant\lfloor\log_2 n\rfloor}2^t+\lfloor\log_2 n\rfloor$$

$$=(n+1)\lfloor\log_2 n\rfloor-(2^{\lfloor\log_2 n\rfloor+1}-2)/(2-1)$$

$$=(n+1)\lfloor\log_2 n\rfloor-2^{\lfloor\log_2 n\rfloor+1}-2$$

$$\begin{aligned}&k+1=2^t\\&k=2^t-1\\&1\leqslant k\leqslant n-1\\&1\leqslant 2^t-1\leqslant n-1\\&2\leqslant 2^t\leqslant n\\&\log_2 2\leqslant\log_2 2^t\leqslant\log_2 n\\&1\leqslant t\leqslant\lfloor\log_2 n\rfloor\end{aligned}$$

【证毕】

9.3.3 AVL 树

从前面的讨论可知，由同一个关键字集合所生成的众多二叉排序树中，最佳二叉排序树具有最佳的查找性能，但这种"最佳性"却是静态的，也就是说，随着结点的不断插入与删除，这种"最佳性"可能会遭到破坏，从而导致二叉排序树的查找性能下降。

例 9.8　如图 9-10 所示的最佳二叉排序树，经过插入关键字 12 和 14 之后，就会出现这种情况，这时它已不再是最佳二叉排序树了（如图 9-12 所示）。

这里我们仍讨论被查的所有关键字在概率相等的情况下，如何动态地使一棵二叉排序树保持平衡，从而有较高的查找 效率的问题。

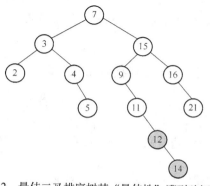

图 9-12　最佳二叉排序树其"最佳性"遭到破坏之例

一、AVL 树的定义

1962 年，阿德尔森—维尔斯基（G.M.Adel'son-Vel'skii）和兰迪斯（E.M.Landis）提出了一种动态保持二叉排序树的平衡，使其具有较高性能的方法。并把这种二叉排序树用他们的名字缩记为 AVL 树。

二叉树的高度是二叉树中树叶的最大层数，也就是从根到叶的最大路径长度。空的二叉树高度定义为 -1。

AVL 树是所有结点的左子树和右子树高度之差的绝对值不超过 1 的二叉排序树。

例 9.9　图 9-13（a）所示是一棵 AVL 树，而图 9-13（b）却不是。

结点的平衡因子（balance factor）定义为结点的右子树高度减去左子树高度。显然，AVL 树中结点的平衡因子只能取值为-1，0，+1。为了表示起来方便，在图示中分别表示为-，·，+。因为以下的讨论与结点的平衡因子有密切的关系，为了能明显地反映出结点的平衡因子的情况，在图示中我们把平衡因子写在表示结点的圆圈之内，而把结点的关键字写在圆圈之外，图 9-14 给出了这种表示形式。

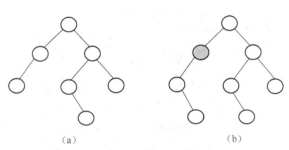

图 9-13　AVL 树与非 AVL 树的举例

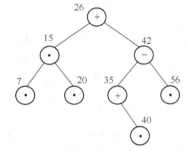

图 9-14　带有平衡因子的 AVL 树

在用 lchild-rchild 表示法存储 AVL 树时，每个结点不仅要存储 key，…，lchild，rchild，而且要存储平衡因子 bf。结点的形式为

bf	key	…	lchild	rchild

由于 AVL 树是一种特殊的二叉排序树，有关二叉排序树的查找、插入和删除运算前面已经讲过。这里主要对插入和删除结点时，为保持 AVL 树的动态平衡而做的调整（旋转动作）进行讨论。

二、AVL 树的平衡旋转

为保持 AVL 树的平衡，在插入新结点时，必须对树的结构作必要调整。若插入一个新结点作树叶，相应子树的根结点变化大致有三类。

（1）结点原来是平衡的，现在成为左重或右重，此时这个结点的前驱结点的状态也要发生变化。

（2）结点原来是某一边重的，而现在成为平衡的，此时前驱结点不改变状态，因为这个子树的高度没变。

（3）结点原来就是左重或右重的，而新结点又插入到重的一边，此时这个结点不再满足 AVL

树条件，我们把这样的结点称作"危急结点"。此时必须调整树的结构，使之平衡化。平衡旋转有两类：单旋转（single rotation）和双旋转（double rotation）。而每一类又含有对称的两种，所以共有四种，分别称为 LL 型（见图 9-15）、RR 型（见图 9-16）和 LR 型（见图 9-17）、RL 型（见图 9-18）。其中前两种属于单旋转，而后两种属于双旋转。在图 9-15～图 9-18 中，图中大的长方框 α，β，γ，δ 表示子树，并注明了子树的高度。

1. LL 型的单旋转

如果是由于在结点 A 的左子女 B 的左子树中插入新结点，使 A 的平衡因子由 −1 变成−2，则需要进行 LL 型的平衡旋转。视结点 B、A 在同一圆弧上，以它们的圆心为轴心做顺时针旋转（右转），即 B 的右子树作为 A 的左子树，A 作为 B 的右子女。图 9-15 是 LL 型单旋转的情况，图 9-15（a）是新结点插入前 AVL 树的形状，图 9-15（b）是新结点插入后 AVL 树的形状，图 9-15（c）是进行 LL 型的平衡旋转后 AVL 树的形状。

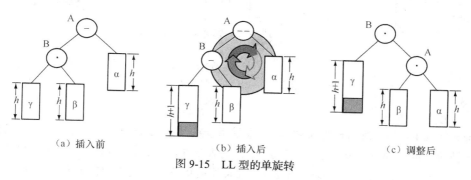

（a）插入前　　　　　　　（b）插入后　　　　　　　（c）调整后

图 9-15　LL 型的单旋转

2. RR 型的单旋转

RR 型单旋转和 LL 型单旋转是对称的。如果是由于在结点 A 的右子女 B 的右子树中插入新结点，使 A 的平衡因子由+1 变成+2，则需要进行 RR 型的平衡旋转。视结点 B、A 在同一圆弧上，以它们的圆心为轴心做逆时针旋转（左转），即 B 的左子树作为 A 的右子树，A 作为 B 的左子女。图 9-16 是 RR 型单旋转的情况，图 9-16（a）是新结点插入前 AVL 树的形状，图 9-16（b）是新结点插入后 AVL 树的形状，图 9-16（c）是进行 RR 型的平衡旋转后 AVL 树的形状。

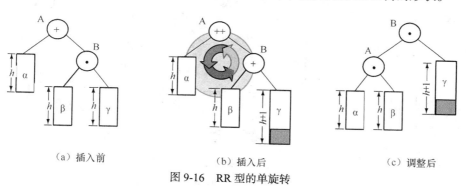

（a）插入前　　　　　　　（b）插入后　　　　　　　（c）调整后

图 9-16　RR 型的单旋转

3. LR 型的双旋转

如果是由于在结点 A 的左子女 B 的右子树（其根为 X）中插入新结点，使 A 的平衡因子由 −1 变成−2，则需要进行 LR 型的平衡旋转。这实际上是两次单旋转的复合，先做一次 RR 型的单旋转，再做一次 LL 型的单旋转。首先视结点 X、B 在同一圆弧上，以它们的圆心为轴心做逆时针旋转（左转），即 X 的左子树作为 B 的右子树，B 作为 X 的左子女；然后视结点 X、A 在同一圆弧上，以它们的圆心为轴心做顺时针旋转（右转），即 X 的右子树作为 A 的左子树，A 作为 X 的右子女。图 9-17 是 LR 型双旋转的情况，图 9-17（a）是新结点插入前 AVL 树的形状，图 9-17（b）是新结点插入后 AVL 树的形状，图 9-17（c）是进行 LR 型的平衡旋转后 AVL 树的形状。

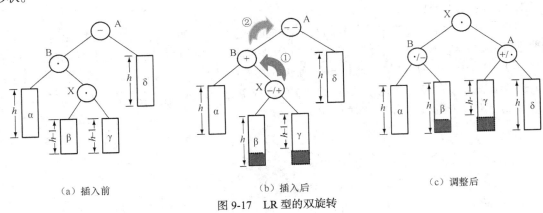

（a）插入前　　　　　　　　　（b）插入后　　　　　　　　　（c）调整后

图 9-17　LR 型的双旋转

4. RL 型的双旋转

这种旋转和 LR 型双旋转也是对称的。如果是由于在结点 A 的右子女 B 的左子树（其根为 X）中插入新结点，使 A 的平衡因子由 +1 变成 +2，则需要进行 RL 型的平衡旋转。这也是两次单旋转的复合，先做一次 LL 型的单旋转，再做一次 RR 型的单旋转。首先视结点 X、B 在同一圆弧上，以它们的圆心为轴心做顺时针旋转（右转），即 X 的右子树作为 B 的左子树，B 作为 X 的右子女；然后视结点 X、A 在同一圆弧上，以它们的圆心为轴心做逆时针旋转（左转），即 X 的左子树作为 A 的右子树，A 作为 X 的左子女。图 9-18 是 RL 型双旋转的情况，图 9-18（a）是新结点插入前 AVL 树的形状，图 9-18（b）是新结点插入后 AVL 树的形状，图 9-18（c）是进行 RL 型的平衡旋转后 AVL 树的形状。

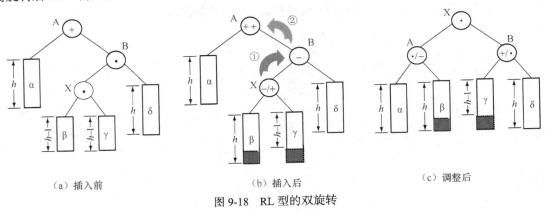

（a）插入前　　　　　　　　　（b）插入后　　　　　　　　　（c）调整后

图 9-18　RL 型的双旋转

三、AVL 树的插入与删除

往 AVL 树中插入一个新结点 *q 的基本方法如下。

（1）按前面讲述的二叉排序树的插入方法插入新结点，并用指针 s 指向根到新插入结点的路径上最后一个平衡因子不为 0 的结点；若此路径上不存在这样的结点，则指针 s 指向根。

（2）修改平衡因子。用新结点*q 的关键字与从结点 *s 到 *q 的双亲结点的有向路径上的各结点逐个进行比较，如果新结点 *q 的关键字小于路径上结点的关键字，则路径上结点的平衡因子减 1；否则路径上结点的平衡因子加 1。

（3）若结点 *s 的平衡因子绝对值为 2，则*s 为"危急结点"，说明二叉排序树失去平衡，这时再根据结点*s 与它在这条路径上子女的平衡因子符号值来确定平衡旋转的类型。若同号则做单旋转；若反号则做双旋转。

从空树开始，不断地用上述方法插入结点就可以建立起 AVL 树。

例 9.10　设输入的关键字序列为{25，10，5，30，35，15，2，12，20，18}，图 9-19 给出了从空树开始按关键字在此序列的自左至右的顺序依次插入各结点并进行调整的过程。为了图示清晰起见，我们把结点的关键字写在表示结点的圆圈之内，而把结点的平衡因子写在圆圈之外，并直接标注平衡因子的值。

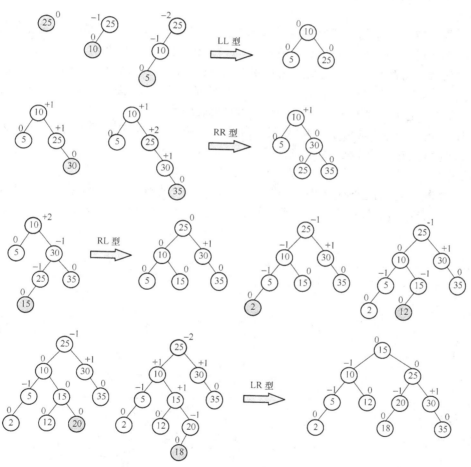

图 9-19　AVL 树的建立过程

在 AVL 树上进行删除操作时，同样有需要平衡旋转来做调整的问题。其基本方法如下。

1．按前面讲述的二叉排序树的删除方法（a）、（b）'删除指定结点*p。若为情形（a），则删除后让 p 仍指向原来子树（即原来以被删结点为根的子树）变化后的根位置；若为情形 （b）'，则删除后让 p 仍指向原来它的中序前驱 *r 为根的子树变化后的根位置。如果这时 p 为空，则它的双亲结点的相应指针置为 NULL 即可。

2. 修改平衡因子及平衡旋转。将以现在 *p 指向结点为根的子树的高度减 1，并沿 *p 到根的路径反向追踪由删除引起的（子）树的高度的变化对路径上各结点 *p 的影响，即让 p 沿着这条反向路径逐层地指向更高辈分的祖先结点，并分以下情况进行平衡化处理：

情况（1）：当前结点 *p 的平衡因子为 0。如果它的左子树或右子树被缩短，则它的平衡因子改为 +1 或 -1。图 9-20（1）所示的是 *p 的左子树被缩短，平衡因子改为 +1 的情形。

情况（2）：结点 *p 的平衡因子不为 0，且其较高的子树被缩短，则 *p 的平衡因子改为 0。图 9-20（1）所示的是 *p 的左子树的高度被缩短，平衡因子改为 0 的情形。

情况（3）：结点 *p 的平衡因子不为 0，且较矮的子树又被缩短，则出现了不平衡，结点 *p 为"危急结点"。此时，需进行平衡旋转来恢复平衡。

让指针 q 指向结点 *p 的较高子树的根结点，则根据结点 *p 和 *q 的平衡因子值，有如下三种平衡旋转的操作。

（1）如果结点 *q 的平衡因子为 0，则只需要做一个单旋转就可以恢复结点 *p 的平衡。图 9-20（3）-（a）所示的是 *p 的左子树的高度被缩短，进行 RR 型单旋转的情形。

（2）如果结点 *p 的平衡因子与结点 *q 的平衡因子相同，则也只需做一个单旋转就可恢复结点 *p 的平衡，旋转调整后，结点 *p 和结点 *q 的平衡因子均改为 0。图 9-20（3）-（b）所示的是结点 *p 和结点 *q 的平衡因子均为 -1，进行 LL 型单旋转的情形。

（3）如果结点 *p 与结点 *q 的平衡因子的符号相反，则需做一个双旋转来恢复平衡，先围绕 *q 旋转、再围绕 *p 旋转。其他结点的平衡因子做相应修改。图 9-20（3）-（c）所示的是结点 *p 和结点 *q 的平衡因子分别为 +1 与 -1，进行 RL 型双旋转的情形。

在上述情况（3）的三种情形中，旋转的方向取决于结点 *p 的哪一棵子树的高度被缩短，在图 9-20 中只是给出了某些可能的情况，实际上还有与之对称的情况，其处理方法在原则上是一致的。

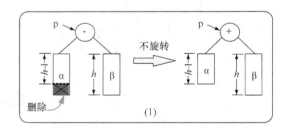
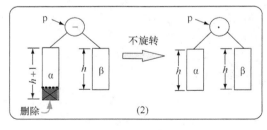
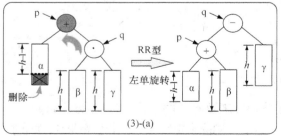
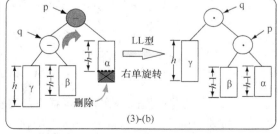

图 9-20　在 AVL 树中删除结点时进行平衡调整的图示

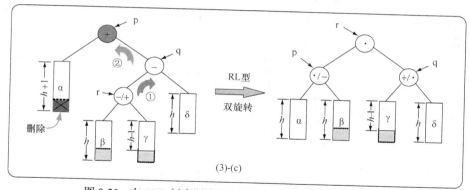

图 9-20 在 AVL 树中删除结点时进行平衡调整的图示（续）

例 9.11 图 9-21 给出了在 AVL 树中删除关键字为 40 和 80 结点时所做的平衡调整过程。

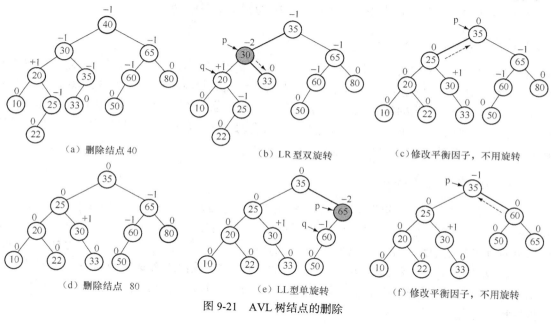

（a）删除结点 40   （b）LR 型双旋转   （c）修改平衡因子，不用旋转

（d）删除结点 80   （e）LL 型单旋转   （f）修改平衡因子，不用旋转

图 9-21 AVL 树结点的删除

另外，删除和插入之间的一个重要差别是：删除一个结点时，可能需要多次平衡旋转（即 p 沿着到根的反向路径逐层地指向更高辈份的祖先结点的过程中可能要进行多次平衡旋转的处理），而插入一个结点至多平衡旋转一次。

四、AVL 树的性能分析

显然，AVL 树的查找、插入和删除运算的时间代价都不会超过 AVL 树的高度，设含有 n 个结点的 AVL 树的高度为 h。则其时间复杂度应为 $O(h)$。这与一般的二叉排序树相同。但对于一棵不一定平衡的二叉排序树来说，树可能的最大高度是 $h = n-1$，因此，最坏情况下，在二叉排序树中进行这几种运算的时间复杂度为 $O(n)$。那么，对于 AVL 树，h 的最大值是多少呢？设 N_h 是高度为 h 的 AVL 树中所含有的最少结点数。容易得出：

$$N_{-1} = 0 \text{（空树）}, \quad N_0 = 1 \text{（仅有一个根结点）}, \quad N_h = N_{h-1} + N_{h-2} + 1, \quad h > 0$$

这个递归定义的式子与 Fibonacci 数列（$F_0= 0$，$F_1=1$，$F_n= F_{n-1}+F_{n-2}$）非常相似并且两者的项值之间有对应关系。用归纳法可以证明，当 $h \geq 0$ 时，有 $N_h= F_{h+3}-1$ 成立。而且，Fibonacci 数满足渐近公式：

$$F_n \approx \frac{\Phi^n}{\sqrt{5}} , \quad \Phi = \frac{1+\sqrt{5}}{2}$$

由此可得近似公式：$N_h \approx \dfrac{\Phi^{h+3}}{\sqrt{5}} - 1$

整理得　　$\Phi^{h+3} \approx \sqrt{5}(N_h +1)$

两边取对数　$h+3 \approx \log_\Phi \sqrt{5} + \log_\Phi (N_h +1)$

由换底公式　$\log_\Phi x = \log_2 x / \log_2 \Phi$　和　$\log_2 \Phi \approx 0.694$

可得　　$h \approx 1.44 * \log_2 (N_h +1) - 1.33 < \dfrac{3}{2}\log_2 (n+1) - 1$

由此 AVL 树的高度 h 的上限值，可得出其复杂度应为 $O(\log_2 n)$。

9.3.4　B-树与 B⁺ 树

前面讲过的二叉排序树、最佳二叉排序树和 AVL 树上的查找均属于内部查找，它们仅适合于组织较小的、在内存中的索引。而对于存放在外存上较大的文件系统，用二叉树来组织索引就不太适合了。若以结点作为内外存交换的单位，则在查找过程中平均需要对外存进行 $\log_2 n$ 次访问，这显然是非常费时的。因此，对于外部查找，在大型的文件检索系统中大量使用的是每个结点含有多个关键字的 B-树或 B⁺ 树做文件索引。

一、m 路静态查找树

对于外部查找的问题，组织索引一般不采用二叉树而是采用多路树，这样可明显地减少访问外存的次数。考虑图 9-22 所示的大型二叉查找树，并想象它已经存储在外存中。如果简单地应用已学过的内部查找方法，则大约要做 $\log_2 n$ 次的外存访问，才能完成查找。当结点个数 n 为 100 万时，则需要做 20 次左右的访外寻找。但假如把这个图按 7 个结点一组来构成新的结点—"页块"，如图 9-22 中所示的三角形阴影部分。如果现在一次访问一个页块，则仅需前述次数的三分之一，所以查找大约快了 3 倍。

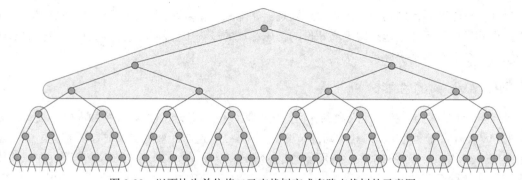

图 9-22　以页块为单位将二叉查找树变成多路查找树的示意图

以这种方式把结点组合成页块，实际上把图中的二叉树变成了八叉树，每个页块结点处有 8

路分支。如果让页块更大一些，即带有更多路的分支，就能以更少的访外次数来完成查找。例如 128 路分支，则在仅仅寻找 3 个页块之后，就可以在 100 万个关键字的表中找出任何所希望的关键字。根页块一般常驻内存，因此只需对外存进行 2 次访问。但是，页块也不能任意大，页块一大，就需要在内存设置较大的缓冲区，并且读入一个页块也需要较多的时间。因此页块结点的大小要适中。一般 m 取值在 200～500，实践中，应根据外部存储设备的特征，以及表中的记录的长度来确定 m 的取值。

m 路静态查找树一般属于静态索引结构，即结构在初始创建，数据装入时就已经生成，并在整个系统运行（例如插入与删除记录等）期间索引结构保持不变。只有当文件再组织时才允许改变其索引结构。多路树的叶结点存放数据记录，这些存放数据记录的外存空间称为数据基本区，而分支结点存放各子树结点中的最大（或最小）关键字，存放这些分支结点的外存空间称为索引区。在运行过程中，当要插入记录而数据基本区中应该存放此记录的块区已满时，就会发生溢出，此时把溢出的记录存放到另外开辟的溢出区中，而不改变索引的结构。把记录送入溢出区有两种方式：一种是要使数据基本区的记录和溢出区的记录仍保持有序性，即送入溢出区的记录是数据块区中的最后一个记录，不一定是被插入的记录。如 ISAM（Indexed Sequential Access Methed）就是采用这种方式。另一种方式是不要求数据基本区的记录和溢出区的记录仍保持有序性，即发生溢出时直接把要插入的记录送入溢出区。

对于存储在磁盘上的文件，若插入与删除不多时，通常建立三级索引的查找树是适当的。例如，若以磁道为基本存取单位，则建立的 1、2、3 级索引可以是主索引、柱面索引和磁道索引。

二、动态的 m 路查找树

下面给出可进行动态调整的 m 路查找树的定义：

一棵 m 路查找树（m – way search tree）或者是一棵空树，或者是满足如下性质的树：

（1）根结点最多有 m 棵子树，并具有如下的结构：

$$(j,\ p_0,\ K_1,\ p_1,\ K_2,\ p_2,\ \cdots,\ K_j,\ p_j)$$

其中，p_i 是指向子树的指针（$0 \le i \le j < m$），K_i 是记录的关键字（$1 \le i \le j < m$），且每个关键字都相应有指向记录自身的指针。

（2）$K_i < K_{i+1}$，$1 \le i < j$。

（3）在 p_i 指向的子树中所有的关键字都大于 K_i，但小于 K_{i+1}，$0 < i < j$。

（4）在 p_0 指向的子树中所有的关键字都小于 K_1，而 p_j 指向的子树中所有的关键字都大于 K_j。

（5）p_i 指向的子树也是 m 路查找树，$0 \le i \le j$。

例 9.12　图 9-23 给出了一棵 3 路查找树，它有 11 个关键字。每个结点最多有 3 棵子树，因而最多有 2 个关键字，但最少有 2 棵子树，有 1 个关键字。结点 a 的格式为：（2，b，50，c，100，d）；结点 b 上所有记录的关键字均小于 50；结点 c 上所有记录的关键字都介于 50～100；结点 e 上所有记录的关键字都介于 50～70；结点 f 上所有记录的关键字都介于 90～100；结点 g 上所有记录的关键字都介于 100～150；结点 d 上所有记录的关键字均大于 100。

对于图 9-23 所示的例子，如果想查找关键字为 95 的记录，需要从根开始查找。首先从磁盘中读入结点 a，沿 50～100 的子树指针找到结点 c；再读入结点 c，沿 90 右侧子树指针找到结点 f；最后读入结点 f；在结点 f 中找到关键字为 95 的记录。

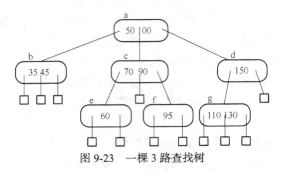

图 9-23　一棵 3 路查找树

显然，二叉排序树是 2 路查找树。一棵高度为 h 的 m 路查找树最少可以有 $h+1$ 个关键字（每层一个结点，每个结点仅含一个关键字），最多可有 $m^{h+1}-1$ 个关键字（从 0 到 $h-1$ 层的每个结点都含有 m 个子女，第 h 层的结点没有子女（不算外部结点），这样树的总结点数为

$$\sum_{i=0}^{h} m^i = \frac{1}{m-1}(m^{h+1}-1)$$。由于每个结点都有 $m-1$ 个关键字，所以关键字的总数为 $m^{h+1}-1$。

由于高度为 h 的 m 路查找树中关键字的个数在 $h+1$ 到 $m^{h+1}-1$ 之间，所以一棵 n 个关键字的 m 路查找树的高度应在 $\log_m(n+1)-1$ 和 $n-1$ 之间。

例如，一棵高度为 4 的 200 路查找树，关键字个数最多为 $200^5-1=32*10^{10}-1$，最少为 5。同样，一棵有 $32*10^{10}-1$ 个关键字的 200 路查找树的高度可能是 4，也可能是 $32*10^{10}-2$。

对于给定的 n 个关键字，提高查找树的路数 m，显然可以提高树的查找性能；但路数 m 确定之后，进一步改善查找性能的办法就是使树的高度 h 的值尽量地接近于 $\log_m(n+1)-1$，才能使 m 路查找树的查找性能接近最佳。下面将讨论的 B-树就是基于这种思想的平衡的 m 路查找树。

三、B-树

1. B-树的定义

一棵 m 阶（order）B-树是一棵平衡的 m 路查找树，它满足如下性质。

（1）根结点至少有两个子女；

（2）除根结点之外的所有内部结点至少有 $\lceil m/2 \rceil$ 个子女。

（3）所有外部结点（失败结点[❶]）都位于同一层上。

例 9.13　图 9-24 给出了两棵 3 路查找树，其中（a）是 3 阶 B-树，它的所有外部结点都位于同一层上。而（b）则不是 B-树。

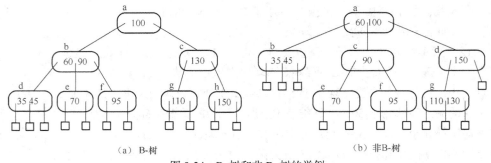

（a）B-树　　　　　　　　　　　　　（b）非 B-树

图 9-24　B-树和非 B-树的举例

---

❶ 外部结点也称为失败结点（即查找失败时到达的结点）。把外部结点包括进来是为了便于分析和考虑问题。在实际实现中并不需要专门描述外部结点，只需用空指针来表示它。

在图 9-24（a）所示的 B-树中查找关键字为 95 的记录，首先通过根指针找到根结点 a，并进行关键字的比较：95<100，因此沿 100 的左侧指针找到下一层结点 b；在结点 b 中进行关键字比较：95 > 90，所以沿 90 的右侧指针找到下一层结点 f；最后在结点 f 中做关键字的比较：95 = 95，故查找成功，报告结点地址及关键字在结点中的序号。但如果要查找关键字为 98 的记录，前面的过程与查找关键字为 95 的记录一样，然后在结点 f 中进行关键字比较：98 > 95，因此沿 95 的右侧指针进入到下一层的外部结点（失败结点），故查找失败。

2. B-树的高度

从上述的过程可见，B-树的查找过程是一个在结点内查找和沿某一条路经向下一层查找交替进行的过程。因此，在 B-树上的查找时间与 B-树的阶数 m 和 B-树的高度 h 直接有关，必须加以权衡。在 B-树上进行查找时，对于成功的查找所需的时间取决于关键字所在的层数；对于失败的查找所需的时间取决于树的高度。若定义 B-树的高度 h 为外部结点（失败结点）的层数，那么下面的定理反映了高度 h 与 B-树中的关键字个数 n 及 B-树的阶数 m 三者之间存在的数量关系。

定理　设一棵 m 阶 B-树（包括外部结点）的高度为 h，且树中含有 n 个记录的关键字，则

（1）$2\lceil m/2\rceil^{h-1}-1\leqslant n\leqslant m^h-1$

（2）$\log_m(n+1)\leqslant h\leqslant\log_{\lceil m/2\rceil}((n+1)/2)+1$

证明　（1）由于 B-树是一棵 m 路查找树，因此 n 的上限值在前面已经证明过了。对于下限，根据 B-树的定义，第 0，1，2，…，$h-1$，h 层的结点最小数目是 1，2，$2\lceil m/2\rceil$，$2\lceil m/2\rceil^2$，…，$2\lceil m/2\rceil^{h-2}$，$2\lceil m/2\rceil^{h-1}$，而相应的扩充的 B-树的外部结点都在第 h 层上，因此 B-树中外部结点个数的最小值为 $2\lceil m/2\rceil^{h-1}$。又由于外部结点的个数比关键字的个数多 1 个，所以有

　　　$n+1 =$ 外部结点数=位于第 h 层的结点数$\geqslant 2\lceil m/2\rceil^{h-1}$

即　　$n \geqslant 2\lceil m/2\rceil^{h-1}-1$

（2）也是由于 B-树为一棵 m 路查找树，因此 h 的下限值在前面也已经证明过了。对于上限，可由（1）直接推得。

由以上定理（1），由给定 h 与 m，可推出 n 的最小值。例如，一棵高度 h 为 3 的 200（m）阶 B-树中至少有 19,999 个关键字（n）；反之，由定理（2），由给定 n 与 m，也可以推出 h 的最大值。

从此定理还可以知道，只要 B-树的阶数取得适当大（如 $m = 200$），即使树中的关键字数量再多，树的高度也是很小的。实际上，B-树的阶取决于磁盘页块（一次访外的容量）的大小和单个记录的大小。在内存容量允许的前提下，结点的大小应与磁盘页块的大小相当为宜。

3. B-树的插入

B-树的是从空树开始，逐个插入关键字而生成的。插入关键字的方法是：首先在树中查找 K，若找到则查找成功，不用插入；否则查找操作必失败于某个叶结点（即最底层的内部结点）。由于 m 阶 B-树中的每个内部结点的关键字个数都在[$\lceil m/2\rceil-1$，$m-1$]之间，所以，如果在关键字插入后该叶结点中的关键字个数未超过上述范围的上界 $m-1$，则可以直接插入；否则结点需要进行"分裂"。结点"分裂"可以这样来做：

设结点 *p 中已经有 $m-1$ 个关键字，当再插入一个关键字后结点中的状态为：

（m，p_0，K_1，p_1，K_2，p_2，…，K_m，p_m），　　　　其中 $K_i < K_{i+1}$，$1\leqslant i < m$。

这时必须把结点*p 分裂成两个结点*p 和*q，它们包括的信息分别为：

结点*p：（$\lceil m/2\rceil-1$，p_0，K_1，p_1，…，$K_{\lceil m/2\rceil-1}$，$p_{\lceil m/2\rceil-1}$）

结点*q：（$m-\lceil m/2\rceil$，$p_{\lceil m/2\rceil}$，$K_{\lceil m/2\rceil+1}$，$p_{\lceil m/2\rceil+1}$，…，K_m，p_m）

位于中间的关键字 $K_{\lceil m/2\rceil}$ 与指向新结点*q 的指针形成一个二元组（$K_{\lceil m/2\rceil}$，q），并插入到这两

个结点的双亲结点中去（见图 9-25）。

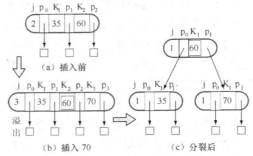

图 9-25　3 阶 B-树结点分裂的示例

由于将（$K_{\lceil m/2 \rceil}$，q）插入到双亲结点时，双亲结点可能原来也已经含有 $m-1$ 个关键字，若是这样的话，则也需要对双亲结点进行分裂操作。最坏的情况是，从被插入的叶结点到根的路径上各结点均为满额结点（即含有 $m-1$ 个关键字），此时，插入过程中的分裂操作一直向上传播到根。当根结点分裂时，由于根再没有双亲，所以需建立一个新的根结点，此时树长高一层。

例 9.14　将关键字序列{78，21，14，11，97，85，74，63，45，42，57，20，19，16，52，30，25} 逐个插入到一棵初始为空的 5 阶 B-树中。图 9-26 给出了这棵 5 阶 B-树的生长过程。

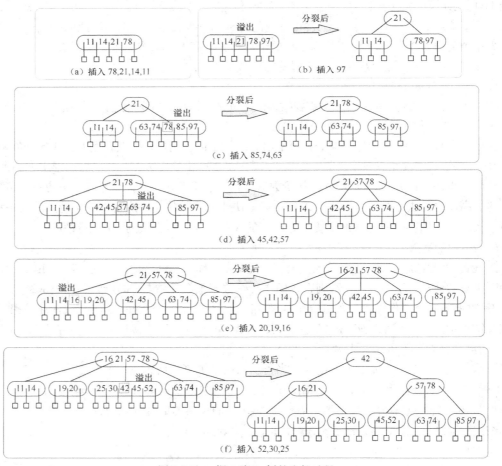

图 9-26　一棵 5 阶 B-树的生长过程

从 B-树的生长过程可以看出两点:其一,当一个结点分裂时所产生的两个结点基本是半满的,这就为以后的插入预备了较多的空间,特别是当 m 较大时,往这些半满的结点中插入新的关键字不会很快引起新的分裂。其二,结点分裂时向上层插入的关键字总是分裂结点的中间位置上的关键字,而未必是正要插入的关键字。因此,无论按何种顺序插入关键字序列,树都是平衡的。

对于高度为 h 的 B-树,插入一个关键字时,在自顶向下查找叶结点的过程中需要读盘 h 次。最坏情况下,从被插入关键字所在的叶结点到根的路径上的所有结点自底向上地都要分裂。分裂非根结点需要向磁盘回写两个分裂出的新结点,分裂根结点需要向磁盘回写三个分裂出的新结点。如果所用的内存空间足够大,使得在向下查找时读入的结点在插入后向上分裂时不必再从磁盘读入,那么,完成一次插入操作所需要的读写磁盘的次数=向下查找插入位置的读盘次数+分裂非根结点所做的写盘次数 + 分裂根结点所做的写盘次数= $h+2(h-1)+3=$ $3h+1$。

4. B-树的删除

如果想要在 B-树上删除一个关键字,首先需要找到这个关键字所在的结点,从中删去这个关键字。若该结点不是叶结点(B-树中最下面一层上的内部结点,下同),且被删关键字为 K_i ($1 \le i \le j$),则在删去该关键字之后,可以用该结点的 p_i 所指子树中的最小关键字(或 p_{i-1} 所指子树中的最大关键字)K 来替代被删关键字 K_i,然后在 K 所在的叶结点中删除 K。现在的问题是如何在叶结点中删除关键字。

在叶结点中删除关键字可分以下三种情况来分别处理。

(1)若被删关键字所在的叶结点同时又是根结点且删除前该结点中的关键字个数 $j \ge 2$ 或被删关键字所在的叶结点不是根结点且删除前该结点中的关键字个数 $j \ge \lceil m/2 \rceil$,则可直接删去该关键字并将修改后的结点写回磁盘,删除完成(参见图 9-27)。

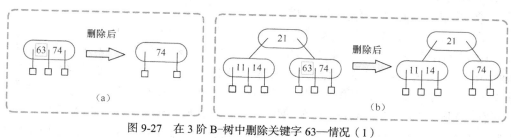

图 9-27　在 3 阶 B-树中删除关键字 63—情况(1)

(2)被删关键字所在的叶结点删除前的关键字个数 $j = \lceil m/2 \rceil - 1$,若这时与该结点相邻的左(或右)兄弟的关键字个数 $j \ge \lceil m/2 \rceil$,则可以按以下步骤调整该结点、左(或右)兄弟结点以及双亲结点,已达到新的平衡。

① 将其双亲结点中小于(或大于)该被删关键字的所有关键字中的最大(或最小)的一个关键字 K_f 下移到被删关键字所在的结点中;

② 将左(或右)兄弟结点中的最大(或最小)的一个关键字 K_s 上移到双亲结点中 K_f 的位置;

③ 将左(或右)兄弟结点的最右(或最左)子树指针删除,并将结点中的关键字个数减 1。

例如,在图 9-28(a)所示的 3 阶 B-树中删除关键字 63,由于关键字 63 所在的叶结点中的关键字的个数为 1 (=$\lceil m/2 \rceil - 1$),而此时与它相邻的左右兄弟结点的关键字的个数都等于 $\lceil m/2 \rceil = 2$,因此,删除关键字 63 后,

可以考虑从它的双亲结点中下移关键字 57,再从它的左兄弟结点中上移最大关键字 52,结果

如图 9-28（b）所示。当然也可以从它所在的叶结点中删除关键字 63 后，从它的双亲结点中下移关键字 78，再从它的右兄弟结点中上移最小关键字 85，结果如图 9-28（c）所示。

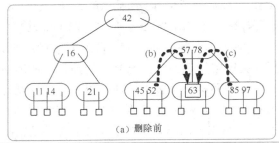

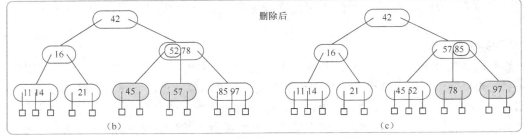

图 9-28　在 3 阶 B-树中删除关键字 63—情况（2）

（3）被删关键字所在的叶结点*p 删除前的关键字个数 $j = \lceil m/2 \rceil - 1$，若这时与该结点相邻的左、右兄弟的关键字个数均为 $\lceil m/2 \rceil - 1$，则必须按以下步骤将该结点与它的左（或右）兄弟结点进行合并。

① 将其双亲结点中小于（或大于）该被删关键字的所有关键字中的最大（或最小）的一个关键字 K_f 下移到被删关键字所在的结点 *p 中，将 *p 与 *p 的左（或右）兄弟结点合并；

② 修改结点*p 及其双亲结点的关键字个数；

③ 由于在合并结点的过程中，双亲结点中的关键字减少了一个，因此，若这时结点*p 的双亲结点为根结点且结点中的关键字个数减到 0，则该双亲结点应从树上删去，合并后保留的结点*p 成为新的根结点；若双亲结点*f 不是根结点且关键字个数减到 $\lceil m/2 \rceil - 2$，则结点*f 又要与它自己的兄弟结点合并。重复上述的合并过程，最坏情况下这种结点的合并处理要自下而上直到根结点。

例如，在图 9-29（a）所示的 3 阶 B-树中删除关键字 63，由于关键字 63 所在的叶结点中的关键字的个数为 1 (= $\lceil m/2 \rceil - 1$)，而此时与它相邻的左右兄弟结点的关键字的个数也都等于 $\lceil m/2 \rceil - 1 = 1$，因此，删除关键字 63 后，可以考虑从它的双亲结点中下移关键字 57，再把它和左兄弟结点合并为一个结点，结果如图 9-29（b）所示。

当然也可以在它所位于的叶结点中删除关键字 63 后，从它的双亲结点中下移关键字 78，再把它和右兄弟结点合并为一个结点，结果如图 9-29（c）所示。

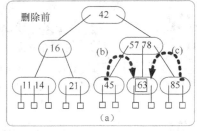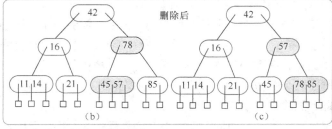

图 9-29　在 3 阶 B-树中删除关键字 63

例 9.15 图 9-30 给出了在一棵 5 阶 B-树中依次删除关键字 11，97，45，63，78，42 的过程。

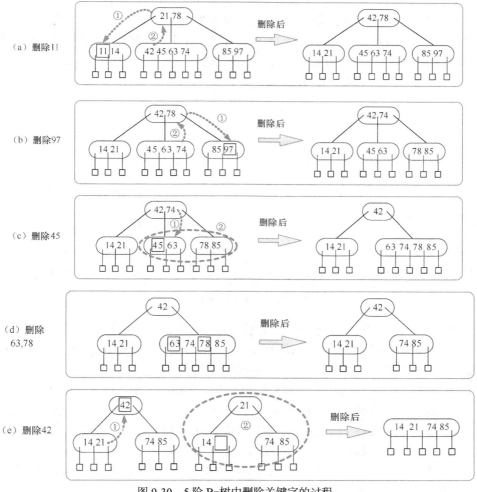

图 9-30　5 阶 B-树中删除关键字的过程

四、B⁺ 树

B⁺ 树是可以在其叶结点上存储信息的树，它是 B-树的一种变形，在实现文件索引结构方面比 B-树应用得更广泛。一棵 m 阶 B⁺ 树可以定义为：

（1）树中每个非叶结点至多有 m 棵子树。

（2）根结点至少有 2 棵子树，除根结点外的每个非叶结点至少有 $\lceil m/2 \rceil$ 棵子树；有 j 棵子树的非叶结点含有 $j-1$ 个关键字，且按由小到大的顺序排列。

（3）所有的叶结点都处于同一层上，包含了全部关键字及指向相应记录的指针，且叶结点本身按关键字由小到大的顺序链接。

（4）每个叶结点中的子树棵数 n_j 可以多于 m，也可以少于 m，视关键字字节数及记录地址指针字节数而定。若设叶结点最多可容纳 m_1 个关键字，则指向记录的地址指针也有 m_1 个，因此，结点中的子树棵数 n_j 的取值范围应为：$\lceil m_1/2 \rceil \leqslant n_j \leqslant m_1$。若根结点同时又是叶结点，则结点格式同叶结点。

（5）所有的非叶结点可以看成是索引部分，结点中关键字 K_i 与指向子树的指针 p_i 构成一个对子树（即下一层索引块）的索引项（K_i，p_i），其中关键字 $K_i \leq p_i$ 指向的子树中最小的关键字。特别地，子树指针 p_0 所指子树中的所有关键字均小于 K_1。结点格式同 B- 树。

例 9.16　图 9-31 给出了在一棵 5 阶 B⁺ 树。所有非叶结点的子树棵数 j 均满足：$3 \leq j \leq 5$，所有的关键字都出现在叶结点中，且在叶结点中关键字均有序地排列。这里假设叶结点最多可容纳 $m_1 = 4$ 个关键字，则每个叶结点可容纳的关键字的个数 n_j 均满足：$2 \leq n_j \leq 4$。上面各层结点中的关键字都小于或等于右子树上最小的关键字。

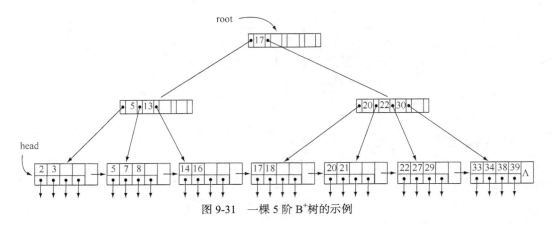

图 9-31　一棵 5 阶 B⁺ 树的示例

一般在 B⁺ 树上有两个起控制作用的头指针：一个指向 B⁺ 树的根结点，一个指向关键字最小的叶结点。这样就可以对 B⁺ 树进行两种查找操作：一种是沿叶结点组成的链表进行顺序查找。另一种是从根结点开始，进行自顶向下，直到叶结点的随机查找。

在 B⁺ 树进行随机查找、插入和删除的过程基本上与 B- 树类似。需要注意的是，在查找过程中，如果非叶结点的关键字与给定值相等，查找并不停止，而是继续沿着右指针向下行进，一直查到在叶结点上的这个关键字，然后才能根据相应的指针找到其记录。因此，在 B⁺ 树中，无论查找成功与否，每次查找都是走了一条从根到叶结点的路径。

B⁺ 树上的插入仅在叶结点上进行。当插入后结点中的子树棵数 $n_j > m_1$ 时，需要将叶结点分裂为两个结点，它们所包含的关键字分别为 $\lceil (m_1+1)/2 \rceil$ 和 $\lfloor (m_1+1)/2 \rfloor$。并且它们的双亲结点中应同时包含这两个结点的最小关键字和指向这两个结点的指针。剩下的工作就是在非叶结点中的插入了。在非叶结点中，关键字的插入与叶结点的插入类似，当非叶结点中的子树棵数 $j > m$ 时，也需要将进行结点分裂。当根结点分裂时，由于它再没有双亲结点，因此必须创建一个新的双亲结点作为树新的根。这样树的高度就增加了一层。B⁺ 树的建立可以从空树开始，通过不断插入关键字来完成。

例 9.17　图 9-32 是在一棵 4 阶 B⁺ 树中插入关键字为 24 的记录的例子，这里仍假设叶结点最多可容纳 4 个关键字。如图 9-32（a）所示，插入时首先从根开始向下搜索，找到关键字 24 应插入的叶结点，这时该叶结点已有 4 个关键字（满额），需要分裂为两个结点：一个结点含有 3 个关键字 15，17，22；另一个结点含有 2 个关键字 24，26。接下来的处理是把这两个结点中的最小关键字 15 和 24 及指向这两个结点的指针传到上层的双亲结点中，由于最小关键字 15 和指向它所在结点的指针已存在双亲结点中，所以只需把最小关键字 24 和它所在的结点地址插入父结点中。但这时双亲结点中关键字有了 3 个，已为满额（m 阶 B⁺ 树的非叶结点的关键字最多可有 $m-1$ 个），再插入也要进行结点分裂，而双亲结点又是根结点，所以分裂后树长高了一层，如图 9-32（b）所示。

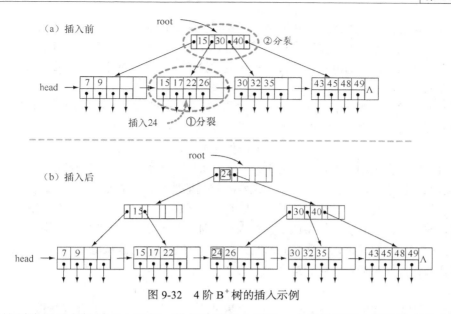

图 9-32　4 阶 B$^+$ 树的插入示例

B$^+$ 树的删除也是在叶结点上进行。若在叶结点中删除一个关键字后,其关键字的个数仍不少于 $\lceil m_1/2 \rceil$,则可直接删除,其上层索引可以不改变。例如在图 9-32 所示的 4 阶 B$^+$ 树里,从叶结点中删除关键字 30,虽然它为该结点的最小关键字,但因其上层的关键字 30 只是起到一个引导查找的“分界关键字”的作用,所以即使树中已经删除了关键字 30,但上层结点中的关键字 30 仍可保留。若在叶结点中删除一个关键字后,其关键字的个数小于结点关键字的个数的下限值 $\lceil m_1/2 \rceil$,则必须做结点的调整和合并工作。例如,在图 9-32 所示的 4 阶 B$^+$ 树中删除关键字 9 后,该结点的关键字个数为 1,小于结点的关键字个数的下限 2,这时它右兄弟结点中的关键字个数为 3,大于结点的关键字个数的下限,因此可以从其右兄弟结点中最左关键字 15 移到这个被删关键字所在的结点中,使得两个结点中关键字的个数都在允许的范围之内。移动后,右兄弟结点中的最小关键字为 17,其上层双亲结点中的“分界关键字”不能再为 15 了,必须把新的“分界关键字”17 送到上层双亲结点中去。若右兄弟结点中的关键字的关键字个数已达到下限值 $\lceil m_1/2 \rceil$,即没有多余的关键字可以移入被删关键字所在的结点,此时需进行两个结点的合并。将右兄弟结点中的所有关键字和记录指针移入被删关键字所在的结点,再将右兄弟结点删掉。这种结点合并将导致双亲结点中“分界关键字”的减少,有可能引起非叶结点的调整或合并。如果是根结点的两个子女结点需要合并,则树的层数就会减少一层。例如在图 9-32 所示的 4 阶 B$^+$ 树里,从关键字为 15,17 和 22 的叶结点中连续删除两个关键字时,就会出现这种情况。

9.4　散列表的查找

9.4.1　基本概念

散列表(hash table)又称为哈希表,它是一种重要的存储方式。在散列表上进行查找的方法简称为散列法或哈希法(hash method),它也是另一类较为特殊而又常用的查找方法。它的基本思想和前面讲述的查找方法完全不同,前面介绍的各种查找方法,无论是线性表上的查找,还是树表上的查找，它们的一个共同的特征是：都要根据给定值 K，通过一系列的比较，才能确定是查找成功还是查找失败。所以统称为对关键字进行比较的查找方法。然而散列的方法却不同，它是在对关键字做某种运算后直接确定其元素相应的位置（地址）。所以，哈希法又称为散列地址编码法。用散列法存储的表叫作散列表。

假设 R 是长度为 n 的表，R_i（$1 \leqslant i \leqslant n$）为表中某一元素，$K_i$ 是其关键字，则在关键字 K_i 和表中元素 R_i 的地址（位置）之间存在着一定的函数关系，即：

$$LOC(R_i) = h(K_i)$$

其中 $LOC(R_i)$ 是 R_i 在表中的地址（位置）；h 称为散列（哈希）函数（hash function）。

通过散列函数就可以把关键字集合的元素映像到地址集合中的元素。换句话说，通过关键字，建立了结点集合到地址集合的映射。因此，有了散列函数，便可根据关键字确定任一元素（结点）在表中的存放地址（位置），并将此结点存入此地址中，反之，查找时，可利用同一散列函数，求得给定关键字的对应地址，从而找到所需的结点。若存放表的区域范围为 $0 \sim m-1$，则应确保关键字集合的任意元素都要映射到这个允许的区域之内，即

$$0 \leqslant h(K_i) \leqslant m-1 \qquad (1 \leqslant i \leqslant n)$$

散列法一般需要完成两项工作：一是建立散列表；二是在散列表上进行查找。而这两者通常是交替同时进行的。下面通过例子来做进一步的说明。

例 9.18 假如有记录 ABCD，BDEF，IJKL，其相应的关键字为 A，B，I。设散列函数为

$$H（K_i）= 关键字 K_i 的 ASCII 码 + 2^7$$

其中，A，B 和 I 的 ASCII 码分别为 065，066，073，2^7 用二进制数表示为 $(10000000)_2$，那么，散列后的地址编码如下。

$$h（A）=065+2^7=(1\,000\,001)_2+(10\,000\,000)_2=(11\,000\,001)_2$$
$$h（B）=066+2^7=(1\,000\,010)_2+(10\,000\,000)_2=(11\,000\,010)_2$$
$$h（I）=073+2^7=(1\,001\,001)_2+(10\,000\,000)_2=(11\,001\,001)_2$$

按照此散列函数 h 就可把以关键字 K_i 为自变量的记录映射到以散列函数值为 $h（K_i）$ 为地址的散列表中（详见图 9-33）。

地址	关键字	其他字段
h(key)	key	info
$\vdots$	$\vdots$	$\vdots$
11000001	A	ABCD
11000010	B	BDEF
$\vdots$	$\vdots$	$\vdots$
11001001	I	IJKL
$\vdots$	$\vdots$	$\vdots$

图 9-33　散列表的示例

此表建好后，就可根据此表查找出表中任一关键字的地址。例如，若要查找关键字为 B 的记录，则用上述散列函数就可快速确定它的地址为 11000010。

对于静态的表，可以先生成散列表，然后在表上进行查找操作。而对于动态的表，则需查找

和插入操作同时进行，即散列表是在不断地进行查找和插入的过程中逐步地形成的。

例 9.19　假设要建立一张全国 34 个地区的各民族人口统计表，每个地区为一个记录，记录的各字段为：

编号	地区名	总人口	汉族	回族	满族	朝鲜族	…

虽然可用一个一维数组 table[0…33] 来存放这张表，其中 table[i] 是编号为 i 的地区的人口情况。显然，编号 i 可以作为记录的关键字，它能唯一确定记录的存贮位置 table[i]。例如，假设北京市的编号为 0，则要查看北京市的各民族人口情况，只要取出 table[0] 的记录即可。如果要把这个数组视为散列表，则散列函数为 h(key) = key。

然而，用此散列函数形成的散列表却不易使用，因为这需要记住各地区的编号，查找起来就不太方便。如果关键字的集合很大，则更是一件很困难的事情。实际使用中，通常是选取地区名来作为关键字。假设地区名用汉语拼音符号来表示，则不能简单地取散列函数 h(key) = key，而是要把它们转化为数字，有时还要做一些其他的处理。

例如，若设定存放表的区域范围为 0～33，我们可以考虑按如下方法来设立两个散列函数 h_1 和 h_2：

（1）h_1 取关键字中第一个字母在字母表中的序号作为散列函数值。如 h_1(BEIJING) = 2。

（2）h_2 取关键字的第一个和最后一个字母在字母表中的序号之和，若大于等于 34，则减去 34。如：YUNNAN（云南）的首尾两个字母 Y 和 N 的序号之和为 39，减去 34 后得到的散列函数值为 05，即 h_2（YUNNAN）= 05。

上述人口统计表中部分关键字在两种不同散列函数情况下的散列函数值如表 9-1 所示。

表 9-1　　　　　　　　　　　　　　　　　散列函数的示例

key	BEIJING（北京）	TIANJIN（天津）	SHANGHAI（上海）	SHANXI（山西）	JILIN（吉林）	XINJIANG（新疆）	XIZANG（西藏）	YUNNAN（云南）
h_1(key)	02	20	19	19	10	24	24	25
h_2(key)	09	00	28	28	24	31	31	05

从这个例子可以看出：

（1）散列函数是一个映射，因此散列函数的设定很灵活，英文单词 hash（哈希）就是"杂凑"的意思。因此，只要使得任何关键字由此所得的哈希函数值都落在表长允许的范围之内即可。

（2）对不同的关键字可能得到同一哈希地址，即 $key_i \neq key_j$，但 $h(key_i) = h(key_j)$，这种现象称为冲突（collision），也称为碰撞。具有相同函数值的关键字称为同义词（synonym）。比如上例中，就有冲突现象发生。例如，关键字 SHANGHAI 和 SHANXI 不等，但有 h_1(SHANGHAI) = h_1(SHANXI)。在此例中还有关键字 XINJIANG 和 XIZANG 不等，但有 h_1(SHANGHAI) = h_1(SHANXI)。对于散列函数 h_2 也是如此。存在这种情况就意味着要把关键字不同的记录存放在以同一函数值为地址的位置上。显然这种现象是我们不希望出现的，应尽量地避免。当然，对于上例，只可能有 34 个记录，而且事先全部为已知，所以可以通过认真分析这 34 个关键字的特性，设计出一个恰当的散列函数来避免冲突的发生。然而，在一般情况下，冲突只能尽量地减少，而不可能完全避免。因为，散列函数是从可能的关键字集合到地址集合的映射，通常关键字集合相当大，它的元素包括了所有可能出现的关键字；而地址集合仅为散列表中的地址值，对应于内存的一片有限的存储区域（假设散列表的长度为 m，散列地址为 $0\sim m-1$），因此，它的大小是很有限的。下面通过一个例子来说明这个问题。

例 9.20 假设 C 语言的编译程序需要对源程序中的标识符建立一张散列表。在设定散列函数时考虑的关键字应包含所有可能产生的关键字。假设标识符定义为字母开头的长度不超过 8 的字母、数字串，则关键字（标识符）的集合大小为

$$52+52 \times 62^1+52 \times 62^2+\cdots+52 \times 62^7$$

$$\approx 1.86126 \times 10^{14}$$

$$\approx 186 \text{ 多万亿}$$

而在一个源程序中出现的标识符总是有限的，一般设表长为 1000 也就足够了。这样，地址集合可设为 $0\sim 999$。从这个例子可以看到可能的关键字集合与要映射到的地址集合两者之间在容量上的差异是非常之大的。因此，在一般情况下，散列函数是一个压缩映像，这就不可避免会产生冲突（碰撞）。

在散列存储中，虽然冲突难以避免，但发生冲突的可能性却有大有小。与之相关的一个重要参数就是负载因子（load factor），也称为装填因子，它定义为

$$\alpha = \frac{散列表中已存入的结点个数}{基本区域所能容纳的结点个数} = \frac{n}{m}$$

负载因子的大小对于冲突的发生频率影响很大。直观上容易想象，散列表装得越满，则再装入新的结点时，与已有结点碰撞的可能性就越大。特别当 $\alpha > 1$ 时，碰撞（冲突）是不可避免的，一般总取 $\alpha < 1$。即分配给散列表的基本区域大于所有结点所需要的空间。α 的选取要适当，因为，α 取值越小，散列表中空闲单元的比例就越大，再存入结点时虽然能减少碰撞的可能性，但存储空间的利用率也随之降低。反之，α 取值过大，虽然能提高存储空间的利用率，但却增加了碰撞的可能性。因此，α 的选取要兼顾减少碰撞和提高存储空间的利用率两个方面。一般 α 的取值控制在 $0.6\sim 0.9$ 为宜。

下面要讨论两个问题：一是如何选取好的散列函数，使得冲突（碰撞）尽可能的少；二是既然冲突不可完全避免，那么冲突发生时怎样来处理，即要研究解决冲突的办法。

9.4.2 散列函数

构造散列函数的所寻求的目标就是使散列地址尽可能均匀地分布在散列空间上，即把诸关键字尽可能均匀地映射到基本区域 $0\sim m-1$ 之中，这样冲突才会尽可能减少。同时还要使散列函数的计算尽可能简单，以节省计算时间。根据关键字的结构和分布的不同，可构造出与之相适应的散列函数，这里只介绍较常用的几种。在下面的讨论中，假定关键字均为正整数，因为若不然，则可把它们转换成正整数；散列函数映射的基本区域为 $0\sim m-1$。

1. 除留余数法

除留余数法（modulo-division method）简称除余法，是一种既简单又常用的方法，它是利用关键字 key 除以小于等于散列表长度 m 的正整数 p 所得余数来作为散列地址，即

$$h(key) = key\%p \qquad (p \leq m)$$

此种方法的关键是 p 值的选择要适当。下面来分析一下如何选择 p 的问题：

① 如果选取 p 为偶数，那么当 key 为偶数时，$h(key)$ 也为偶数；当 key 为奇数时，$h(key)$ 也为奇数，这在很多表中会导致一种很大的偏向，致使冲突增多。

② 如果选取 p 为关键字的基数的幂次，那么就等于是选取关键字的最后若干位作为地址，而与高位无关。这样就导致高位不同而低位相同的关键字互为同义词。例如，对于关十进制数的关键字 8164<u>596</u>，3725<u>596</u>，4032<u>596</u>，…，若选取 p 为 10^3（=1000），则列出的这些关键字均互为同义词。

一般地，p 应选取为小于等于散列表基本区域长度 m 的最大素数。

例如：m = 8，16，32，64，128，256，512，1024，…

　　　p = 7，13，31，61，127，251，503，1019，…

2. 数字分析法

设有 n 个 d 位数的关键字，每一位可能出现有 s 个不同的符号（例如十进制数，每一位可有 0，1，…，9 十个不同的符号），此 s 个符号在各位上出现的频率不一定相同，可能在某些位上分布较为均匀，即每个符号出现的次数都接近 n/s，而在另一些位上分布较不均匀，选择其中分布均匀的 d'（<d）位作为散列地址，这便是数字分析法（digit analysis method）。

例 9.21　假设十进制数的关键字的位数为 8，散列表的基本区域的范围为 0～99。

对于图 9-34 给出的一些关键字，若采用数字分析法来计算散列函数值，则应从这些关键字中选取数字分布较为均匀 2 位来作为散列地址。

图 9-34　数字分析法的示例

3. 折叠法

折叠法（folding method）的处理方法是：如果关键字的位数较多，可将关键字从某些地方断开，把关键字分为几个部分，其中至少有一段的长度等于散列地址的位数，然后把其余部分加到它的上面，如果最高位有进位，则把进位丢掉。

例 9.22　假设十进制数的关键字的位数为 9，散列表的基本区域的范围为 0～9999。对于图 9-35 给出的关键字 378246675，采用不同的方法分段、折叠和相加，就可得到不同的散列地址。

$$h(key) = 1253 \qquad h(key) = 2919 \qquad h(key) = 8958$$

图 9-35　折叠法的示例

4. 平方取中法

平方取中法（mid-square method）或称中平方法。其方法是：先通过求关键字的平方值来扩大关键字之间的差别，然后根据表的长度取中间几位作为散列地址。由于一个数的平方后的中间几位与数的每一位都相关，因此所得到的散列地址分布得较为均匀。

例如，key = 9 4 5 2，平方后得 8 9 <u>3 4 0 3</u> 0 4，如果散列地址位数为 4 位，可取中间的 4 位数字 3 4 0 3 作为散列地址。

5. 随机数法

随机数法（pseudo-random method）适用于关键字长度不等的情况。通常散列函数可定义为

$$h(key) = \lfloor m*random(key) \rfloor$$

其中 random( )为随机函数，它产生 0 ~ 1 的随机数。因为散列地址应为 $0 \sim m-1$ 之间的整数值，所以产生的随机数乘上比例因子 m 后再向下取整，就能确保得到的散列函数值落入表的基本区域 $0 \sim m-1$ 的范围之内。

在实际应用中需视不同的情况来采用不同的散列函数。通常考虑的因素如下。

① 散列函数本身计算所需要的时间；

② 关键字的类型与长度；

③ 散列表的大小；

④ 关键字的分布情况等。

以上讨论了如何设定好的散列函数以减少冲突的问题。下面继续讨论对于不可完全避免的冲突，在它发生时应该怎样解决的问题。

9.4.3 冲突的解决

冲突的解决（collision resolution）或称冲突的处理，其方法基本上有两类：开地址（open addressing）法和拉链（chaining）法。

1. 开地址法

用开地址法解决冲突的做法是：当冲突发生时，用某种方法在散列表的基本区域内形成一个探查（测）序列，沿此探查序列逐个单元地进行查找，直到找到给定的关键字或碰到一个开放的地址（空单元）为止。插入时，碰到开放的地址则可以在这个地址里存放同义词。

最简单的探查方法是进行线性探查，就是当碰撞发生时顺序探查表的下一个单元，即：若 h(key)=d，但与地址为 d 的单元中的关键字发生冲突，那么探查序列为

$$d+1, \ d+2, \ \cdots, \ m-1, \ 0, \ 1, \ \cdots, \ d-1。$$

由于 $\alpha < 1$，即散列表的长度 m 大于实际的记录个数 n，因此，沿着这个探查序列总能找到一个空的单元。

下面给出用线性探查法解决冲突的算法。

算法中用到的存储结构描述如下：

```
const int m=12;
typedef struct {
    int key;
    ... ... ;
} hashtable;
hashtable ht[m];
int K, n, i, c;
```

为了判别散列表的单元是否为空，我们假设关键字均不为 0，并且用 0 来表示空单元，而不再另设标志字段来标识。散列表初始建立时，设基本区已清为 0。在进入算法前要查找或插入的关键字已在变量 K 中。算法中 h(key)为散列函数，m 是一个常量，等于散列表基本区域的长度。

算法 9.8 散列表的查找和插入（1）

　　——用线性探查法解决冲突

　　HashSearch1(ht, K)

1. i ← h(K)　[计算散列地址]

2. 循环 当 ht[i].key≠K 且 ht[i].key≠0 时，执行

　　　　i ← (i+1) % m

3. 若 ht[i].key = K

　　则 print("retrieval", i, ht[i]) [查找成功]

　　否则 ht[i].key ← K　　　　[插入]

4. [算法结束] ∎

C/C++ 程序：

```
HashSearch1( hashtable &ht[ ], int K ){
    int i = h(K);
    while( ht[i].key!=K && ht[i]!=0 )
        i=++i % m;
    if (ht[i].key = = K)
        cout<<"retrieval"<<i<< ht[i]<<endl;
    else
        ht[i].key = K;
}
```

例 9.23 设有 8 个关键字组成的序列（35，08，21，15，24，03，48，33），散列表的长度为 12，用除余法构造散列函数，用线性探查法解决冲突，按关键字在序列中的顺序插入，则可得到图 9-36（b）所示的散列表。若每个关键字的查找概率相同，则平均查找长度为

ASL = (1+1+1+1+2+3+3+1) / 8

　　= 13/8

　　= 1.625

$n = 8$；$m = 12$；　$h(key) = key \% 11$

key	35	08	21	15	24	03	48	33
h(key)	02	08	10	04	02	03	04	0
比较次数	1	1	1	1	2	3	3	1

（a）计算过程

0	1	2	3	4	5	6	7	8	9	10	11
33		35	24	15	03	48		08		21	

（b）散列表 ht[0 … 11]

图 9-36　用线性探查法解决冲突

用线性探查法解决冲突，可能产生另外一个问题，这就是聚集或堆积（clustering）。堆积是散列地址不同的结点争夺同一个散列地址（或两个或多个同义词子表结合在一起）的现象。例如，在用 h（key）计算的地址去存储时，该位置可能已被非同义词的结点所占用。又例如，在发生冲突后沿着线性探查序列查找时，这些位置上也可能存入非同义词的结点，这时都会造成不是同义词的结点处于同一探查序列之中，从而增加了探查序列的长度，也就降低了查找效率。如果散列函数选择不当，或负载因此过大，都可能使堆积现象加剧。

为了改善堆积现象，可以考虑使用双散列函数探查法。这种方法使用两个散列函数 h_1 和 h_2，其中 h_1 和前面讲述的 h 相同，　以关键字值为自变量，产生一个 $0 \sim m-1$ 之间散列地址。h_2 也是以关键字值为自变量，产生一个 $0 \sim m-1$ 之间的并和 m 互素的数作为探查序列中探查项的间隔。设

$h_1(key)=d$ 时发生冲突，通过计算 $c=h_2(key)$，则得到的探查序列为：

$$(d+c)\%m, \quad (d+2c)\%m, \quad (d+3c)\%m, \cdots$$

从上面的探查序列可以看出，使用双散列函数探查法是跳跃式地散列在基本存贮区域内，而不像线性探查法那样探查一个顺序的地址序列。从而可以有效地减少"堆积"的发生。下面给出双散列函数探查法的算法。

算法 9.9 散列表的查找和插入（2）

    ——用双散列函数探查法解决冲突

    HashSearch2(ht, K)

1. $i \leftarrow h_1(K)$ [计算散列地址]

   $c \leftarrow h_2(K)$ [计算探查间隔]

2. 循环 当 ht[i].key$\neq$K 且 ht[i].key$\neq$0 时，执行

    $i \leftarrow (i+c) \% m$

3. 若 ht[i].key = K

   则 print("retrieval", i, ht[i]) [查找成功]

   否则 ht[i].key $\leftarrow$ K   [插入]

4. [算法结束] ∎

C/C++ 程序：

```
HashSearch2( hashtable &ht[ ], int
K ) {
    int i = h1(K);
    int c = h2(K);
    while ( ht[i].key!=K && ht[i]!=0 )
        i = (i + c) % m;
    if ( ht[i].key == k )
        cout<<"retrieval"<<i<<
ht[i]<<endl;
    else
        ht[i].key = K;
}
```

有多种定义 $h_2(key)$ 的方法。但不论用什么方法定义 h_2 都必须使 $h_2(key)$ 的值与 m 互素，才能使冲突的同义词地址均匀地分布在散列表中，否则可能造成同义词地址的循环计算（即陷入死循环）。另外，用开地址法解决冲突必须注意的一个问题就是不能随便删除散列表里的表目，因为删除了一个表目会影响对其他表目的查找。因此对于经常变动的表，可以采用下面讲述的拉链法中的分离的同义词子表法来解决。

2. 拉链法

拉链法是为散列表中的每个表目建立一个称为同义词子表的单链表。当碰撞发生时，就把要插入的关键字链入到自己同义词子表中。若 n 个关键字映射到基本区域的 m 个存储单元上，则最多可以建立 m 个同义词子表，每个关键字的同义词存放在以这 m 个单元为首结点链接的子表中。

用拉链法处理碰撞时，要求散列表的每个结点增加一个指针字段，用于链接同义词子表。通常每个同义词子表都很短，每个同义词子表的平均长度为 n/m。这样用查找平均长度为 n/m 的同义词子表代替了查找长度为 n 的线性表，因此查找速度是很快的。

同义词子表建立在什么地方呢？可以有两种处理方法：一种方法是在散列表的基本存储区域之外开辟一个溢出区用来存储同义词子表，这种方法称为分离的同义词子表法。另一种方法是不另外建立溢出区，而是将同义词子表就存储在散列表的基本区域中目前还没有被占用的单元里。这种方法称为结合的同义词子表法。下面分别介绍这两种方法。

（1）分离的同义词子表法。

由于同义词子表是建立在基本区域外的溢出区，这时基本区域的结点中既存放关键字，同时又是一个链接的同义词子表的表头。如果某个关键字没有同义词，则其指针域为空；如果某个关键字存在同义词，则它的指针域就指向溢出区的同义词子表。同义词的查找也是沿着这条链接进行的。

例 9.24 对于 10 个关键字的序列（37，08，21，15，24，03，48，33，45，20），仍用除余

法构造散列函数，现采用分离的同义词子表法解决冲突，插入次序仍按关键字序列给出的顺序，则可得到图 9-37 所示的散列表。等概率情况下的平均比较次数为

ASL =(1+1+1+2+1+2+1+1+3+2)/10

    =1.5

下面给出算法。

```
const int m=8;
typedef struct node {
    int key;
    struct node* next;
}HTNode;
HTNode ht[m], *p, *q;
int K, n, i;
```

此算法在散列表中查找关键字值为 K 结点，若找到，则检索成功；否则把这个关键字插入散列表中。这里仍假设空的结点其内容为 0，而关键字值不为 0。

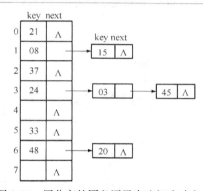

n = 10; m = 8; h(key) = key % 7

key	37	08	21	15	24	03	48	33	45	20
h(key)	02	01	0	01	03	03	06	05	03	06
比较次数	1	1	1	2	1	2	1	1	3	2

图 9-37　用分离的同义词子表法解决冲突

算法 9.10　散列表的查找和插入（3）

    —— 用分离的同义词子表法解决冲突

    HashSearch3(ht, K)

1. i←h(K)　　　　　　　　　　[计算散列地址]
2. 若 ht[i].key = K
      则 print("succ ", i)　　　[一次查找成功]
      否则 若 ht[i].key = 0
         则 ht[i].key ← K;　　[插入后为表头结点]
           ht[i].next ← NULL
         否则 若 ht[i].next ≠ NULL
            则（1）p ← ht[i].next

（2）循环 当 p->key≠K 且 p->next≠NULL 时,执行

    p ←p->next

（3）若 p->key = K

    则 print("retrieval") [查找成功]

    否则 q ← new HTNode; q->key ← K; q->next ← NULL;

      p->next ← q   [插入到子表的尾部]

   否则 q ← new HTNode; q->key ← K; q->next ← NULL;

    ht[i].next ← q   [插入到子表的前部]

3. [算法结束] ∎

（2）结合的同义词子表法。

该方法是把同义词子表直接在散列表的基本区域中形成。例如，当发生冲突时，可以在基本区域里从后往前地找空单元，找到空单元就把同义词存进去并把它链接进同义子表。

例 9.25 设有 7 个关键字组成的序列（37，08，21，15，24，03，48），散列表的长度为 8，仍用除余法构造散列函数，现采用结合的同义词子表法解决冲突，并按关键字在序列中的顺序插入，则可得到图 9-38 所示的散列表。若每个关键字被查找的概率相同，则平均查找长度为 1.43。

从图 9-38 中可以看到,结合的同义词子表是一种静态链表,这里用-1 来表示子表链表的结束。下面给出算法。

```
const int m=8;
typedef struct {
    int key;
    int next;
}HTNode;
HTNode ht[m];
int K, n, i, r;
```

$n = 7$；$m = 8$； $h(key)=key \% 7$

key	37	08	21	15	24	03	48
h(key)	02	01	0	01	03	03	06
比较次数	1	1	1	2	1	2	2

$$ASL=(1+1+1+2+1+2+2)/7$$
$$= 10/7$$
$$= 1.43$$

	key	next
0	21	−1
1	08	7
2	37	−1
3	24	6
4		
5	48	−1
6	03	5
7	15	−1

散列表 ht

图 9-38 用结合的同义词子表法解决冲突

这里仍假设空的结点其内容为 0，而关键字值不为 0。此算法在散列表里查找一个给定的关键字值，设此关键字值进入算法前已存入变量 K 中，若在散列表中找到这个关键字值则查找成功，否则把这个关键字插入散列表中。算法用散列函数 h(key) 计算表中的相对地址。r 是辅助变量，用来帮助在插入时寻找空单元，r 的初始值为 m，在算法进行过程中，始终有这样的事实存在：

散列表中从 ht[r] 到 ht[m-1] 的所有单元都已被占用了。

算法 9.11　散列表的查找和插入（4）
　　　　—— 用结合的同义词子表法解决冲突
　　　HashSearch4(ht, K)

1. i ← h(K)　　　　　　　　　　　　　　　　　[计算散列地址]
2. 若 ht[i].key = 0
　　则 ht[i].key ← K; ht[i].next ← -1　　　[插入后为表首结点]
　　　　print("inserted ", i)
　　否则（1）循环　当 ht[i].key ≠ K 且 ht[i].next ≠ -1 时，执行
　　　　　　　　　　i ← ht[i].next
　　　（2）若 ht[i].key = K
　　　　　　则 print("succ ", i)　　　　　　[查找成功]
　　　　　　否则　ⓐ 循环执行　当 r ≥ 0 且 ht[r].key ≠ 0 时
　　　　　　　　　　　　r ← r-1
　　　　　　　　　ⓑ 若 r < 0
　　　　　　　　　　　则 print("overflow")　　[无空单元，溢出]
　　　　　　　　　　　否则 ht[r].key ← K; ht[r].next ← -1;
　　　　　　　　　　　ht[i].next ← r ;　　[插入到子表的尾部]
　　　　　　　　　　　print("inserted ", r)
3. [算法结束] ▮

算法 9.11 在执行过程中，当要插入的关键字的位置已被非同义词子表的结点所占用时，便把该关键字链入了这个非同义词子表中。即出现了堆积现象。为了避免堆积的发生，可采用如下两种处理方法。

① 对于静态的表，可以用两遍处理的方法来建立散列表，第一遍只插入作为各同义词子表表头的那些关键字，第二遍再插入其他的关键字；

② 上述方法不适用于动态的表，对于动态的表，可以把同义词子表组织成双链表，当发现有插入的关键字的位置已被非同义词子表的结点所占用时，便可将这个非同义词结点移走，使不同的同义词子表分离开来。

算法 9.11 中当散列表的基本区域已占满了时，就会产生溢出，在负载因子 α <1 时， 基本区域是不应该（也不可能）产生溢出的。

另外，拉链法的结合的同义词子表法删除表目时，也不能真的删除。其原因请读者思考。

9.4.4　散列查找的性能

在前面的几个例子中，我们对给出的具体实例，可以直接计算出它的平均查找长度 ASL，那是一种定量的性能分析方法。对于定性的分析，我们这里只给出结论，其具体的推导过程感兴趣的读者可参阅 Knuth 所著的《计算机程序设计技巧》第三卷。表 9-2 给出了采用四种不同的方法解决冲突时，散列表的平均查找长度。

表 9-2   四种处理冲突方法的平均查找长度

类	解决冲突的方法	平均查找长度	
		查找成功	查找失败
开地址法	线性探查法	$\frac{1}{2}\left(1+\frac{1}{1-\alpha}\right)$	$\frac{1}{2}\left(1+\frac{1}{(1+\alpha)^2}\right)$
	双散列函数探查法	$-\frac{1}{2}\ln(1-\alpha)$	$\frac{1}{1-\alpha}$
拉链法	分离的同义词子表法	$1+-\frac{\alpha}{2}$	$\alpha+e^{-\alpha}$
	结合的同义词子表法	$1+\frac{1}{8\alpha}(e^{2\alpha}-1-2\alpha)+\frac{\alpha}{2}$	$1+\frac{1}{4}(e^{2\alpha}-1-2\alpha)$

从表 9.2 可以看出，散列表的平均查找长度是负载因子 α 的函数，也就是说，散列表的平均查找长度（ASL）不直接依赖于表的结点个数（n），不是随着结点数目的增多而增加，而是随着负载因子的增大而增加。散列表的这一重要特性反映了负载因子对查找的时间性能的直接影响。因此，在使用中应根据实际问题，对散列函数、解决冲突的方法和负载因子做出恰当、合理的选择，如果选择的好，散列表的平均查找长度可以小于 2。

9.5　本章小结

本章重点介绍了线性表、树形表和散列表的查找方法、算法实现及各种查找方法的时间性能（平均查找长度）分析。

【本章重点】　顺序查找、折半查找、分块查找，二叉排序树上查找以及散列表上查找的基本思想及算法的实现。

【本章难点】　二叉排序树的删除算法、AVL 树的旋转及 B-树上插入和删除运算。

【本章知识点】

1．基本概念

（1）查找、查找结果、静态查找表与动态查找表等概念。

（2）查找算法效率的评判标准。

2．线性表的查找

（1）顺序查找、折半查找和分块查找的基本方法、算法实现和查找效率分析。

（2）顺序查找中哨兵的作用。

（3）折半查找对存储结构及关键字的要求。

（4）通过比较线性表上三种查找方法的优缺点，能根据实际问题的要求和特点，选择出合适的查找方法。

3．树形表的查找

（1）二叉排序树、最佳二叉排序树和 AVL 树及平衡因子、平衡旋转等概念。

（2）二叉排序树、最佳二叉排序树和 AVL 树以及 B-树的特点及用途。

（3）建立一棵二叉排序树的过程实质上是对输入实例的排序过程，输入实例对所建立的二叉排序树形态的影响。

（4）二叉排序树、最佳二叉排序树、AVL 树和 B-树的构造方法。

（5）二叉排序树、最佳二叉排序树、AVL 树和 B-树的的查找效率。

4. 散列表的查找

（1）散列表、散列函数、散列地址、冲突、堆积和负载因子等有关概念。

（2）散列函数的选取原则及产生冲突的原因。

（3）几种常用的散列函数的构造方法。

（4）两类解决冲突的方法及其优缺点。

（5）产生"堆积"现象的原因。

（6）采用线性探查法和拉链法解决冲突时，散列表的建表方法、查找过程以及算法实现和时间分析。

（7）散列表和其它表的本质区别。

习　　题

1. 在有 n 个关键字的线性表中进行顺序查找，若查找第 i 个关键字的概率为 p_i，且 $p_i = \dfrac{1}{2^i}, (i = 1, 2, \cdots, n)$。求出成功的查找的平均查找长度。

2. 写出在单链表上进行顺序查找的算法。

3. 若在有序表（06，12，26，34，42，48，51，56，66，69，78，85）中进行折半查找，试分别画出查找关键字为 12、56 和 75 的过程。

4. 画出长度为 12 的有序表进行折半查找的判定树，并求其在等概率情况下查找成功的平均查找长度。

5. 为什么对有序的单链表不能进行折半查找？

6. 若对表长为 n 的有序的顺序表和无序的顺序表分别进行顺序查找，试在下列三种情况下分别讨论两者在等概率时的平均查找长度是否相同？

（1）查找不成功，即表中无关键字等于给定值 K 的记录；

（2）查找成功，且表中只有一个关键字等于给定值 K 的记录；

（3）查找成功，且表中有若干个关键字等于给定值 K 的记录，一次查找要求找出所有记录。此时的平均查找长度应考虑找到所有记录时所用的比较次数。

7. 对于含有 256 个结点的线性表，若采用分块查找，如何分块才能使效率达到最高？若对索引表也进行顺序查找，则平均查找长度是多少？若每块均含有 8 个结点，则它的平均查找长度又为多少？

8. 对于长度为 12 的表（Jan，Feb，Mar，Apr，May，Jun，Jul，Aug，Sep，Oct，Nov，Dec），请完成：

（1）按表中元素的顺序依次插入一棵初始为空的二叉排序树，画出插入完成之后的二叉排序树，并求其在等概率情况下查找成功的平均查找长度。

（2）画出它的最佳二叉排序树，并求其在等概率情况下查找成功的平均查找长度。

（3）画出按表中元素的顺序构造一棵 AVL 树的过程，并求在等概率情况下查找成功的平均查找长度。

9. 写出按图 9-7 所示的删除方法（b）'之规定从二叉排序树里删除一个关键字的算法。

10. 试证明：二叉排序树结点的对称序序列就是二叉排序树结点的按关键字值排序的序列。

11. 对于图 9-39 所示的一棵 3 阶 B-树，试分别画出在插入 65、15、40、30 之后 B-树的变化。

12. 对于图 9-40 所示的一棵 3 阶 B-树，试分别画出在删除 50、40 之后 B-树的变化。

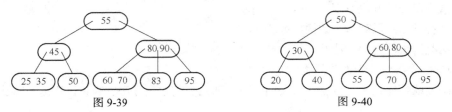

图 9-39   图 9-40

13. 设有一棵 B+ 树，其内部结点最多可放 100 个子树指针，叶结点最多可存储 15 个记录。对于分别有 1，2，3，4，5 层 B+ 树，最多能多少个记录，最少能多少个记录？

14. 设有关键字集合为 {016，087，154，170，275，426，503，509，512，612，653，677，703，765，897，908}。现要按 α = 0.5 把这些关键字存入一个散列表中，试设计两种散列函数，分别算出每个关键字对应的地址，指出有多少次冲突发生。

15. 对于上题设计的一种散列函数对上述关键字集合进行存储，用开地址线性探查法解决冲突，将所有关键字都进入散列表后的存储状况画出来，并计算其平均查找长度。

16. 顺序查找的时间为 O(n)，折半查找的时间为 O($\log_2 n$)，散列法为 O(1)，为什么有高效率的查找方法而低效率的查找方法还不被放弃？

第 10 章
文件

和表类似，文件是大量记录的集合。通常称存储在主存储器（简称主存或内存）中的记录集合为表，而存储在外存储器（简称外存）中的记录集合为文件。内存与外存虽然都能存储数据和信息，但它们具有各自的特性。内存访问数据的速度快，但存储容量小且易遗失；外存虽然访问数据的速度要比外存慢得多，但却具有存储容量大、其上的数据能长期保存且价格便宜等特点。本章主要对存储在外存上的各类文件作概要性的介绍。

10.1　文件的基本概念

文件（file）是性质相同的记录的集合。通常文件的数据量很大，它被存储在外存中。文件按记录的类型可分为两类：操作系统的文件和数据库文件。操作系统中的文件是一维的连续的字符序列，它的记录不具有结构。而数据库文件的记录是带有结构的，可以由若干个数据项组成。这里的数据项是指初等项，也称为字段（field）或属性（attribute）。记录（record）是文件中存取的基本单位。数据结构中主要讨论数据库文件。

按文件中记录的长度是否相同来分，文件可分为定长记录文件和不定长记录文件。若文件中每个记录含有的信息长度相同，则称这类记录为定长记录，由定长记录组成的文件称作定长记录文件；若文件中各记录含有的信息长度不等，则称此类文件为不定长记录文件。

按文件的记录中关键字的多少，还可将文件分成单关键字文件和多关键字文件。若文件中的记录只有一个唯一标识记录的主关键字，则称其为单关键字文件；若文件中的记录除了含有一个主关键字外，还含有若干个次关键字，则称为多关键字文件。

与其他数据结构一样，文件结构也包括逻辑结构、存储结构以及在文件上的操作（运算）三个方面。这与以前讲述的观点是一致的，文件的操作是定义在逻辑结构上的，而操作的具体实现要在存储结构上进行。

一、文件的逻辑结构及其操作

文件的逻辑结构是由各记录之间的逻辑关系来决定的。当一个文件的各个记录按照某种次序排列时（这种排列的次序可以是按记录中关键字值的大小，也可以按各记录存入该文件的时间先后等），各记录之间就自然形成了一种线性关系。因此，文件可以视为一种线性结构。

文件的操作主要有两类：检索与修改。

1. 文件的检索方式

（1）顺序检索：检索下一个逻辑记录；

（2）按记录序号检索：检索第 i 个逻辑记录；

（3）按关键字检索：检索关键字与给定值相关的一个或多个逻辑记录。按检索条件的不同，可将检索分为四种查询：

① 单值查询：查询关键字或属性字段的值等于给定值的记录；

② 范围查询：查询关键字或属性字段的值属于某个范围的记录；

③ 函数查询：查询的条件表现为关键字或属性字段的函数；

④ 布尔查询：以上三种查询条件用布尔运算（与、或、非）组合起来的查询。

例如，有一个学生文件，记录的数据项（字段）有学号、姓名、年龄、性别、班级、学分、成绩等。若查询给定学号的学生记录和查询 性别="男"的学生记录，则属于单值查询；若查询年龄>20 的学生记录，则属于范围查询；若查询 全体学生的平均成绩，则属于函数查询；若查询年龄>20 并且成绩>90 的学生记录，则属于布尔查询。

2. 文件的修改

文件的修改包括对文件进行的记录插入、删除和更新三种操作。

文件的操作可分为实时和批量的两种处理方式。实时处理的响应时间要求严格，通常应在接受询问后几秒钟内完成检索和修改。而批量处理则不然，响应时间已不是主要因素，可根据需要，对积累一段时间的记录进行成批处理。例如，一个乘运（飞机、火车）的订票系统，其检索和修改都应该是实时处理；而银行的账户系统需要实时检索，但可以进行批量修改，即可以将一天的存款和取款项目记录在一个事务文件上，在一天的营业之后再按事务文件进行批量处理。

二、文件的存储结构

文件在存储介质（磁带、磁盘等）上的组织方式称为文件的存储结构，又称为物理结构。

基本的组织方式有四种：顺序组织、索引组织、散列组织和链组织。通常把不同方式组织的文件赋予不同的名称，常见的有：顺序文件、索引文件、散列文件和多关键字文件。选择哪种组织方式应结合文件的记录的使用方式和频繁程度、存取要求和外存的类型等因素综合考虑。对于外存设备，只针对磁带和磁盘进行讨论。磁带和磁盘分别是顺序存储设备和直接存储设备，图 10-1 和图 10-2 所示分别是它们的示意图。其中，磁带设备比较简单，磁盘设备稍复杂一些。磁盘可以是单片的，也可以是多个盘片组成的盘组。如图 10-2 所示，磁道是盘片上的同心圆，同一盘组上半径相同的磁道合在一起组成一个柱面。

通常磁带只适用于存储顺序文件，而磁盘最为常用，它适用于存储顺序文件、索引文件、散列文件和多关键字文件等。

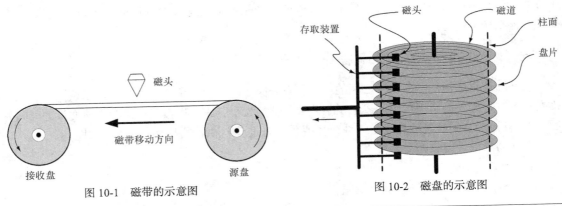

图 10-1 磁带的示意图

图 10-2 磁盘的示意图

10.2　顺序文件

顺序文件（sequential file）是指按记录的逻辑次序依次存储在外存上的文件。顺序文件中物理记录的顺序与逻辑记录的顺序是一致的。如果次序相继的两个物理记录在存储介质上的存储位置也是相邻的，则称为连续文件；如果物理记录之间的次序是由指针链接表示的，则称为串联文件。如果顺序文件中的记录按其主关键字有序，则称为顺序有序文件；否则称为顺序无序文件。

顺序文件是根据记录的序号或记录的相对位置来进行存取的，因此，它具有如下特点。

（1）存取第 i 个记录，必须先存取前面的 i-1 个记录；

（2）新记录只能插在文件的尾部；

（3）若要更新文件中的某个记录，则必须将整个文件进行复制。

顺序文件的优点是连续存取速度快，因此，它特别适用于顺序存取、成批修改的情况。

磁带是一种典型的顺序存储设备，因此存储在磁带上的文件只能是顺序文件。磁带文件适合于文件的数据量甚大，平时记录很少变化且只做批量修改的情况。对磁带文件修改时，一般需要用另一条复制带将原带上不变的记录复制一遍，同时在复制的过程中用修改后的记录来替代原记录并把要插入的新记录写入。

当事务文件的量积累到一定程度时，磁带文件的批处理可如下进行：将主文件（待修改的原始文件）存放在一条磁带上，事务文件（由对文件的操作请求所构成的文件）存放在另一条磁带上，尚需第三条磁带作为新的主文件的存储介质。主文件按主关键字自小到大（或自大到小）顺序有序，即为顺序有序文件。事务文件必须和主文件有相同的有序关系。因此，首先对事务文件进行排序，然后将主文件和事务文件归并成一个新的主文件。图 10-3 是批处理的示意图。

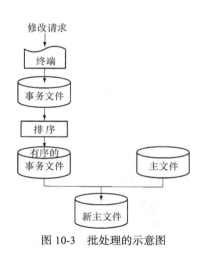

图 10-3　批处理的示意图

10.3　索引文件

除了文件本身（称为主文件）之外，另外建立一张指示逻辑记录和物理记录之间的一一对应关系的表，这张表称为索引表。这类包括主文件和索引表两部分的文件称为索引文件。

索引表中的每一项称作索引项，通常索引项由关键字和该关键字所在记录的物理地址组成。索引表必须按主关键字有序，而主文件本身则可以按主关键字有序或无序，前者称为索引顺序文件（indexed sequential file），后者称为索引非顺序文件（indexed nonsequential file）。

由于索引非顺序文件的主文件中的记录是无序的，因此每个记录都必须对应一个索引项，这样建立起来的索引表称为稠密索引。对于索引顺序文件由于主文件中的记录是按主关键字有序的，所以可以让一组记录（如页块）对应一个索引项，这种索引表称为稀疏索引。通常可将索引非顺序文件简称为索引文件，本节只讨论这种文件。

索引文件在外存上分为两个区：索引区和数据区，前者存储索引表，后者存储主文件。通常在建立文件的同时生成索引表，即按向外存写入记录的先后次序建立数据区和索引表，这样得到的索引表其关键字是无序的，待全部记录写入完毕后在对索引表进行排序，排序后的索引表和主文件一起构成了索引文件。例如，图 10-4 给出了一个建立索引文件的例子，其中，图 10-4（a）是数据区的主文件；图 10-4（b）是排序前的索引表；图 10-4（c）是排序后的索引表。图 10-4（a）与图 10-4（c）一起构成了一个索引文件。

物理地址	学号	姓名	其他
101	14	王东	
102	08	李芳	
103	02	张志	
104	16	赵亮	
105	27	杨柳	
106	06	郑岚	
107	24	刘丽	
108	20	方圆	
109	17	丁宁	

（a）主文件(数据文件)

物理地址	关键字	物理地址
501	14	101
501	08	102
501	02	103
502	16	104
502	27	105
502	06	106
503	24	107
503	20	108
503	17	109

（b）排序前的索引表

物理地址	关键字	物理地址
501	02	103
501	06	106
501	08	102
502	14	101
502	16	104
502	17	109
503	20	108
503	24	107
503	27	105

（c）排序后的索引表

图 10-4　建立索引文件的示例

查找过程与第 9 章介绍的分块查找类似，应分两步进行：首先查找索引表，若索引表中存在该记录，则按索引项所指示的物理地址从外存上读取该记录；否则说明外存上不存在该记录，也就不需要再访问外存。由于索引项的长度要比记录的长度小得多，通常可将索引表一次读入内存，由此在索引文件中进行查找至多需访问外存两次：一次读索引，一次读记录。并且由于索引表是有序的，因此对索引表的查找还可采用折半查找的方法。

索引文件的修改也容易进行。删除一个记录时，仅需删除相应的索引项；插入一个记录时，应将记录置于数据区的末尾，同时修改索引表中相应的索引项。

最大关键字	物理页块号
08	501
17	502
27	503

图 10-5　查找表的示例

当记录的数目很大时，索引表也很大，以致一个页块（物理块）容纳不下。在这种情况下查阅索引仍要多次访问外存。为此，可以对索引表再建一个索引，称为查找表。

例如，图 10-4（c）的索引表占用了三个页块的外存，每个页块能容纳三个索引项，则建立的查找表如图 10-5 所示。

检索记录时，先查找表，再查索引表，然后读取记录，三次访问外存即可。若查找表中项目还很多，则可建立更高一级的索引。通常最高可达四级索引：数据文件→索引表→查找表→第二查找表→第三查找表。而检索过程从最高一级索引（第三查找表）开始，需要 5 次访问外存。

上述的多级索引是一种静态索引。各级索引均为顺序表，其结构简单，但修改却很不方便，每次修改都要重组索引。因此，当数据文件在使用过程中记录变动较多时，应采用动态索引。如二叉排序树（或 AVL 树）、B-树（或其变形）等，这些都是树形表结构，插入、删除都很方便。又由于它们本身是层次结构，因而无需建立多级索引，而且建立索引表的过程即为排序的过程。通常，当数据文件的记录个数不是很多，内存容量足以容纳整个索引表时，可采纳二叉排序树（或 AVL 树）作为索引表；否则当文件很大时，索引表（树表）本身也在外存，为降低树的高度以减少访问外存的次数，可采纳 B-树、B$^+$树等作为索引表，B-树、B$^+$树的内容在第 9 章中已经讨论过了。

10.4　索引顺序文件

上节介绍的索引非顺序文件由于主文件是无序的，因此，它只适合于随机存取，而不适合于顺序存取，因为顺序存取将会引起磁头的频繁移动。对于索引顺序文件来说，由于主文件也是有序的，所以，它既适合于随机存取，也适合于顺序存取。另外，索引非顺序文件的索引只能是稠密索引，而索引顺序文件的索引可以是稀疏索引，索引占用的空间也较少。因此，索引顺序文件是常用的一种文件组织。下面介绍两种最常用的索引顺序文件：ISAM 文件和 VSAM 文件。

10.4.1　ISAM 文件

ISAM 为 Indexed Sequential Access Method（索引顺序存取方法）的缩写，它是一种专为磁盘存取设计的文件组织方式。由于磁盘是以盘组、柱面和磁道三级地址存取的设备，则可对磁盘上的数据文件建立盘组、柱面和磁道多级索引。以下仅考虑在同一个盘组上建立的 ISAM 文件的情况。

ISAM 文件由三级索引（即主索引、柱面索引、磁道索引）和主文件组成。文件的记录在同一盘组上存放时，应先集中放在一个柱面上，然后再顺序存放在相邻的柱面上，对同一柱面，则应按盘面的顺序存放。例如图 10-6 所示的文件是存放在同一个盘组上的 ISAM 文件，其中，C 表示柱面；T 表示磁道；C_iT_j 表示 i 号柱面、j 号磁道；R_k 表示主关键字为 k 的记录。图 10-6 中的主索引是柱面索引的索引，这里只有一级主索引。当柱面索引很大、使得一级主索引也很大时，可采用多级主索引。反之，若柱面索引较小时，则主索引可省略。通常主索引和柱面索引放在同一个柱面上（图 10-6 中的主索引和柱面索引是放在 0 号柱面上），主索引放在该柱面最前面的一个磁道上，其后的磁道中存放柱面索引。每个存放主文件的柱面都建有一个磁道索引，放在该柱面的最前面的磁道 T_0 上，其后的若干磁道是存放主文件记录的基本区，再其后的若干磁道是存放被基本区各磁道共享的溢出区。由于索引顺序文件的主文件也是有序的，所以基本区和溢出区的记录都应按关键字有序，但基本区中的记录是按关键字大小顺序存储的，而溢出区中的记录是按关键字大小链接存储的（即当基本区中的某个磁道溢出时，就将该磁道溢出的记录按关键字大小链入在溢出区中形成的链表中）。每个磁道索引项由两部分组成：基本索引项和溢出索引项。其中每个索引项均包括关键字和指针两个字段，前者存放该磁道中的最大关键字（也是该磁道的最末一个记录的关键字），后者是指向该磁道中第一个记录位置的指针。柱面索引的每个索引项也是关键字和指针两个字段组成的，关键字是该柱面的最大关键字（也是该柱面的最末一个记录的关键字），指针为该柱面上的磁道索引的位置。

在 ISAM 文件上检索记录时，从主索引出发，找到相应的柱面索引；从柱面索引中找到记录所在柱面的磁道索引；从磁道索引中找到记录所在磁道的起始地址。由此出发，在磁道上进行顺序查找，直到找到为止。若找遍该磁道也未发现该记录，则表明该文件无此记录。若被查找的记录存在于溢出区，则可以从磁道索引项的溢出索引项中得到溢出链表的头指针，然后沿链表进行顺序查找。例如，在图 10-6 中查找关键字为 211 的记录，先查主索引，即读入 C_0T_0，因为 211<652，

则查找柱面索引 C_0T_1，即读入 C_0T_1，因为 $97<211<310$，所以再把磁道索引中的 C_2T_0，读入内存进行查找，又由于 $123<211<225$，因此 C_2T_2 即为 R_{211} 所存放的磁道，读入 C_2T_2 后即可查得 R_{211}。

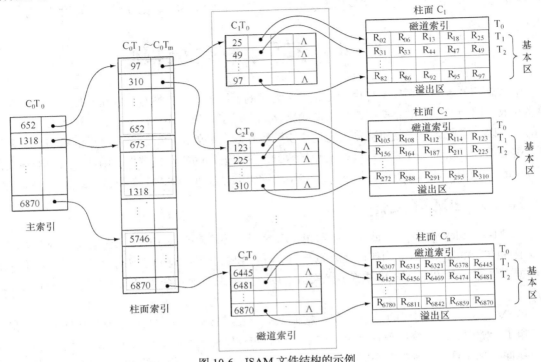

图 10-6 ISAM 文件结构的示例

为了提高检索效率，主索引可常驻内存，并将柱面索引放在数据文件所占空间居中位置的柱面上，这样可使得在从柱面索引查找到磁道索引时，磁头移动的平均距离为最短。

插入记录时，首先找到它应插入的磁道。如果该磁道未满，则将新记录插入到该磁道的适当位置上即可；如果该磁道已满，则新记录或者插在该磁道上，或者直接插入该磁道的溢出链表上。例如，在图 10-6 所示的文件中依次插入记录 R_{101}，R_{175}，R_{196} 后，第二个柱面的磁道索引及该柱面中主文件的变化状况如图 10-7 所示。

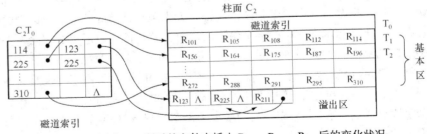

图 10-7 在图 10-6 所示的文件中插入 R_{101}，R_{175}，R_{196} 后的变化状况

在 ISAM 文件中删除记录的操作要比插入简单的多，只需找到待删的记录，在其存储位置上做删除标记即可，而不需要移动记录或改变指针。当然，经过多次的增删后，文件的结构可能变得很不合理。此时，大量的记录进入了溢出区，而基本区又空闲了很多的空间。因此，通常需要周期性地整理 ISAM 文件。把记录读入内存，进行重新排列，复制成一个新的 ISAM 文件，填满基本区而空出溢出区。

10.4.2 VSAM 文件

VSAM 是 Virtual Storage Access Method（虚拟存储存取方法）的缩写，它也是一种索引顺序文件的组织方式，采用 B+ 树作为动态索引结构。这种存取方法利用了操作系统的虚拟存储器的功能，给用户提供方便。对用户来说，文件只有控制区间和控制区域等逻辑单位，而与外存储器中的柱面、磁道等具体存储单位没有必然的联系。用户在存取文件中的记录时，不需要考虑这个记录的当前位置是否在内存，也不需要考虑何时执行对外存进行"读/写"的指令。

VSAM 文件的结构如图 10-8 所示。它由三部分组成：索引集、顺序集和数据集。

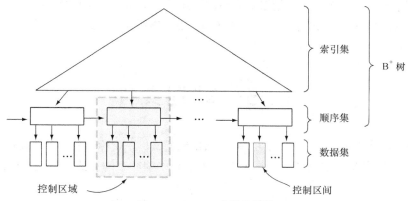

图 10-8 VSAM 文件的结构

文件的记录均放在数据集中，数据集的一个结点称为控制区间（control interval），它是一个 I/O 操作的基本单位，每个控制区间含有一个或多个数据记录。顺序集和索引集一起构成了一棵 B+ 树，作为文件的索引部分。顺序集中存放每个控制区间的索引项。索引项由两部分信息组成，即该控制区间的最大关键字和指向控制区间的指针。若干相邻的控制区间的索引项形成了顺序集中的一个结点，结点之间用指针相链接，而每个结点又在其上一层的结点中建有索引，且逐层向上建立索引，所有的索引项都是由最大关键字和指针两部分信息组成，这些高层的索引项作为 B+ 树的分支结点。因此，VSAM 文件既可在顺序集中顺序存取，又可从 B+ 树的根结点出发，进行关键字的随机存取。顺序集的一个结点连同对应的所有控制区间形成一个整体，称作控制区域（control range），它相当 ISAM 文件中的一个柱面，而控制区间相当于一个磁道。

在 VSAM 文件中，记录可以是不定长的，因而在控制区间中，除了存放记录本身以外，还存放每个记录的控制信息（如记录的长度等）和整个区间的控制信息（如区间中存有的记录数等），控制区间的结构如图 10-9 所示。

记录 1	记录 2	…	记录 n	未利用的空闲空间	记录 n 的控制信息	…	记录 1 的控制信息	控制区间的控制信息

图 10-9 控制区间的结构示意图

VSAM 文件没有溢出区，解决插入的办法是在初建文件时留出空间。一是每个控制区间内没有填满记录，而是在最末一个记录和控制信息之间留有空隙；二是在每个控制区域有一些完全空的控制区间，并在顺序集的索引中指明这些空区间。当插入新记录时，大多数的新记录能插入到相应的控制区间内，但要注意：为了保持区间内记录的关键字从小到大有序，则需将区间内关键字大于插入记录关键字的记录向控制信息的方向移动。若在若干记录插入之后控制区间已满，则在下一个记录插入时要进行控制区间的分裂，即把近乎一半的记录移到同一控制区域中全空的控制区间中，并修改顺序集中相应索引。倘若控制区域中已经没有全空的控制区间，则要进行控制区域的分裂，此时顺序集中的结点亦要分裂。由此尚需修改索引集中的信息。但由于控制区域较大，一般很少发生分裂的情况。

在 VSAM 文件中删除记录时，需将同一控制区间中较删除记录关键字大的记录向前移动，把空间留给以后插入的新记录。若整个控制区间变空，则回收作为空闲区间使用，并需删除顺序集中相应的索引项。

和 ISAM 文件相比，基于 B+树的 VSAM 文件有如下优点：能保持较高的查找效率，查找一个后插入的记录与查找一个原有的记录具有相同的速度；动态地分配和释放存储空间，能保持平均 75% 的存储利用率；而且无需像 ISAM 文件那样定期重组文件。因此，它常被作为大型索引顺序文件的标准组织。

10.5 散列文件

散列文件（hash file）是利用哈希（hash）法组织的文件，又称为直接存取文件。它类似于散列表，即根据文件中关键字的特点来设计散列函数和处理冲突的方法，将记录散列到外存储设备上。

与散列表不同的是，对于文件来说，磁盘上的文件记录通常是成组存放的。若干个记录组成一个存储单位，在散列文件中，这个存储单位叫作桶（bucket）。假如一个桶能存放 m 个记录，则当桶中已有 m 个同义词的记录时，再存放第 $m+1$ 个同义词就会发生"溢出"。处理溢出虽然可以采用散列表中处理冲突的各种方法，但对于散列文件，主要采用拉链法。

当发生"溢出"时，需要将第 $m+1$ 个同义词存放到另一个桶中，通常称此桶为"溢出桶"；相对地，称前 m 个同义词存放的桶为"基桶"。溢出桶和基桶的大小相同。相互之间用指针链接。当在基桶中没有找到待查记录时，就沿着指针到所指的溢出桶中进行查找。因此，希望同一散列地址的溢出桶和基桶在磁盘上的物理位置不要相距太远，最好在同一柱面上。例如，某一个文件有 15 个记录，其关键字分别为 16，34，04，08，06，22，14，02，18，36，25，19，29，11，15，桶容量 $m = 3$，桶数 $b = 7$，用除余法作散列函数 $h(key) = key\%7$。由此得到的散列文件如图 10-10 所示。

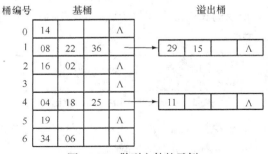

图 10-10 散列文件的示例

在散列文件中进行查找时，首先根据给定值求得散列地址（即桶编号），将基桶的记录读入内存，进行顺序查找。若找到关键字等于给定值的记录，则查找成功；否则，读入溢出桶的记录继续进行查找。在散列文件中，负载因子 $\alpha = \dfrac{n}{bm}$，其中 n 为文件的记录个数，b 为桶数，m 为桶的容量。散列文件的查找时间（忽略内部查找时间）与散列表中的计算结果相同。

在散列文件中删除一个记录，仅需对被删记录作删除标记即可。散列文件的优点是：文件随机存放，记录不需进行排序；插入、删除方便，存取速度快；不需要索引区，节省存储空间。其缺点是：不能进行顺序存取，只能按关键字随机存取，且询问方式限于简单询问，并且在经过多次插入、删除后，也可能造成文件结构不合理，需要重新组织文件。

10.6 多关键字文件

前面介绍的文件结构对于基于主关键字的查询是适合的，但对主关键字以外的其他次关键字进行查询则效率很低。为此，除了按前面各节讨论的方法组织文件外，还需要对被查询的次关键字也建立相应的索引，这种包含有多个次关键字索引的文件称为多关键字（with more than one key）文件。下面介绍两种多关键字文件的组织方法。

10.6.1 多重表文件

多重表文件（multilist file）的主文件通常是一个顺序文件，除对主关键字建有索引之外，还对每个需要查询的次关键字建立一个索引，同时将具有相同次关键字的记录链接成一个链表，并将此链表的头指针、链表长度及次关键字作为索引表的一个索引项。

例如，在图 10-11 所示的一个多重表文件中，学号是主关键字，次关键字有性别、专业和成绩。它设有三个链接字段，分别将具有相同性别、相同专业及相同成绩的记录链在一起。由此形成的性别索引、专业索引和成绩索引如图 10-12（a）、（b）和（c）所示。有了这些索引，对各种有关次关键字的查询处理起来就十分方便。例如，若要查询所有计算机专业的学生，则只需在专业索引中先找到次关键字的值为"计算机"的索引项，然后从它的头指针出发，列出该链表上的所有的记录即可。再例如，若要查询学习成绩为"优秀"的所有女同学，则既可以性别索引中索引项的次关键字为"女"的头指针出发，也可以从成绩索引次关键字为"优秀"的头指针出发，读出链表上的每个记录，判断它是否满足查询条件。在这种情况下，可先比较两个链表的长度，然后选择较短的链表进行查找。

物理地址	学号	姓名	性别	专业	成绩	性别链	专业链	成绩链
101	02	张志	男	计算机	良好	104	106	103
102	06	郑岚	女	化学	优秀	103	104	106
103	08	李芳	女	物理	良好	106	105	105
104	14	王东	男	化学	及格	105	∧	108
105	16	赵亮	男	物理	良好	107	110	107
106	17	丁宁	女	计算机	优秀	108	108	110
107	20	方圆	男	数学	良好	110	109	109
108	24	刘丽	女	计算机	及格	109	∧	∧
109	27	杨柳	女	数学	良好	∧	∧	∧
110	30	孙伟	男	物理	优秀	∧	∧	∧

图 10-11 多重表文件的主文件示例

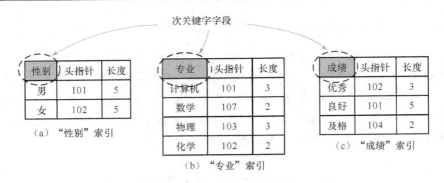

图 10-12　多重表文件的次关键字索引

在上例中，各个有相同次关键字的链表，是按主关键字的大小链接的。如果不要求保持链表的某种次序，则插入一个新记录非常容易，只要修改相应指针，把新记录插在链表的头指针之后即可。但是，要删除一个记录却很繁琐，需要在每个次关键字的链表中删去该记录。

10.6.2　倒排文件

倒排文件（inverted file）和多重表文件的区别在于次关键字的索引结构不同，倒排文件中的次关键字索引称为倒排表。具有相同次关键字的记录之间在主文件中不再有用指针链接的链，在索引表中的索引项也没有头指针和链表长度的字段。在倒排表中的每个索引项由次关键字和具有该次关键字的所有记录的物理地址两部分组成。例如，将图 10-11 所示的多重表文件的主文件去掉三个链接字段后作为倒排文件的主文件。而与之对应的倒排表如图 10-13 所示。

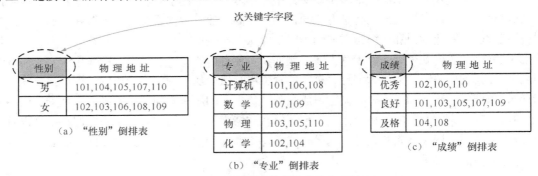

图 10-13　倒排文件的次关键字索引

由于倒排文件采用倒排表作索引，因而它的检索速度较快，特别是处理多个次关键字查询。在处理复杂的多次关键字查询时，可在倒排表中先完成查询的交、并、差等逻辑运算，得到结果后在对记录进行存取。例如，要查询"所有成绩在良好以上的计算机专业学生"，则只需将成绩倒排表中次关键字值为良好和优秀的物理地址集合先做"并"运算，然后将其结果再与专业倒排表中专业为计算机的物理地址集合做"交"运算。

$(\{101,103,105,107,109\} \cup \{102,106,110\}) \cap \{101,106,108\} = \{101,106,\}$

即符合条件的记录，其物理地址是 101 和 106。

在插入和删除记录时，倒排表也要做相应修改，并需保持索引项中的物理地址的有序排列。

还有一点需要注意，有时在倒排表中列出的不是物理地址，而是主关键字。这样的倒排表虽然存取速度较慢，但由于主关键字可以视为记录的符号地址，因此，它也具有优点，即对于存储保持着很好的相对独立性。例如，图 10-14 所示的就是按上述方法对图 10-11 中的主文件所建立的"专业"倒排表。

次关键字字段

专　业	主关键字
计算机	02,17,24
数　学	20,27
物　理	08,16,30
化　学	06,14

图 10-14　另一种形式的"专业"倒排表

在一般的文件组织中，通常是先找记录，然后再找该记录所含的各次关键字；而在倒排文件中，是先给定次关键字，然后再查找含有该次关键字的各个记录，这种文件的查找次序正好与一般文件的查找次序相反，倒排文件也是因此而得名。

倒排文件的缺点是，当文件进行更新时，对这些索引维护的工作量很大。在同一组索引表中，各倒排表的长度不等，同一倒排表中的各项长度也不等。

10.7　本章小结

本章介绍了存储在外存上的数据结构（即文件）的有关概念、各种文件的特点、组织方法及查询和更新操作，要求对这些内容做一般性的了解与掌握。

【本章知识点】

1．文件的基本概念

（1）文件的有关概念。

（2）文件的逻辑结构及其操作。

（3）文件的存储结构（组织方式）分类。

（4）评价文件组织效率的标准。

2．顺序文件

（1）顺序文件的概念与特点。

（2）顺序文件上各种查找方法的基本思想及对外存种类的要求。

3．索引文件

（1）索引文件的组织方式和特点。

（2）索引文件的查询和更新操作的基本方法。

4．索引顺序文件

（1）索引顺序文件是最常用的一种文件组织方式的原因。

（2）两种最常用的索引顺序文件（ISAM 文件和 VSAM 文件）的组织方式和特点。

（3）在 ISAM 文件和 VSAM 文件上查询和更新操作的基本方法。

5．散列文件

（1）散列文件的组织方式和特点。

（2）散列文件的查询和更新操作的基本方法。

6. 多关键字文件

（1）多关键字文件与其他文件的区别。

（2）多重表文件和倒排文件的组织方式和特点。

（3）多重表文件和倒排文件上查询和更新操作的基本方法。

习　　题

1. 常见的文件组织方式有哪几种？试述它们各自的特点。

2. 对文件的主要操作有哪些？检索的三种方式是什么？按检索方式的不同可将检索分为四种查询，这四种查询是什么？

3. 索引文件、散列文件和多关键字文件适合放在磁带上吗？为什么？

4. 设有一个职工文件，其记录格式为（职工号、姓名、性别、年龄、职务、工资）。其中职工号为关键字，并设该文件由如下五个记录组成：

地址	关键字 职工号	姓 名	性别	年龄	职 务	工资
A	39	张 三	男	25	程序员	2700
B	50	王 二	女	31	分析员	5850
C	10	李 四	男	28	程序员	3750
D	75	丁 一	女	18	操作员	1500
E	27	赵 五	男	33	分析员	6800

（1）若该文件为顺序文件，请写出文件的存储结构；

（2）若该文件为索引顺序文件，请写出索引表；

（3）若该文件为倒排文件，请写出关于性别的倒排表和关于职务的倒排表。

5. 在上题所示的文件中，对下列检索写出检索条件的表达式，并写出结果记录的职工号。

（1）男性职工；

（2）工资超过平均工资的职工；

（3）职务为程序员和分析员的职工；

（4）年龄超过 25 岁的职务为程序员或分析员的男性职工。

附录 A
Visual C++ 6.0 集成开发环境介绍

1. 启动 Visual C++ 6.0 集成开发环境

在 Windows 系统的"开始"菜单中，依次选择"所有程序"→"Microsoft Visual Studio 6.0"→"Microsoft Visual C++6.0"，系统显示 Visual C++ 6.0 集成开发环境的主窗口。

2. 创建一个项目

在主窗口的"文件（File）"菜单中，单击"新建（New）"选项，系统弹出"新建（New）"对话框，如图 A.1 所示。

选择"工程（Projects）"标签，然后在列表中选择"Win32 Console Application（Win32 控制台应用程序）"。在"C 位置：（Location:）"文本框中指定一个路径（例如填写：D:\数据结构 C 程序），在"工程（Project name）"文本框中输入一个项目名称（例如填写：my_1）。这时的情形如图 A.2 所示。

图 A.1 "新建（New）"对话框　　　图 A.2 填写项目名称后的"新建（New）"对话框

设置完成后，单击"确定（OK）"按钮，弹出一个对话框，如图 A.3 所示。

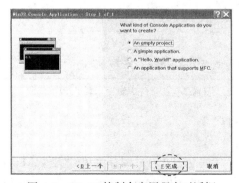

图 A.3 Win32 控制台应用程序对话框

这时，单击"F 完成（Finish）"按钮，弹出"新建工程信息（New Project Information）"对话框，如图 A.4 所示。

单击"确定（OK）"按钮，至此完成了一个新项目的建立。

3. 建立 C++源程序文件

在 Visual C++ 6.0 集成开发环境的主窗口的"文件（File）"菜单中，单击"新建（New）"选项，系统弹出"新建（New）"对话框，如图 A.5 所示。

单击"文件（Files）"标签，出现如图 A.6 所示的对话框。在列表中选择"C++ Source File"。然后，在"文件（File）"文本框中填入源程序文件名称（例如填写：example_1），在"C 目录:"文本框中输入或选择一个子目录（例如：D:\数据结构 C 程序 \my_1），单击"确定（OK）"按钮，至此完成了一个 C++源程序文件的创建。

图 A.4　管理新建工程信息对话框

图 A.5　"新建（New）"对话框

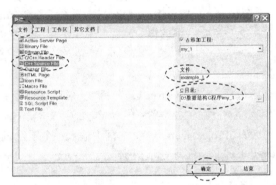

图 A.6　"新建(New)"→"文件(Files)"对话框

4. 编辑 C++源程序文件

在文件编辑窗口输入程序代码，如图 A.7 所示。

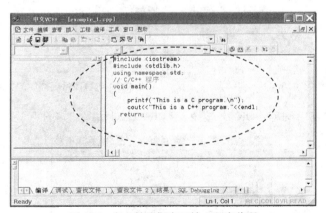

图 A.7　在文件编辑窗口输入程序代码

5. 保存并运行可执行程序

（1）保存源程序文件

在文件编辑窗口输入程序代码后，可通过选择菜单"文件（Files）"→"保存（Save）"命令（或通过单击工具栏对应的"存盘"的图标）来保存这个文件。请见图 A.7。

（2）编译、链接与运行程序

可通过选择菜单"编译（Build）"→"编译 example_1.cpp"→"构建 example_1.cpp"→"！执行 example_1.exe"命令（或通过分别点击工具栏对应的三个图标）来完成编译、链接与运行程序的工作。如图 A.8 所示。

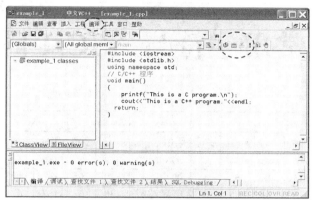

图 A.8　编译、链接与运行程序

例如，前面编辑的程序"example_1.cpp"经编译、链接（无误）后，得到了可执行程序"example_1.exe"，运行后的结果如图 A.9 所示。

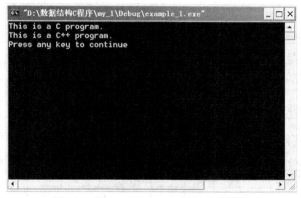

图 A.9　"example_1.exe"运行后的结果

6. 关闭工作区与退出 Visual　C++ 6.0 集成开发环境

（1）关闭工作区

可通过选择菜单"文件（File）"→"关闭工作区（Close Workspace）"命令来关闭工作区。此时并没有退出 Visual C++ 6.0 集成开发环境，还可以输入或打开其他程序进行处理。

（2）退出 Visual　C++ 6.0 集成开发环境

可通过选择菜单"文件（File）"→"退出（Exit）"命令来退出 Visual C++ 6.0 集成开发系统。

常用字符与 ASCII 码对照表

一			二		三		四		五		六		七		八	
码值	字符	控制符	码值	字符	码值	字符	码值	字符	码值	字符	码值	字符	码值	字符	码值	字符
000	null	NUL	032	space	064	@	096	`	128	Ç	160	á	192	└	224	α
001	☺	SOH	033	!	065	A	097	a	129	ü	161	í	193	┴	225	β
002	●	STX	034	"	066	B	098	b	130	é	162	ó	194	┬	226	Γ
003	♥	ETX	035	#	067	C	099	c	131	â	163	ú	195	├	227	π
004	♦	EOT	036	$	068	D	100	d	132	ã	164	ñ	196	─	228	Σ
005	♣	END	037	%	069	E	101	e	133	à	165	Ñ	197	┼	229	σ
006	♠	ACK	038	&	070	F	102	f	134	å	166	ª	198	╞	230	µ
007	beep	BEL	039	'	071	G	103	g	135	ç	167	º	199	╟	231	τ
008	backspace	BS	040	(	072	H	104	h	136	ê	168	¿	200	╚	232	Φ
009	tab	HT	041	)	073	I	105	i	137	ë	169	⌐	201	╔	233	θ
010	换行	LF	042	*	074	J	106	j	138	è	170	¬	202	╩	234	Ω
011	♂	VT	043	+	075	K	107	kl	139	ï	171	½	203	╦	235	δ
012	♀	FF	044	,	076	L	108	l	140	î	172	¼	204	╠	236	∞
013	回车	CR	045	-	077	M	109	m	141	ì	173	¡	205	═	237	Ø
014	♫	SO	046	.	078	N	110	n	142	Ä	174	«	206	╬	238	∈
015	☼	SI	047	/	079	O	111	o	143	Å	175	»	207	╧	239	∩
016	►	DEL	048	0	080	P	112	p	144	É	176	░	208	╨	240	≡
017	◄	DC1	049	1	081	Q	113	q	145	æ	177	▒	209	╤	241	±
018	↕	DC2	050	2	082	R	114	r	146	Æ	178	▓	210	╥	242	≥
019	‼	DC3	051	3	083	S	115	s	147	ô	179	│	211	╙	243	≤
020	¶	DC4	052	4	084	T	116	t	148	ö	180	┤	212	╘	244	⌠
021	§	NAK	053	5	085	U	117	u	149	ò	181	╡	213	╒	245	⌡
022	▬	SYN	054	6	086	V	118	v	150	û	182	╢	214	╓	246	÷
023	↨	ETB	055	7	087	W	119	w	151	ù	183	╖	215	╫	247	≈
024	↑	CAN	056	8	088	X	120	x	152	ÿ	184	╕	216	╪	248	°
025	↓	EM	057	9	089	Y	121	y	153	õ	185	╣	217	┘	249	·
026	→	SUB	058	:	090	Z	122	z	154	Ü	186	║	218	┌	250	·
027	←	ESC	059	;	091	[	123	{	155	¢	187	╗	219	█	251	√
028	∟	FS	060	<	092	\	124	|	156	£	188	╝	220	▄	252	ⁿ
029	↔	GS	061	=	093	]	125	}	157	¥	189	╜	221	▌	253	²
030	▲	RS	062	>	094	^	126	~	158		190	╛	222	▐	254	■
031	▼	US	063	?	095	_	127		159	∈	191	┐	223	▀	255	

参考文献

[1] D.E.Knuth. The Art of Computer Programming. Volume 1： Fundamental Algorithms（Third Edition） Addison-Wesley， 1997/Volume3： Sorting and Searthing（Second Edition） Addison-Wesley，1998（苏运霖译. 计算机程序设计艺术：第一卷 基本算法/第三卷 排序与查找. 北京：国防工业出版社，2002.

[2] William Ford，William Topp. 刘卫东，沈宫林译. 数据结构 C++ 语言描述. 北京：清华大学出版社，1998.

[3] R.F.Gilberg，B.A.Forouzan. Data Structures A Pseudocode Approach With C++. Thomson Learning，北京：人民邮电出版社，2002.

[4] Sartaj Sahni. Data Structures，Algorithms and Applications in C++. 汪诗林，孙晓东等译. 北京：机械工业出版社，2000.

[5] Clifford A.Shaffer. 张铭，刘晓丹等译. A Practical Introduction to Data Structures and Algorithm Analysis. 北京：电子工业出版社，2002.

[6] M.H.Alsuwaiyel. Algorithms Design Techniques and Analysis. 北京：电子工业出版社，2003.

[7] 许卓群等. 数据结构. 北京：高等教育出版社，1999.

[8] 严蔚敏，吴伟民. 数据结构（C 语言版）. 北京：清华大学出版社，2003.

[9] 殷人坤等. 数据结构（用面向对象方法与 C++ 描述）. 北京：清华大学出版社，2001.

[10] 黄刘生. 数据结构. 北京：经济科学出版社，2000.

[11] 刘大有等. 数据结构. 北京：高等教育出版社，2001.

[12] 王晓东. 数据结构与算法设计. 北京：电子工业出版社，2002.

[13] 周颜军. 数据结构. 长春：吉林科学技术出版社，2003.

[14] 魏振钢等. 数据结构. 北京：高等教育出版社，2011.

[15] Brian Overland. 董梁等译. C++ 语言命令详解. 北京：电子工业出版社，2000.

[16] Hector Garcia-Molina，Jeffrey D.Ullman，Jennifer Widom. 杨冬青等译. Database System Implementation.北京：机械工业出版社，2001.